N

Series of New History

新史学译丛

Nature Contested:

Environmental History in Scotland and Northern England since 1600

自然之争

1600年以来苏格兰和英格兰北部地区的环境史

［英］T.C. 斯莫特 著

考舸　梅雪芹 译

商务印书馆
创于1897 The Commercial Press

T. C. Smout

NATURE CONTESTED

Environmental History in Scotland and Northern England Since 1600

Edinburgh University Press Ltd.

根据英国爱丁堡大学出版社 2000 年版译出

译者序*

《自然之争》系当代英国史学家托马斯·克里斯托弗·斯莫特（Thomas Christopher Smout, 1933—　）的一部环境史著作，全名《自然之争：1600 年以来苏格兰和英格兰北部地区的环境史》。对于这部著作问世的意义，苏格兰斯特灵大学历史系的菲奥娜·沃森博士（Dr. Fiona Watson）评论道："如果有人致力于使同行信服环境史是值得史学家关注的一个重点，那么这个人就是 T. C. 斯莫特。"① 沃森之所以这样有感而发，可能是因为斯莫特原本长期研究的是经济史和社会史。如今，斯莫特则是作为苏格兰经济史与社会史学家，同时作为苏格兰环境史奠基人为国际史学界所熟知。不过在我国，包括历史学者在内的绝大多数读者并不知晓这位成就斐然的英国史学家，尤其不清楚他

---

* 本译序撰写过程中，我多次给斯莫特先生发邮件，询问有关他个人生平与学术履历的许多事情。先生十分念及我们之间的学术友谊，因此在年事已高且两次被新冠病毒感染的情况下，认真、细致地回答了我的每一个问题，令我大为感动，特此致谢。

① Fiona Watson, "Review Work(s): *Nature Contested: Environmental History in Scotland and Northen England since 1600* by T. C. Smout," *The English Historical Review*, Vol. 119, No. 482(Jun., 2004), p. 844.

为何会在长期深耕经济史和社会史之后走进环境史领域。为此，我们试图借《自然之争》中译本问世之机，系统梳理斯莫特的生平，介绍其学术成就，并探究其走进环境史领域的原委，以便更好地理解《自然之争》的内容、观点主张及其价值和意义。

一、斯莫特的生平及学术之旅

1933 年 12 月，斯莫特出生于伯明翰。父亲阿瑟·斯莫特（Sir Arthur Smout）是一个工厂职员的儿子，后来升任伯明翰基诺克斯军工厂经理。在斯莫特的孩提时代，“二战”爆发。战争期间，其父应丘吉尔首相之请，担任英国国防部轻武器弹药局局长（Director General of Small-arms Ammunition for Great Britain），战后因此被封为爵士。

战时，为躲避纳粹德国战机的轰炸，斯莫特和四个哥哥随父母疏散到距伯明翰 10 英里之外的拉普沃思（Lapworth），在那里差点被炸弹击中，但也让他第一次体验到乡村生活并爱上乡村。战争结束后，他父亲在伯明翰以南 20 英里的伊夫舍姆（Evesham）附近的谢里弗思-伦奇（Sheriffs Lench）买了一座农场，他们一家人在此住了多年。他热爱这里，在这里了解了许多有关鸟类的知识，并养成了观鸟的喜好。总之，儿时的农场生活深深地影响了他，让他对环境产生了兴趣，尤其使他明白了在特定环境中人类如何与自然互动的道理。

因遵奉卫理公会教派（Methodist）信仰，1946 年斯莫特随几个兄弟一起入读由卫理公会于 1875 年创办的原为男子寄宿学校的雷斯中学，1953 年中学毕业后进入剑桥大学克莱尔学院，专业是历史学。斯莫特的本科导师是新入职克莱尔学院的杰弗里·埃尔顿（Geoffrey Rudolph Elton），后者长于英国政治史，后来成为英国宪政史大家。不过，在斯莫特看来，埃尔顿过于强势，他为了躲避埃尔顿的指导，便有意选择了埃尔顿所知无几的一个苏格兰课题来学习、研究。读研究生的时候，斯莫特名义上的导师是剑桥大学基督学院（Jesus College）的贸易史专家、长于荷兰研究的查尔斯·威尔逊（Charles Wilson）。由于埃尔顿和威尔逊对苏格兰都不够了解，他们就安排邓迪大学（University of Dundee）的悉妮·莱思教授（Sydney Lythe）为斯莫特的外部导师。莱思教授的研究专长是苏格兰贸易史，著有《1550—1620 年的苏格兰贸易》（*Scottish Trade 1550–1620*）。受莱思教授的指导和影响，斯莫特撰写了题为《1660—1707 年苏格兰与波罗的海的贸易》（"Scottish Trade with the Baltic 1660–1707"）的博士论文，他的第一部著作即是在该论文的基础上扩充完成的。

1959 年，斯莫特以优异成绩从剑桥大学博士毕业，入职爱丁堡大学经济史系，在那里执教 20 年，从助教、讲师一路升到经济史教授。他讲授英国、欧洲、苏格兰和殖民地美洲的经济和社会历史，选课和指导的学生多达数百人，包括后来成为英国首相的戈登·布朗（Gordon Brown）。由于他想要有所改变并迎接新的挑战，因此他在 1980 年转到圣安德鲁斯大学，任苏格兰史讲席教授（the Chair of Scottish History），1991 年从这一工作岗位上提前退休。之后，他又出任"圣安德鲁斯高级历史研究中心"主任（St Andrews Centre for Advanced Historical Studies, 1992–1997）、思克莱德大学客座教授，并先后前往北美、澳洲和东亚讲学。

斯莫特作为英国当代著名史学家，很长时间一直主攻经济史和社会史，在人口史和经济史的许多方面著述颇丰。他的第一部著作、出版于 1963 年的《英苏联合前夕的苏格兰贸易

（1660—1707）》，即着力考察导致苏格兰人默许与英格兰联合的经济因素。[①] 其他的经济史和社会史著述，包括与他人合著、合编的作品还有多部，主要是《从 17 世纪到 20 世纪 30 年代的苏格兰人口史》《苏格兰和爱尔兰经济-社会史比较（1600—1900）》《苏格兰人民史（1560—1830）》《社会史论文集》《对财富与稳定的追求：经济-社会史论文集》《一个世纪的苏格兰人（1830—1950）》《苏格兰人之声（1745—1960）》《1843 年苏格兰工人阶级状况》《苏格兰物价、工资和食品（1550—1780）》等。[②] 这些作品涉及苏格兰经济和社会历史的方方面面，对于人们认识苏格兰尤其是它与英格兰联合之后的历史变迁和社会变革具有十分重要的作用。

---

① T. C. Smout, *Scottish Trade on the Eve of Union 1660–1707*, Edinburgh and London: Oliver and Boyd, 1963.

② T. C. Smout, *Scottish Population History from the Seventeenth Century to the 1930s*, Cambridge: Cambridge University Press, 1977; L. M. Cullen and T. C. Smout, ed., *Comparative Aspects of Scottish and Irish Economic and Social history, 1600–1900*, Edinburgh: John Donald Publishers, 1977; T. C. Smout, *A History of the Scottish People, 1560–1830*, Collins, London and Scribeners, New York, 1969; Christopher Smout and Michael Flinn, eds., *Essays in Social History*, Oxford: *Clarendon Press*, 1974; Christopher Smout and Michael Flinn, eds., *The Search for Wealth and Stability: Essays in Economic and Social history*, London: Macmillan Press, 1979; T. C. Smout, *A Century of the Scottish People, 1830–1950*, New Haven: Collins, London and Yale University Press, 1986; T. C. Smout and Sydney Wood, *Scottish Voices, 1745–1960*, Collins, London, 1990; T. C. Smout and Ian Levitt, *The State of the Scottish Working Class in 1843: A Statistical and Spatial Inquiry Based on Data from the Poor Law Commission Report 1979*, Edinburgh: Scottish Academic Press, 1979; A. J. S. Gibson and T. C. Smout, *Prices, Wages and Food in Scotland, 1550–1780*, Cambridge: Cambridge University Press, 1995. 关于斯莫特的主要著述信息，还可参见他在圣安德鲁斯大学网站上的个人主页：https://www.st-andrews.ac.uk/history/people/tcs1，2024 年 6 月 20 日访问。

到20世纪80年代末90年代初，斯莫特开始致力于环境史研究。据他自己所言，他是在圣安德鲁斯大学作为苏格兰社会史和经济史学家生涯的后期成为一位环境史学家的。而他对自己作为一位环境史学家的界定是："一个既从人的角度又以人们与之共享这个地球空间的其他生物的角度出发，研究人与自然之间不断变化的关系的人"①。对于这位环境史学家的贡献，国外学界的认知与定位是"英国环境史发展的关键人物"②，"苏格兰环境史的创建者和一位主要的欧洲环境史实践者"③；国内学界对他的环境史研究成就也有所介绍，认为他是"英国环境史研究最重要的奠基人之一"④。这样的赞誉一定程度上是基于他所做的许多工作而生发的。其中最为突出的是，他在圣安德鲁斯大学创办了环境史研究所（the Institute for Environmental History）并开展系列活动。⑤

上文提到，1991年斯莫特已从苏格兰教授岗位上提前退休。尽管如此，他仍想要做一些新的事情。其时，他对环境史的兴趣日益浓厚，因此他向圣安德鲁斯大学提出建立环境史研究所的申请，很快就得到了学校的许可，从而创办了当时西欧唯一

① T. C. Smout and Mairi Stewart, *The Firth of Forth: An Environmental History*, Edinburgh: Birlinn Limited, 2012, "Preface and Acknowledgement," ix.

② Chris Pearson, "Book Review: *Exploring environmental history-selected essays* by T. C. Smout," *Economic History Review*, Vol. 63, No. 2 (May 2010), p. 566.

③ Fiona Watson, "Book Review: *Nature Contested: Environmental History in Scotland and Northern England Since 1600* by T. C. Smout," *Environmental History*, Vol. 7, No. 1 (Jan., 2002), p. 130.

④ 包茂红：《环境史学的起源和发展》，北京大学出版社2012年版，第76页。

⑤ 参见圣安德鲁斯大学环境史研究所网站信息：https://envhist.wp.st-andrews.ac.uk/；https://envhist.wp.st-andrews.ac.uk/about-us/; https://envhist.wp.st-andrews.ac.uk/；https://envhist.wp.st-andrews.ac.uk/research/。

的环境史研究机构。从 1992 年到 2001 年，斯莫特担任该研究所所长。这期间，该研究所开展了卓有成效的研究和教学工作，内容主要涉及科学、医学、技术和环境历史。1999 年，该研究所获得“苏格兰高等教育基金会”（Scottish Higher Education Funding Council, SHEFC）的资助，随后与斯特灵大学联合成立“环境史与政策研究中心”（Centre for Environmental History and Policy, CEHP）。不久之后，斯莫特作为该中心的环境史学家，参与策划和组织了 2001 年 9 月在圣安德鲁斯大学主办的欧洲环境史学会（The European Society for Environmental History）第一届双年会，题为“环境史：问题与潜力”（Environmental History: Problems and Potential）。[①]

在斯莫特及其合作者斯特灵大学历史系的菲奥娜·沃森博士的指导下，圣安德鲁斯大学环境史研究所以及“环境史与政策研究中心”承担了许多项目，选题涵盖林地史、沿海考古、环境污染史、土地利用和文化景观、自然保护和乡村休闲以及物种史等领域，这使得来自历史学、社会学、自然科学等许多学科的研究人员可以在一个大致规定的范围内做自己最有兴趣的研究。2002 年以来，斯莫特还出任“苏格兰海岸考古与侵蚀问题信托组织”（Scottish Coastal Archaeology and the Problem of Erosion Trust, SCAPE）主席，引领圣安德鲁斯大学环境史研究所积极参与题为“海岸观察”（Shorewatch）的沿海考古项目，通过鼓励当地志愿者进行沿海考古遗址的调查和挖掘，防止这些遗址因侵蚀或堆积而遭到破坏。

这样，在斯莫特的创设和引领下，圣安德鲁斯大学环境史研究所通过跨学科合作和多样化的项目研究，以及广泛的国际

---

① http://eseh.org/events/conferences/past-conferences/，2024 年 7 月 30 日访问。

合作与学术网络的建立，在环境史学术方面取得了显著成就，成为英国乃至国际环境史研究的重要中心，为后继者进一步研究和交流环境史提供了合适的平台。因此，英国广播公司的历史杂志（*History*）评论说，该研究所“在推动英国环境史事业方面掌握了主动权”[①]。斯莫特本人则通过这类学术组织及项目研究工作，得以逐步深入环境史，不断开拓进取。

进一步思考斯莫特为何能在其学术生涯后期走进环境史并作出突出贡献，我们认识到，除了前文提及的早年独特经历的深刻影响外，至少还有两方面的因素起到了重要作用。

首先是个人爱好和公共服务的促进。从个人爱好来说，上文述及，儿时的农场生活让斯莫特养成了观鸟的喜好。之后，这一喜好一直伴随他，以至被誉为“一位敏锐的鸟类学家和观察者”[②]。从公共服务来看，或许是由于家庭出身、卫理公会信仰以及雷斯中学强调学生责任心的影响，斯莫特一直心怀社会，并被公共服务所吸引，成为众多社会组织的成员，还在其中担任过理事、副主席和主席等职务。这包括苏格兰古代和历史遗迹皇家委员会（Royal Commission on the Ancient and Historical Monuments of Scotland, 1986–2000）、自然保护委员会苏格兰顾问会（Scottish Advisory Committee of the Nature Conservancy Council, 1985–1991）、苏格兰自然保护委员会（the Nature Conservancy Council for Scotland, 1991–1992）、苏格兰自然遗产协会（Scottish Natural Heritage, 1992–1998）、苏格兰历史博物馆（National Museums of Scotland, 1990–1995）、皇家历史遗迹委员

① 见 About the Institute, https://envhist.wp.st-andrews.ac.uk/，2024 年 7 月 31 日访问。

② Alasdair Ross, “Book Review of T. C. Smout and Mairi Stewart, *The Firth of Forth: An Environmental History*,” *Northern Scotland*, vol. 5, no. 1 (May 2014), p. 265.

会（Royal Commission on the Historical Monuments, 1999－2002）和国家与地区档案咨询委员会（The Advisory Committee on National and Regional Archives, 2003－2004）等。

其中，特别值得关注的是，斯莫特应邀加入苏格兰自然保护委员会及其后继者苏格兰自然遗产协会，还在 1992—1997 年间担任苏格兰自然遗产协会副主席。这段经历不仅为他赢得了广泛的社会赞誉，还为他投入环境史研究积累了丰富的现实经验。这期间，他曾以苏格兰自然遗产协会副主席的身份，着手处理过大量的现实争端，他感受到心中汹涌澎湃的情感"是由面前这些充斥着激烈争论的棘手案例及诸多问题本质上的历史属性传递出来的"。[①] 他意识到，在苏格兰自然保护委员会以及苏格兰自然遗产协会里，人们所讨论的几乎所有的问题都有一段历史，它们要么被忽略了，要么被搞错了，但这往往是解决方案的一部分，比如林地管理或山地欣赏等。因此他认为，新成立的环境史研究所应该积极提出新政策，批评旧政策，同时他自己也越来越被环境史所吸引。

这样，正如有学者评论的，斯莫特在环境史学科中发现了一种方法，"可以将对人性和社会的深刻的专业理解与对自然，特别是鸟类的更个人的关注结合起来"。[②] 而在 20 世纪八九十年代参与苏格兰自然保护委员会、苏格兰自然遗产协会等组织的工作，使他对环境史研究如何在实践中为政策提供信息有了亲身体验。

---

① 见本书第 2 页（此处引用本书均为原书页码，即本书边码，余同）。

② Fiona Watson, "Book Review: *Nature Contested: Environmental History in Scotland and Northern England Since 1600* by T. C. Smout," *Environmental History*, Vol. 7, No. 1 (Jan., 2002), p. 130.

如果说，上述方面主要着眼于他个人和英国国内的一些情况，那么我们还需要跳脱这一范围，在更大的层面去思考，这就需要论及可持续发展问题对斯莫特的影响。这是因为，斯莫特关注并开启环境史研究的时候，正值可持续发展理念在国际社会日益弘扬之际。由于可持续发展问题是当代社会主要问题的一部分，它对斯莫特来说是一种不可避免的推动力，因此我们看到，无论是在环境史著述中还是在环境史宣讲中，他都会谈及可持续发展理念以及从历史角度思考相关问题的必要性。这一时代背景，无疑是促使他日益深入环境史的关键因素。

譬如，在与他人合著的《苏格兰本土林地史（1500—1920）》第一章“导论”中，斯莫特在针对“本土森林”（Native Woods）做解释和定义并论述苏格兰人对林木的利用时谈及可持续性和可持续发展问题。他说道 :“这里的核心问题是，我们的祖先是否明智地利用了苏格兰的森林 : 它们是否以一种可持续的方式被加以利用？提出这个问题也就引出另一个问题——人们所说的可持续性（sustainability）是什么意思？”[①] 为此，他着重论及可持续性概念的历史变迁和当代蕴涵，以及理念上的共识和实际措施上的分歧等复杂情形。[②]

又譬如，2006 年 11 月斯莫特在北京师范大学讲学时专门有一讲谈及可持续发展理念以及有关历史问题，即“可持续性和英国的森林史”（Sustainability and UK Forest History）。在这一

---

① T. C. Smout, Alan R. MacDonald and Fiona Watson, *A History of the Native Woodlands of Scotland, 1500–1920*, Edinburgh: Edinburgh University Press, 2004, p. 5.

② Ibid., pp. 5–9.

讲中，他首先列举了《布伦特兰宣言》和里约热内卢会议对可持续发展的定义，剖析了它的内在矛盾，并指出历史上几乎不存在与里约的定义相一致的可持续发展的例子，必须承认，某种行为或制度是否可持续的问题，并不是某个时候的人们所关切的问题。当然，为了自己和家人能在某一地方生息繁衍，他们也是会关心这个地方在经济上的可持续性的；而如果某一资源与己无关，他们可能就会漠不关心。所以，历史上和现实中的实际情况往往与所定义的并不是一回事。①

这样，斯莫特以其深厚的学养，以及一个史学家的强烈的现实关怀，在年近花甲之时深入环境史领域，努力探索、耕耘，从而得以在晚年结出环境史硕果。在 20 世纪 90 年代，斯莫特主编并出版多部关于苏格兰人与自然关系变化历程的论文集，它们分别是《苏格兰与海》《史前以来的苏格兰：自然变化与人类影响》《土壤与田地制度的历史》《苏格兰林地史》和《若斯默丘斯：一座高地庄园上的自然与人（1500—2000）》。② 新世纪伊始，斯莫特又有多部环境史著作出版，它们分别是专著《自然之争》和《环境史探索文选》、编著《苏格兰人与林地的历史》以及合著《苏格兰本土林地史（1500—1920）》和《福

---

① 梅雪芹、刘向阳、毛达：《关于苏格兰环境史家斯马特教授讲学的认识和体会》，《世界历史》2007 年第 3 期，第 145 页。

② Christopher Smout, ed., *Scotland and the Sea*, Edinburgh: John Donald Publishers, 1992; T. C. Smout, ed., *Scotland Since Prehistory: Natural Change and Human Impact*, Aberdeen: Scottish Cultural Press, 1993; Christopher Smout and S. Foster, eds., *The History of Soils and Field Systems*, Aberdeen: Scottish Cultural Press, 1994; T. C. Smout, ed., *Scottish Woodland History: Essays and Perspective*, Aberdeen: Scottish Cultural Press, 1997; Christopher Smout and R. A. Lambert, eds., *Rothiemurchus: Nature and People on a Highland Estate, 1500–2000*, Aberdeen: Scottish Cultural Press, 1999.

斯湾环境史》。[1]通读这些著作可以知晓，斯莫特对环境史主题有着广泛的探索、研究，并突显了特色，这里聚焦于《自然之争》略加分析与总结。

二、《自然之争》成书的背景

《自然之争》基于1999年1—2月斯莫特在牛津大学福特讲座的讲稿整理成书。进一步讨论其成书背景，可以从该选题的必要性和可行性两方面加以思考。

就必要性而言，一方面，斯莫特在教学研究和担任公共职务期间意识到，苏格兰和英格兰北部地区的现代环境争议皆有其不容忽视的历史根源，“然而，在冲突中，双方都倾向于将这些矛盾视为仅具有当代和当下意义的问题”。[2]这种思想倾向和文化氛围有可能会阻碍现实环境问题的解决。因此，历史学家有必要揭示这些环境问题的历史起源，为公共讨论和公共决策提供更多的历史参考。回到历史中，我们“将发现人类过去加诸自然的种种做法，并非想象中那般仁慈；无论我们追溯到多久以前，浪费、自私与短视始终是人类历史的一部分。同时，历史上也没有可供借鉴的黄金时代，它既不存在于前资本主义时期，也不存在于前基督教时期，更不存在于史前时期”。[3]因

① T. C. Smout, *Exploring Environmental History: Selected Essays*, Edinburgh: Edinburgh University Press, 2009; T. C. Smout ed., *People and Woods in Scotland: A History*, Edinburgh: Edinburgh University Press, 2002; T. C. Smout, Alan R. MacDonald and Fiona Watson, *A History of the Native Woodlands of Scotland, 1500–1920*, Edinburgh: Edinburgh University Press, 2004; T. C. Smout and Mairi Stewart, *The Firth of Forth: An Environmental History*, 2012.

② 见本书第2页。

③ 见本书第4页。

此，在斯莫特看来，与其利用想象中的黄金时代为自己的审美品味或政策倾向辩护，不如回到真实的历史语境中探寻解决现实争端的策略。

另一方面，斯莫特意识到了环境史作为新兴学科范式的潜力，它能够突破过去农业史只关注土地利用中的社会动因的局限，同时也能够超越社会史在研究不列颠北部地区时将苏格兰和英格兰北部地区划分开来的限制。他就此说道："对这一项范式的应用（主要以论文形式呈现），能够使我以全新的视角思考土地利用问题，并能够使我的研究跨越苏格兰的南部边界，因为环境自身很难体现政治边界。"① 如果要揭示苏格兰和英格兰北部地区现代环境争议的历史根源，从土地利用的角度探讨就是必要的。因为现代环境争议的实质在于，人们对相同自然资源的管理方式和利用理念存在冲突。然而，如果从传统经济史和社会史的视角来分析不列颠北部地区的土地利用问题，就会不自觉地将苏格兰和英格兰北部地区分割开来。这种以文化视角割裂两地的做法，并不利于人们认识这两个拥有相同环境属性、面对相同历史和现实环境问题的地区，也不利于人们理解不列颠北部地区土地利用史中的环境动因。

就可行性而言，一方面，斯莫特在公共事务方面的经验赋予了他捕捉现实热点和提出关键问题的能力。因此，他承认自己"在（英国）自然保护委员会和苏格兰自然遗产协会董事会任职的那些年，我确实萌生了写作苏格兰启蒙运动所称的'有用之历史'的想法"。② 同时，他也意识到在分析用地方式的差异时，尤其需要考察人们所秉持的一组自然观，这组自然观

---

① 见本书第 1 页。

② 见本书第 3 页。

可以被恰当地概括为“利用与怡情”。而这组自然观并非在今天才出现并主导着当前环境争端的解决，它们产生于不列颠北部地区的现代历史之中，并在400余年间不断碰撞和影响着人们的环境品味和政策选择。恰如斯莫特所言，自现代以来，“利用与怡情间的关联与冲突是如此真实。一方眼中的图腾恰是另一方眼中的害虫，且并非所有有力证据都掌握在一方手里”。[①]

另一方面，由于多年从事社会史和经济史教学与研究，并且掌握了环境史研究方法，因此斯莫特具有深厚的学养基础，得以完成该书的撰写工作。具体而言，苏格兰社会史与经济史的研究经验，使斯莫特关注到不同社群在用地方式上的不同选择及其自然观念的冲突。例如对19世纪苏格兰的改良者们而言，安德鲁·斯蒂尔（Andrew Steele）对高沼地景观的批评恰如其分地反映了他们的用地观念：“无边的荒原……是美景中的瑕疵，是不列颠农业风光的嘲讽对象。”[②] 但对威廉·华兹华斯（William Wordsworth）那样的浪漫主义者来说，他们既厌恶农业改良观念，又身体力行地投入捍卫自然景观的斗争之中。因此，斯莫特称现代以来“欢愉是对诗人、梦想家和女性而言的，利用则是对实干家而言”。[③] 究其原因，这是由于现代人改造自然世界的能力不断加强，因此他们打破了古代那种兼具实用性与娱乐性的静态自然观。

这样，基于必要性和可行性，就可以很好地理解斯莫特何以能宣讲并写出《自然之争》。

---

① 见本书第36页。

② 见本书第20页。

③ 见本书第24页。

三、《自然之争》的叙事内容与洞见

如果说，不同社会群体所代表的不同自然观念及用地方式是社会史和经济史关注的重点，那么环境史视角就使斯莫特关注到不同环境事务中人与自然的多重关系。因此，斯莫特以“林地养护”“土壤培植”“水域管理”“山地保育”“和“乡村保护”五大环境事务为主题，确定了该书的叙事内容，并借此凸显其洞见。

具体来说，该书在第一章直陈“利用与怡情”主题，厘清1600年以来人们对自然的不同态度之后，第二章即通过解构现代英国广为流传的“卡列登大森林”（Great Woods of Caledon）迷思，考察不列颠北部地区自17世纪以来半天然林和人工林的发展状况。斯莫特指出，林木的经济用途在一定程度上促使不列颠北部地区的生产者在16世纪便开始养护森林。“当人们将林木用于冶铁、炼铅、制革、车工工艺和（为纺织贸易）制造草碱时，需求量的扩大才最终引发了森林拯救行动。”[①]然而，出于经济目的养护森林的行为与同时期及以后出于怡情目的养护森林的行为还是有所不同的，这主要体现在他们所保护的树种及林地景观的差异上。正如斯莫特所言：“当国家在植树造林中的作用逐渐减弱时，私营林业部门的相关作用则逐渐增强，后者再度点燃了环保主义者的怒火；双方的矛盾主要集中于‘以针叶林取代半天然林’的问题上……但我们并不能就此认为，林业委员会和森林产业部门曾全部秉持‘利用高于怡情’的价值立场。”[②]因此，在不列颠北部地区的林地养护问题上，斯莫特

---

① 见本书第47页。

② 见本书第62页。

认为“利用与怡情”的斗争已逐渐缓和。

在第三章，斯莫特同样指出，现代以来不列颠北部地区为经济目的而改变土壤成分和结构的行为，也引发了“利用与怡情”的冲突。尤其当那些培植土壤的行为损害了该地区的生物多样性和乡村美景时，这种冲突变得更为突出。在斯莫特看来：“老一代人总认为，这个世界尤其是农业世界正变得越来越糟糕；这似乎已是老生常谈了。在这种情况下，对众多年逾五十的农民而言，悲凉之处莫过于他们能够清楚地记得比现今更为迷人的乡村景象。”[①] 这个问题在某种程度上也可以被视为农业活动对当地人怡情需求的侵犯，自20世纪以来化学农药在农业生产中广泛应用之后情况尤其如此。斯莫特知晓，“1962年，蕾切尔·卡森（Rachel Carson）在美国写作了《寂静的春天》（*Silent Spring*）一书，该书引发了欧洲公众对农药滥用的焦虑”。[②] 但他也清醒地指出：“即便在今日，鸟类衰亡的原因也远比农药的使用更为复杂；”[③] 且“在1964年和1969年两个阶段，绝大多数的农业常规化生产，已避免使用主要品类的持久性有机氯农药”。[④] 正如数个世纪以来不列颠北部地区的农民通过改良土壤来进行农业活动那样，他们不仅用汗水浇灌这片土地，还对其倾注了深厚的热爱。因此，尽管化学农业和转基因技术仍对生物多样性和乡村美景构成威胁，但不列颠北部地区的土地利用者们，正如他们的先辈那般，逐渐找到了弱化现代农业负外部效应的路径。

---

① 见本书第86页。

② 见本书第83页。

③ 见本书第86页。

④ 见本书第83页。

斯莫特还将逻辑一致的思考延伸至水域管理和山地保育问题上。他说道："在400年的历史进程中，不列颠北部居民调整了水源的分布格局，这是最令人惊叹的。"[①] 由于此种改变既排干了部分沼泽水域，又制造了新的湿地水域，当前的情况是"人们很难记起多少土地曾浸泡在水中。尤其在英格兰北部地区，当前的数千公顷良田在17世纪时就是沼泽和泥地"。[②] 与此同时，"水利工程师的胜利是（人类）辖制水源最伟大的成就……他们完善了农田的排水系统，并改变了英国每处农田的微观生态"。[③]20世纪以来，"苏格兰和英格兰北部地区持续兴建水库并开展引水工程"。[④] 虽然很难准确估算人们排干沼泽所造成的生态损失是否能被水库工程创造的生态价值所抵消，但不列颠北部地区民众针对水域管理问题的斗争，逐渐演变为针对乡村保护问题、污水治理问题以及水利工程破坏自然美景问题的斗争。在这些问题中，除了相对复杂的乡村保护问题外，后两个问题都得到了不同程度的解决。"大约在20世纪六七十年代，一种真正的范式转变出现在我们对自然的建构与理解之中，这足以触动政治家们和法律制度。"[⑤] 此后，不仅与公众健康息息相关的污水处理问题得到了重视，"曾经不证自明的蓄水、发电和引水计划（也）开始不再能够轻松地通过（议会裁决）"。[⑥]

相较之下，山地保育问题的综合性更强，因为山地环境包

① 见本书第90页。
② 见本书第92页。
③ 见本书第97页。
④ 见本书第107页。
⑤ 见本书第115页。
⑥ 见本书第114页。

含林木、土壤、水域和生物等多重环境要素。斯莫特指出，不列颠北部山地既为人广泛利用，也为人驻足欣赏；那里既难找到无人涉足的地方，又是不列颠群岛最富野性气息的地方。因此，“利用与怡情”的斗争在山地保育问题上尤为激烈。现今，人们从怡情观念出发，“对高沼地和山区栖息地表现出普遍担忧……这些生态栖息地能供养的生物数量越来越少，且物种越来越贫乏”。[①] 为了探究该现象的成因，斯莫特便从大型牧羊场的兴起取代农户牧牛经济、狩猎庄园的兴起以及空气污染的扩大三个方面，剖析了经济活动对山地生态系统造成的威胁。但同样值得注意的是，秉持怡情观念的不列颠北部居民已察觉到这种危机并积极找寻补救方案。譬如，斯莫特指出：“如果补助金能以牧羊人（为标准）发放，而非以绵羊（为标准），再如果农户须为牧场英亩数付费，而非为牲畜数量付费，那么一种收效更佳且愈发传统的畜牧体系便生成了，同时畜牧者会将数量适中的优质牲畜从一地赶至另一地，确保过度放牧永远不会发生。”[②] 再譬如，“极少数富有的土地所有者及其朋友……会积极抵御公地畜群的侵扰”。[③]

诚然，斯莫特察觉到自 19 世纪中期以来，具有怡情诉求的群体不断壮大，从少数富有的地产者扩展至大多数不列颠北部居民。这一变化不仅使他们根据自身的怡情观念赢得了“准入权”（right to roam or access to the countryside）斗争的胜利，也使他们在人数庞大和需求旺盛的情况下成为乡村环境的新利用者，因为其活动同样对乡村美景和自然构成了威胁。正如斯

① 见本书第 118—119 页。
② 见本书第 131 页。
③ 见本书第 133 页。

莫特所言："最后一章的论述围绕乡村在地产权及其限度方面的问题展开；从19世纪关于准入权方面的争论，拓展至20世纪关于景观保护和自然保护的争论。"[①] 但不列颠北部居民关于"乡村保护"问题的争论，如同他们对于"林地养护""土壤培植""水域管理"和"山地保育"问题的争论一样，能够在用地者和怡情者之间达成阶段性妥协。其破解之道在于："乡村必须认可城镇具有完全合法的乡村利益……其次，城镇——在该语境下，既指广义上的公众，又指狭义上的环境运动——必须尊重农民需要利用土地的事实。"[②]

这样，《自然之争》聚焦于自然观念主题，通过上述的叙事框架，将环境、经济和社会维度的历史有机地融合起来，凸显了环境史视角下"利用与怡情"观念研究的综合性与复杂性。这是因为，要准确定义"利用与怡情"观念，并区分它们各自在不同历史时期的不同群体中所代表的多样活动是极其困难的。由于"怡情"观念本质上提倡破坏性较小的利用方式，而许多出于怡情动机但受制于外力的人类活动最终同样导致了环境破坏，因此，斯莫特在环境史视角下考察"利用与怡情"观念时，有意将行为目的与影响目的达成的人力与自然力因素结合起来，并将这两个思考维度置于一个坐标系中加以理解（见图1）。这个坐标系可以被划分为四个象限，每一个象限代表着不列颠北部居民在400年来进行环境决策时更多是出于怡情还是利用的目的，以及基于该目的的行为在实践中更多地受人力还是自然力的影响。

---

① 见本书第170页。

② 见本书第171页。

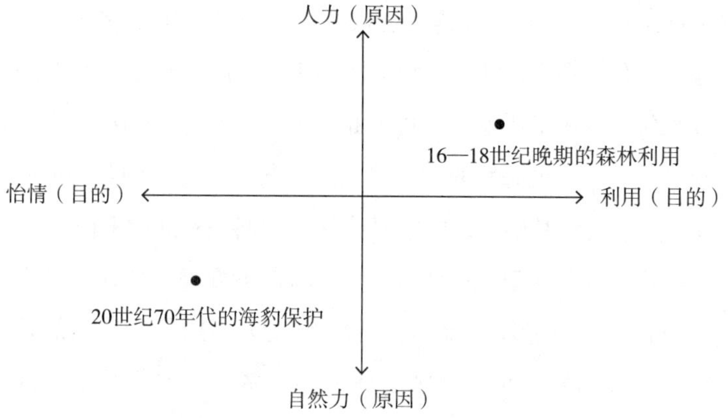

（图 1　16—20 世纪环境决策的影响因素）

譬如，斯莫特在《自然之争》第一章中谈及："20 世纪 70 年代，捕杀海豹直接成为绝大多数英国公众心中的禁忌——海豹被公众定义为极讨人喜爱的生物，故对它们的任何利用与捕杀都是非正义的。"[①] 对此，有批评者认为英国公众保护海豹的初衷在于其能利用海豹获得观赏价值，这与渔民利用海豹获得经济价值的行为无异；此外，保护海豹还致使"不断增加的海豹数量正对鲑鱼、鳕鱼及其他品种鱼类的储量造成严重威胁"。[②] 斯莫特却指出，这种争议既无助于人们理解事情真相，也无助于争议双方达成谅解。

将保护海豹定义为"怡情"之举很难与捕杀海豹的渔民达成共识，当渔民认为"怡情"之举并非理所当然地优于"利用"之举时，情况更是这样。与此同时，英国公众保护海豹的良善动机也无法确保此举不会导致其他环境问题。我们应当将 20 世纪 70 年代英国公众保护海豹的行为置于坐标系的第三象限去理

① 见本书第 34 页。
② 见本书第 35 页。

解（见图 1）：该举动就英国公众的决策目的而言更多地出于怡情需求，但在保护海豹的过程中，海豹的自然繁殖确实对周围海域的鱼群造成了影响；这更多是自然力的作用。因此，在斯莫特看来，倡导保护海豹的英国民众应该与支持捕杀的英国渔民在理解上述事实的基础上，共同寻找保护和捕杀之间的平衡。

同样，如果要理解 16—18 世纪晚期不列颠北部地区的森林衰退问题，就不能简单地将该问题定义为利用行为导致的林地破坏。尽管不列颠北部地区的林地利用者尤其看重林木资源的经济价值，但他们同样不愿看到林地毁坏的结果。此外，尽管本地居民过度使用林地资源、外来者参与采伐活动和领主法庭法规僵化等人为因素，是导致该时期森林衰退的主要原因，但气候恶化之类的自然因素也在起作用。因此，比起简单地判断某种行为是完全出于利用或怡情的目的，以及判断某种行为的后果是完全由人为因素或自然因素所致，更重要的是，要进一步厘清某种行为更多地是出于哪种目的，以及某种行为的后果更多地是由哪种因素所致。

上述主张，恰恰体现了斯莫特在融合环境与经济和社会维度之后，就具体历史问题加以探讨和分析时所得出的不同于一般成见的特色认识所在。不仅如此，《自然之争》还具有诸多洞见，这里总结如下几点：

1. 将环境作为历史的能动者看待

斯莫特强调，自然环境在人类的社会和经济活动中始终扮演着能动者的角色。通过探讨自然与人类社会活动及经济活动的相互作用，可以更全面地揭示人类文明存在和发展的历史动因。

2. 超越政治边界的研究

斯莫特采用了将环境融入社会、经济的研究视角，打破了传统的政治界限，不再将苏格兰和英格兰北部视为两个独立的区域，而是视为一个具有相同环境特征的整体。这种跨区域的视角有助于读者更充分地理解现代环境问题的综合性和复杂性。

3. 历史地考察环境问题

斯莫特努力通过历史叙事加深社会对现实环境问题的理解，避免知识界对环境及现代环境问题的讨论过于抽象和泛化。他揭示环境问题的历史起源，为公共讨论和公共决策提供更多的历史参考。这既是对历史中的自然环境本身的考察，也是对历史中自然环境在人类社会及经济事务中所扮演角色的考察。

4. 自然资源在人类观念中的双重属性

斯莫特探讨了人类利用自然资源创造物质财富和保留自然资源用于精神观赏的矛盾态度。这种矛盾在环境保护与经济发展之间的冲突中表现尤为明显，例如在林地养护、土壤培植、水域管理、山地保育和乡村保护等具体问题上，斯莫特都揭示了“利用与怡情”的矛盾。

5. 从坐标系上理解环境与社会和经济的关系

斯莫特将人类的行为目的（利用或怡情）与影响此种目的达成的人力与自然力因素结合起来，并将这两个思考维度放置在一个坐标系中加以理解。这种方法有助于理解某种行为更多地是出于（利用或怡情）哪种目的，以及某种行为的结果更多地是由（人力或自然力）哪种因素所致，因为任何行为本质上都不会出于单一的利用或怡情目的，也不会单一地受人力或自然力影响，用这种方法可以让读者更准确地解析环境与社会、经济的关系。

通过这些方面，斯莫特在《自然之争》中将环境与社会、经济相融合，进而提供了新的历史分析视角，为更好地探寻历史的真相提供了可能，并昭示了经济史和社会史拓展的方向。

四、《自然之争》的广泛意义

斯莫特学术生涯晚期的环境史研究，在一定程度上让我们看到了环境史在 20 世纪 90 年代以来的发展。对于成就斐然的历史学者来说，斯莫特在将环境史视角纳入已有的史学领域，进而在历史学中开拓创新这一方面，无疑起到了示范作用。对于这一示范效应，上文引述的沃森的评论值得重视。因此，我们希望借助《自然之争》中译本的问世，不仅增进中国史学界对斯莫特本人的学术成就尤其是环境史研究成果的了解，而且增进中国社会对环境史的历史面向及其现实意义的认知。毕竟，即便绝大多数中国读者并不熟悉斯莫特在英国环境史领域所作的贡献，但也绝对不会对其所关注的环境史问题感到陌生。

正如斯莫特在《自然之争》的序言和首章中谈及的那般，自 18 世纪晚期以来人类在面对特定的自然环境时，总会呈现出既想利用这种环境资源创造物质财富，又想保留这种环境资源用于精神观赏的矛盾态度。尽管古罗马诗人贺拉斯（Horace）早在公元前 1 世纪就提到了这种矛盾态度，但直至 1848 年，英国自由主义哲学家约翰·密尔（John Mill）才以现代经济学视角，将这种态度清晰地表述为人们在面对某种自然资源无法同时满足多种用途时所产生的矛盾心态。此后，奥地利经济学家弗里德里希·冯·维塞尔（Friedrich von Wieser）在 1889 年出版的著作《自然价值》（*Natural Value*）中，将这种矛盾心态产生的原因阐释为“机会成本”（opportunity cost）理论，即人们在决定某种经济资源的用途时，注定要为某项选择放弃多项替代性选择，从而陷入鱼和熊掌不可兼得的矛盾心态之中。

但在斯莫特看来，历史学家仍有必要研究上述问题。其主要原因是，通过厘清两种自然观念在特定时空背景下的碰撞，可以避免知识界对历史行动者的讨论过于抽象、空疏和泛化。如前所述，当斯莫特以苏格兰自然遗产协会副主席的身份着手处理现实争端时，他感受到心中汹涌澎湃的情感正“是由面前这些充斥着激烈争论的棘手案例及诸多问题本质上的历史属性传递出来的”。[①] 因此，他提醒读者关注现实问题背后的历史动因。但他绝非要为某些特定的现实选择提供历史的证明，从而走上“辉格史学”（Whig history）的道路，而是要用历史叙事加深人们对现实问题的理解，从而以突破“立场性辩护”的开放心态，投入对现实问题的讨论之中。

此外，斯莫特还认为有必要借助环境史的研究方法，以实现对“利用与怡情”这组矛盾自然观的历史考察。其原因有以下两点：首先，由于自然环境在人类参与历史活动和形成历史认知的过程中始终扮演着能动者角色，因此探讨自然与人类的互动关系，可以更全面地揭示上述自然观存在和发展的历史动因；其次，环境史视角可以打破不列颠北部地区的政治界限，不再将苏格兰和英格兰北部视为两个独立的区域，而是视为一个具有相同环境特征的整体。这样，探讨不列颠北部地区的环境史，可以更充分地理解现代环境问题的跨地区属性。这两点可能会超越《自然之争》一书所限定的区域，因而具有更广泛的意义。

梅雪芹　考舸

2024 年 8 月

① 见本书第 2 页。

致中国读者

我很荣幸能出版中文版的《自然之争》。然而，你可能会想，一个远离中国数千英里的岛屿的环境史与你的兴趣和关注有多大关系。这里涉及同样的现代化力量是如何影响两国的生态这一问题。人们都会有一种相同的感觉，即自然既是用来利用的，也是用来享受的。像英国一样，中国也有森林，它砍伐了大部分，然后重新种植了一些，就像英国一样。虽然与英国相比，中国对土地和河流的利用力度往往要大得多，但对自然资源的利用和对水资源的管理同样至关重要。中国拥有广袤的高地，但它们比我们想象的更容易被滥用和改变。在英国和中国，人们对如何利用农村的看法随着时间的推移而有所不同。换句话说，考察英国的环境史就是考察这个岛屿的环境史如何与东亚的环境史进行比较和对比，并得出适当的结论。我希望你喜欢这本书，并从中得到启发。

克里斯托弗·斯莫特

2024 年 5 月 27 日

目 录

插图目录

图表目录

一旦失去湿地和荒野，世界将会变成什么样子？
让荒野和湿地留下吧，哦，让它们留下吧！
野草与荒野长青！

——杰拉德·曼利·霍布金斯（1844—1889），
于因弗斯内德

致谢

首先，我必须向牛津大学福特讲座的组织者们表达感谢， ix
是他们邀我前去做讲座，而这部作品最初就是那次系列讲座的讲稿；此外，我还须向牛津大学圣凯瑟琳学院的同人表达感谢，是他们在我留驻牛津期间遴选我为“克里斯滕森访问学者”。再者，约克大学在 1998—1999 年授予我客座教授的荣誉，在其友善的历史学家和经济史学家的帮助下，我对英格兰北部环境历史的认知得以提高。我所任教的圣安德鲁斯大学的工作人员耐心协助我无休止地查找图书馆资料。我的妻子安妮-玛丽给予我无限的支持；玛格丽特·理查兹也同样给予了我无限的耐心，并帮助我处理一篇又一篇文稿。大卫·詹金斯是本书初稿的严厉批评者，我希望他能发现书稿在内容方面有所改进，但我不确保本书能使他满意。此外，唐纳德·戴维森、杰夫·马克斯韦尔、约翰·希尔、罗伯特·兰伯特和罗杰·克罗夫茨阅读并评价了书稿不同部分的内容。通过交谈，我从苏格兰自然遗产协会（Scottish Natural Heritage）的其他朋友和同事那里获取了大量信息，因此由衷感谢马格努斯·马格努松、迈克尔·亚瑟、德斯·汤普森、约翰·麦凯、约翰·汤姆森、艾伦·麦克唐纳、克里斯·巴德诺克和迪克·巴尔哈里。我还须向克里斯·洛厄尔致谢，当我们驾车环游苏格兰并为苏格兰电台“为土地而战”（Battle for the Land）系列节目做准备时，他曾给予我无尽的激励。恐怕他会在本书中辨识出自己曾表达过的一些看法和观感，而我可能疏于标注出其贡献。彼时，我们还联络了苏格兰西部水务局的凯瑟琳·本顿，我欠她及水务局一个人情，是他们让我有机会在米尔恩加维（Milngavie）的水务局办公室获取了文档资料。苏格兰国家信托组织（National Trust for Scotland）的档案管理员也向我提供了同样的帮助；我真想多花些时间阅读那些保存良好的档案。约翰·格兰特和菲利帕·格兰特夫妇让我去参观他们位于若斯墨丘斯森林的阁楼；每当我出现时，他们都热情地招待我。巴克卢公爵慷慨地允许我阅读德拉姆兰里格（Drumlanrig）狩猎手册。罗兰·帕克斯顿和迈克尔·克里斯则向我提供了到何处寻找水利工程师的建议。理查德·斯莫特发现了一份令我无法抗拒的关于麻雀的参考资料，尽管这些资料仅与怀特岛有关。比尔·伯恩博士分享了他对中世纪苍鹭的研究成果。《英格兰自然》（*English Nature*）杂志的德里克·朗斯洛与英国鸟类学基金会（British Trust for Ornithology）的杰里米·格林伍德为本书第三章涉及的两个人物提供了文献资料。我还须感谢许多其他朋友和学者——吉姆·哈里斯与何塞·哈
x 里斯，他们使我关注到 J. S. 密尔有关地产和环境的看法；西尔维娅·普莱斯允许我翻阅其著作并给予了我诸多鼓励；谢默斯·格兰特帮助我了解了盖尔语诗歌的传统；休·英格拉姆借给我关于沼泽的早期的书；唐纳德·伍德沃德在肥料问题上给予了我灵感；洛娜·斯坎梅尔与我进行了饶有助益的讨论；朱迪思·甘路德和理查德·蒂普允许我引用他们未经发表的论文；朱迪思·祖瓦利斯-格伯提供了关于林业委员会（Forestry Commission）的见解；雷伊·克拉克则提供了关于桑德兰郡牧

业的专业知识。此外，爱丁堡大学出版社的约翰·戴维及其同事在我将讲稿改写成书稿的过程中给予了我极大的帮助和支持。这部书稿我酝酿了多年，因此担心自己疏漏了许多其他人的贡献和帮助。但无论如何，我在这里向他们一并致谢。

最后，我将言及插图选用这项令人颇感愉悦的工作。尽管插图所有者的名字已单独标注在每幅图片之后，但我仍须就自己在选用插图时所获得的善意帮助感谢圣安德鲁斯大学图书馆、邓迪大学图书馆、大英图书馆、苏格兰国家图书馆地图室、苏格兰古代及历史古迹皇家委员会、剑桥大学航拍图收藏馆、剑桥大学动物学系、苏格兰国家肖像馆、苏格兰自然遗产协会、《英格兰自然》杂志社、皇家鸟类保护协会、苏格兰西部水务局和漫步者协会、巴克卢公爵、迈克尔·道尔、罗伊·丹尼斯、唐纳德·戴维森、奈尔·麦肯泰厄和劳里·坎贝尔。由于此处尚有书写空间，因此我无法拒绝将图片提供方的名字再列举一遍。

T. C. 斯莫特

环境史与政策研究中心

圣安德鲁斯大学及斯特灵大学

序 言

1 1999 年 1—2 月，我受邀前往牛津大学开展关于英国史的福特讲座，并由此撰写了本书。我选定“利用与怡情：1600 年以来不列颠北部地区的环境史”（Use and Delight: environmental history in northern Britain since 1600）作为题目，并连续于每周五晚进行了六周的讲座。本书所辑篇章皆遵循了讲座内容的结构、论证和风格。不过，我偶尔会改变措辞，使其更适应书面表达的习惯。此外，我还添加了一些新史料；这些材料或是拓展了我的论点，或是扩充了例证，以便使其所支撑的论证阐释得更清晰或更有效。

我之于该主题的兴趣起因深远。首先，作为一个苏格兰的经济及社会史学者，我感受到在至少 40 年的时间里，人们在相当大的程度上忽视了土地利用的历史。亚历山大·芬顿（Alexander Fenton）对乡村民族学的探索极具价值，但他从未像琼·瑟斯克（Joan Thirsk）和她的同事们那样提供完整的英格兰和威尔士农业史的研究成果，以弥补缺失全面述及（不列颠北部地区状况）的农业史著作的遗憾。[1]另外，尝试写作一部真正意义上的农业史超出了我的能力范围（换言之，这种写作不是对我内在诉求的回应），所以这项艰巨且颇具价值的事业仍待其他学者承继。而就环境史这一新兴概念来说，它却为我的学术志趣指明了新方向。20 世纪 70 年代以来，澳大利亚、美国、非洲及印度的历史学者都很好地利用了这一新概念。现今，英国、荷兰及斯堪的纳维亚半岛国家的历史学者也在以不同方式探索这一领域。对这一项范式的应用（主要以论文形式呈现），能够使我以全新的视角思考土地利用问题，并能够使我的研究跨越苏格兰的南部边界，因为环境自身很难体现政治边界。本书受上述志趣启发，有鉴于此，它不该被视作一部苏格兰与英格兰北部地区的环境史，而应被视作一部不列颠整个北部地区的环境史。本书重点关注乡村，偶尔提及市镇；但更多篇章言及景观、土地利用、自然保护、生物多样性及乡村准入权，而非着墨于城市污染、交通或城中村落（the-country-in-the-town）。

其次，我对该主题的兴趣还源自 20 世纪 80 年代中期的个人经历。那时，我受任于（英国）自然保护委员会苏格兰顾问会，办公地点在爱丁堡。此后在 1992—1997 年，我又担任苏 2
格兰自然遗产协会（其前身恰为自然保护委员会苏格兰顾问会）董事会副主席。犹记自己初次坐在霍普街 12 号的长桌前，从那时起，我便陷入一股强烈的情感中，那些情感是由面前这些充斥着激烈争论的棘手案例及诸多问题本质上的历史属性传递出来的。如果一片森林需要被拯救，那是因为在其存续的某个历史阶段，人类曾扮演（破坏者的）关键性角色，同时因为现今的另一群人（背负着前人身为林木工人的历史）希望扮演与之前不同的角色。当一处高地海湾被提议建成海洋自然保护区时，由此引发的愤怒与用益权和财产权等古老的概念相关，而不是与遗产和公共利益等近年来的（却仍为历史的）概念有关。然而，在冲突中，双方都倾向于将这些矛盾视为仅具有当代和当下意义的问题，正如自然对抗开发、就业对抗鸟类*、真理对抗谬误那样。

但人是自然的一部分。这样表述，并非是想舍弃话语中“人”与“自然”的习惯用法；从这个意义上来说，“更为自然的”栖息地仅指较少受人类活动影响的地方。而这样表述，是为了强调我们自身毋庸置疑的自然属性，这些属性定义了我们个体的陨灭、人类进化的脆弱性以及对全球自然系统的完全依附。

一旦我们认清自己的特性，就能更加清醒地对待行为决策。或许，我们可以“尊重自然”，对其稍加利用，尽可能少地干预——这对生态脆弱的凯恩戈姆山（Cairngorms）之巅来说是十分理想的做法。然而，为追求人类合理的经济与社会目标，我们也可以在满足基本需求后更多地干预自然，这不一定是一场灾难：通过综合运用林木的方式，或是通过培育田间甲虫群落，维持一定放牧水平和开荒水平的方式，又或是通过为工业开掘沙坑再将其培育成重要湿地的方式，我们能够找到增加生物多样性的途径。这些行为与自然相适应。相反，我们也能通过滥用杀虫剂耗尽乡村资源，在农场内培育能够尽数摧毁野生植物群落和无脊椎动物的单一转基因作物，进一步过度放牧羊与鹿（正如我们当前所做的那样）。这些行为违背、轻视、滥用了自然，且其中一些行为会引发自然施于人类的可怕后果（恰恰因为我们是自然不可分割的一部分）。所有的行动方案皆产生经济与其他方面的代价；对于那些与自然不相适应的行为，其代价往往隐于当下而显于未来。

* 作者此处运用比喻手法，以就业指代经济增长，以鸟类指代自然环境，其本意为在追求经济增长时，人类有可能损害到自然环境；此处选用“鸟类”（bird）一词，一方面是作者对鸟类史颇有研究，另一方面也是向蕾切尔·卡森的名著《寂静的春天》致敬。——译者

由于没有意识到“人本是自然的一部分”，因此这导致了保护者与开发商之间的对抗。**我们**必须阻止**他们**错误地对待自 3
然：**他们**绝对不能阻止我们为人们的利益行事。一段时间以来，《里约宣言》涵盖了尊重“可持续性”与“生物多样性”的概念，这似乎为我们更好地理解上述问题提供了可能。“可持续性”暗含人类在利用自然资源时应该承担的义务，其中包括维护地球之美的责任；如此一来，才不会折损子孙后代的繁荣与幸福。而“生物多样性”则由物种与生态系统的丰富性组成。

然而，从那些仍不时席卷乡村的冲突来看，对抗是否被极大削弱仍无定论。一方面，保护主义者的本能（反应）仍深受怀疑，尽管现在他们中很少有人认为乡村经济发展本身就是一个不受欢迎的目标，或是在促成利用自然资源的一致意见时否认地方社群的民主需求，但在一些情况下，他们仍会不自觉地表现出攻击性。而从另一方面来看，太多的开发商与政客，甚至一些农民和地主，仅将可持续性和生物多样性理解为一句口号或是一个炒作的机会。“可持续性”在政府大臣口中似乎仅仅意味着经济平稳增长；而“生物多样性”一词则处于不再被使用的危险中，它似乎对选民而言太过晦涩且不当。

那些手握政治经济大权者，仍常视环境为敌并与之开战，他们被迫屈从于财富（税收）及就业率。当他们丧失选民的资格，且其养老之所也化为乌有时，他们几乎不去思考子孙后代的遭遇。他们也几乎不曾理解：我们在享受环境的同时也在利用着环境，我们既是精神存在物，又是物质存在者。对人类而言，鉴于其具有对自然界其他事物无与伦比的力量，关切（自然）就应被视作一种必要的道德责任和开明的自利义务。只有这样，我们才能充分体现人类之正义。

我扮演着传道者的角色，且历史学者的身份要求我勇于质疑。在（英国）自然保护委员会和苏格兰自然遗产协会董事会任职的那些年，我确实萌生了写作苏格兰启蒙运动所称的“有用之历史”的想法。承认这点几乎等同于被剥夺了成为一名严肃学者的资格，“有用之历史”必然成为“辉格史”，其旨在通过挖掘过去的事实以证明现在的态度是正确的，而那些事实适用于预先确定的观点。[2] 尽管很容易陷入上述困境，但鲜有专业的历史学者愿意承认自己书写的是完全无用的历史。我们想要书写有价值的历史，这意味着在能力范围内，我们要消除与生俱来的偏见，去写作一部既不为现实辩护，又不为当下问题提供指导，而仅呈现事情本来面貌的历史。在接下来的几章中，我们将发现人类过去加诸自然的种种做法，并非想象中那般仁慈；无论我们追溯到多
4 久以前，浪费、自私与短视始终是人类历史的一部分。同时，历史上也没有可供借鉴的黄金时代，它既不存在于前资本主义时期，也不存在于前基督教时期，更不存在于史前时期。但除此之外，人类历史还有其他内容；如果我们聆听过往却一无所获，那唯一合理的解释就是我们丧失了听力。

回溯至 1848 年，密尔是其所处时代最精明、最具批判性且博览群书的政治经济学家，他思考“静止状态”（一种经济停止增长的状况）的利弊，并开始探寻在一个过度利用资源且人口过剩的世界里，经济增长的代价会是什么？在下述文字中，他指出，人类对空间和野生动植物的需求构成人类欢愉生活的一部分：

> 对人类而言，所有时刻都必须存活于他人面前并非好事。一个从根本上消除了孤独的世界，并非理想。孤独，从它令人时常独处的层面上加以理解，不难发现，它是任何深度思考及深邃品质得以达成的必要条

> 件；独处于自然之美及其壮丽中，孤独是思想与抱负的摇篮，个体受益于这些思想与抱负，社会更因其缺失而陷入苦难。当自发的自然活动不复存在，我们注视这个世界时，就不会拥有太多的满足感：每路德*土地都用于耕作，使其能为人产出粮食；每一个繁花似锦的天然牧场都被开垦，所有没受到驯养的鸟类和四足动物都被当作人类食物的抢夺者而遭到消灭；每处篱笆与多余的大树都被连根拔起，鲜有一处野生灌木及花丛得以生长，而不被当作妨碍粮食产量提高的杂草除掉。如果地球必须失去它所拥有的绝大多数欢乐，而那些欢乐的失去，恰由（人类）财富及人口的无限增长所致，且人类此举仅为确保自己能够供养规模更大，而非生活质量更好或生活更幸福的人口，那么我由衷地希望，看在子孙后代的份上，在某种必要性迫使人类这样做以前，人类可以（主动）满足于一种静止状态。[3]

在阅读上述文字时，我们不可能意识不到那些令密尔恐惧的情景正在我们眼前上演，而他的警告却被我们忽视和遗忘了。这是由于该观点无法吸引那些能够触及资本并改变局面的实干家们。我所写作的这本书或许无法解决全球问题或生态灾难，但可以解决密尔居于家中便认识到的问题——利用与怡情间的矛盾。1600 年以来，我们如何对待苏格兰及英格兰北部乡村？我们曾以何种态度对待自然？最终又陷入何种困境？理解我们如何走入当前窘境，或许有助于我们保持清醒的头脑，并看清 5
未来的方向。

---

* 路德（rood）为英制土地单位，每路德约等于四分之一英亩。——译者

第一章　利用与怡情：1600年以来人们对自然的态度

7 我们存活于自然世界并从中汲取快乐。由于我们世代以来改造自然的方式不同，人们对环境的态度也因时间及地点的差异而不同，但这种态度总能被“利用”与“怡情”这组词语恰如其分地概括。确切而言，这始自西方公元前1世纪贺拉斯（Horace）用这组词语描述自家花园时。而现今，我们遇到的问题是，我们对自然的利用已过分集中，以致此举不仅威胁到我们的欢愉，还有可能威胁到我们的生存。从历史上看，环境危机或许不是首次爆发，但我们（人类）却是首次威胁到了全球生态，并非只在地方范围内影响了部分人口及生物。然而，这并非说我们注定无法解决当下的环境危机，也不是说将来会面对更加严重的危机，而是说我们最终的胜利还远未到来。

本书将研究地域重点置于不列颠北域，并将研究时段置于最近的四百年里，继而在选定的时空剧场中，考察利用与怡情这组矛盾如何产生。数世纪以来，科学及工业化已极大改变了我们同自然的关系，以致在第二个千禧年即将结束时，我们甚至开始思忖末日降临的可能性；而这种思考并非基于神圣的末日审判，犹如我们先祖在 1600 年以前所想的那样，而是基于人类愚蠢的终极行动。

首先让我阐明本书研究的地理区域。我所指称的不列颠北部地区，更多是指像威尔士或爱尔兰那样的乡野地区，而非像英格兰南部的地区。该区域南起奔宁山脉；唐卡斯特、德比和曼彻斯特都是边界市镇。北至马克尔-弗拉加岛（Muckle Flugga），其灯塔与设得兰群岛（Shetland）内安斯特岛（Unst）的最北端遥相呼应。爱丁堡位于安斯特岛与伦敦之间，它恰好处于本书研究区域的南半部（见地图 1.1）。我将关注重点置于苏格兰，这不仅能体现我的专业特长，还能展现我对不列颠的划分逻辑。

如果中世纪的王朝斗争走向了不同的结局，由法兰西卡佩王朝的国王们统治英格兰自加龙河（Garonne）至亨伯河（Humber）的土地，而斯图亚特王室统治该界限以北的地区，那将会产生怎样的生物地理学意义（biogeographical sense）？金雀花王朝本可以满足于领有加斯科尼（Gascony）这块肥沃的土地。 8
在此种政治格局下，南方将会拥有大型服务城市巴黎和伦敦，还拥有厚重的黏土和白垩岩，以及沼泽、壮观的欧洲有梗栎木 9
林和英格兰南部与法兰西北部的山毛榉林；北方将涵盖不列颠绝大部分荒野——其景观荒凉却并非一成不变。具体而言，当地拥有连绵不绝的漠泽和山脉，拥有体积占比超过 95% 的积滞淡水（仅尼斯湖［Loch Ness］就蕴藏超过英格兰和威尔士所有湖泊与水库储水量的总和），拥有以无梗花栎、欧洲赤松（苏格兰松）和苏格兰桦木为主要树种的特色林地，还富有被雨水浸透的苔藓植被。此外，北方蕴藏着早期森林所催生的绝大多数煤炭资源，故包含绝大多数的（英国）工业化都市，如曼彻斯特、利兹、谢菲尔德、纽卡斯尔和格拉斯哥。在马丁·霍尔德

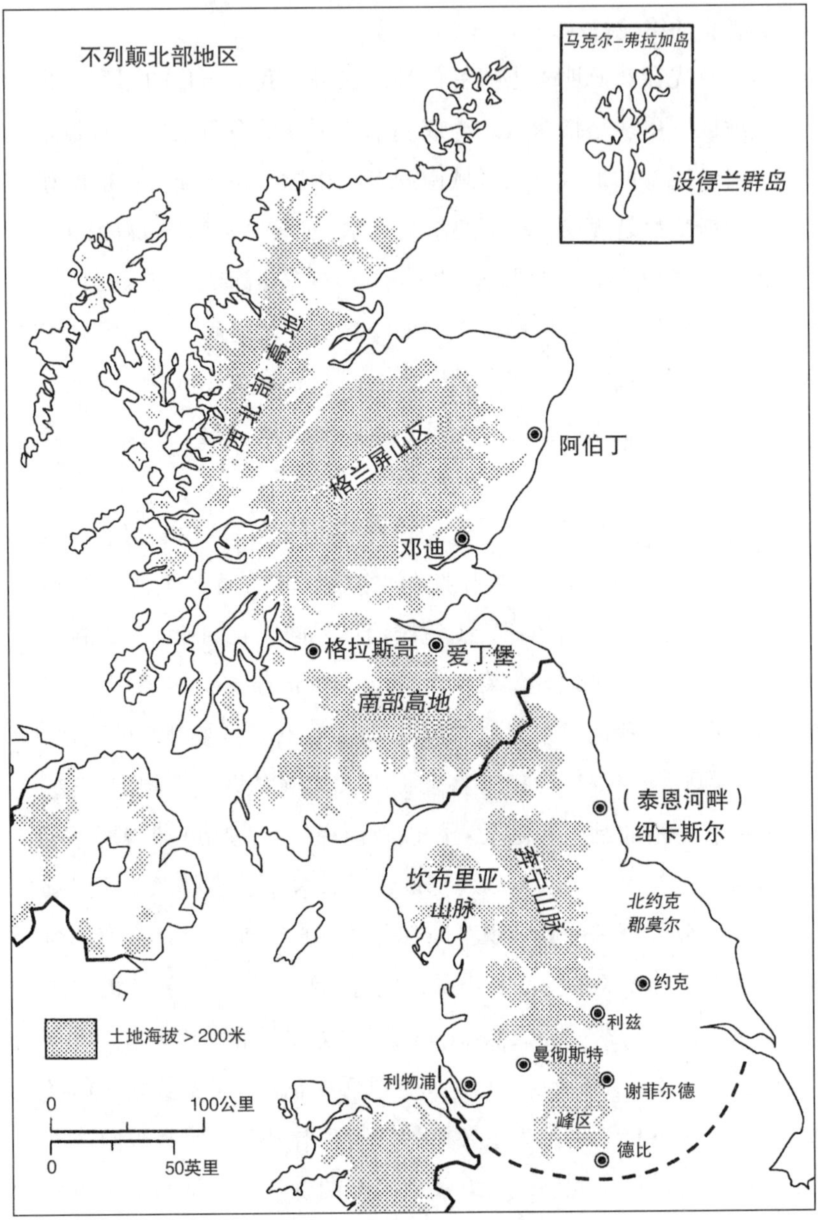

地图 1.1　不列颠北部地区

盖特（Martin Holdgate）先生看来，北方囊括了绝大多数的“栖息地、生态系统以及那些将本国与欧洲环境明显区分开来的物种”，例如花泽地（patterned mire，不列颠此类沼泽约占全球同类沼泽面积的 13%），像西部高地那样的海洋山地生境，像英格兰北方具有远古岩溶性特征的石灰岩喀斯特地貌区，以及具有高度海洋气候特征的海鸟及其他物种的海滨栖息地（如那些 10
位于圣基尔达岛［St Kilda］、赫布里底群岛［Hebrides］和北方群岛［Northern Isles］的栖息地）。[1] 因此，不列颠北部地区的海岸线长度与海洋对其产生的普遍影响，都是令人惊叹的：仅苏格兰一地的海岸线长度就超过了美国东部地区的海岸线长度。

当然，在过去的四个世纪中，不列颠北部地区与英格兰南部环境有许多相同点；事实上，其与西北欧诸多地势低洼的国家，例如低地国家和丹麦，亦有许多相似之处。例如，不列颠北部地区拥有着规模虽小却非常重要的城市服务中心，例如爱丁堡和约克，再如现今的格拉斯哥、阿伯丁和曼彻斯特。此外，北部地区还拥有绵延广阔的优质耕地，例如那些在约克山谷（the Vale of York）、诺森伯兰郡（Northumberland）、洛锡安（Lothian）、法夫（Fife）与安格斯（Angus）部分地区的良田。现今，不列颠北部地区的人口约为 1950 万人；更精确地说，超过了英国总人口的三分之一。而 1700 年，该地区人口仅有 220 万人，或者说不到英国总人口的三分之一。然而，苏格兰较英格兰北部地区出现了更明显的人口流失。现在，只有四分之一的不列颠北部居民住在苏格兰；而在 1700 年时，约半数人口居于苏格兰。相较之下，人口下降幅度最大的地区就是苏格兰。但各地的乡村人口都流向了都市和城镇。不列颠北部地区约占英国陆地面积的一半，却涵盖了一半以上的依据 1981 年《野生动物和乡村保护法案》（Wildlife and Countryside Act）所指定的“特殊科学价值地点”（Sites of Special Scientific Interest）。1998年，苏格兰独占其中的1441处，其占地面积约为（英国）土地总面积的11.6%。

在本章中，我想深入探讨人们与自然邂逅时所产生的利用与怡情两种观念。不列颠北部居民，尤其那些居于英格兰北方郡县之人，拥有独特的环境观，并在某些方面显著改变了南方居于大都市的英格兰人（对自然）的轻蔑态度。在第二章中，我将阐述森林的命运，森林是最具感染力且用途最多的国土资源。在接下来的四章中，我会考察土壤、水源和山地，并探讨关于乡村的现代争论。诚然，此种争论不囿于北方，它同样影响着南方。最后，我希望在本书中呈现一个令人印象深刻的故事，这个故事不仅告诉我们关于不列颠北部地区的诸多往事，也谈及过去四百年间全球及整个西欧的一些情况。

所以，利用与怡情分别代表着什么？它们犹如硬币的两面，一直以来反映了人类对于自然的态度，尽管我们所利用的与我们所喜爱的自然景物不尽相同。1700年前后，不列颠北部居民视其所处的自然世界本质上为上帝创造的既成事实；部分神学讲义遵循着“逐出伊甸园”的故事展开叙述——就是在这里，你努力地过活，你在此求偶、婚配、繁衍并死亡。约克郡出生的神学家托马斯·伯内特（Thomas Burnet）在其1681年
11 出版的广受赞誉的著作《地球神圣理论》（*Sacred Theory of the Earth*）中认为，地球曾是一个近乎完美的球体，或如伯内特自己所言（地球是）一只“尘世蛋”（Mundane egg）——“它只有一块表面平滑的大陆，地表绵长且没有断裂……它拥有青春与繁茂的自然之美，看上去鲜活且丰饶”，全无悬崖或裂谷，亦无岩石、山脉或洞穴。亚当与夏娃曾居住在这样祥和的自然

之境中，由（地表）流淌着的赋予生命的养料或称“陆上的琼浆”（terrestrial liquors）供养。人类的堕落打破了这种和谐，洪水摧毁了地球，山崩地裂随即引发“地质结构的破坏，（平地）进而陷落成深渊峡谷”；山崩地裂同时释放出地下的火与水，并隆起高山。尽管这一理论在现代人看来或许有些匪夷所思，但伯内特作为英国皇家学会成员已经试图将神学与王政复辟时之科学（Restoration science）统一起来，并通过自然法来阐释自然之变化，继而减少人们持续征引神迹的需求。不过，在伯内特的基督教话语传统中，我们仍生活在迸裂的废墟之上，而此种灾难恰由人类的违逆与原罪所致。[2] 12

图 1.1　不列颠北部地区：坎布里亚郡（Cumbria）克洛索普–费尔（Clawthorpe Fell）国家自然保护区内的石灰岩地表（彼得·韦克利［Peter Wakely］,《英格兰自然》［*English Nature*］）

如果说这是神学意义上的悲苦尘世，那么对许多人而言，它显然还是一个物质意义上的欢乐之谷。在不列颠北部地区出生的评论者的身上，我从未察觉他们对北部地区环境怀有任何恐惧之情。但对造访者而言，他们会极度惊愕于当地的环境。当一位名为丹尼尔·笛福的伦敦壮汉踏入威斯特摩兰郡（Westmorland）时，那种惊慌感尤为明显：

> 一片仅以荒凉著称的土地，是我历遍英格兰大地所见最贫瘠且最骇人的地方……我的四周似乎空旷无物；但许多地方又屹立着令人寸步难行的高山，山顶覆着积雪，好似在向众人昭示，英格兰大地所有欢愉的篇章已告终结。[3]

笛福大多时候居于伦敦齐普塞德街（Cheapside）的家中，而非生活在安布塞德（Ambleside）。爱德华·伯特（Edward Burt）是一个与笛福境遇相似的南方人，他作为一名士兵在詹姆斯二世党人叛乱期间驻扎在（苏格兰）高地，那时他生活在一个群山环绕的沉闷世界——“阴郁的棕褐色杂糅在暗紫的天色里，且石南盛开时最令人烦闷”。[4] 无独有偶，约翰逊博士在1773年造访苏格兰时，称其土地几乎全部覆盖着毫无用处、色调黑暗且发育不良的石南，重要的作物皆无法生长：“一个习惯于牧场繁花似锦和麦田硕果累累的时代对这大片无望的贫瘠感到惊讶和厌恶。”[5] 同样，风景画家约翰·康斯特布尔（John Constable）也对萨福克郡的丰茂牧场和滚滚麦浪习以为常，他在拜访华兹华斯后承认：“群山的孤寂压抑了他的情绪。”[6]

更为相关却总遭忽视的是山间居民的观点。让我援引一则发表于17世纪的匿名评论，其作者与笛福及上述几人颇为不同，他提到的是一处比英格兰湖区（English Lakes）更具野性且更为僻静的地方。具体而言，该地位于萨瑟兰郡（Sutherland）的北海岸：

> 现在让我们谈谈关于斯特拉斯内弗（Strathnaver）的事……那是一片遍布野兽与家畜的土地，由于当地几乎没有肥沃的土壤，故较之谷物种植，更适宜放牧和渔猎采集……斯特拉斯内弗最主要的产品就是家畜 13
> 和鱼类，那里不仅有储量丰富的鲑鱼，还有其他各类海鱼；居民在家门口捕获为数众多的鱼类，即使冬季来临，居于山间也不会有太大问题……斯特拉斯内弗有多条河流，河中拥有数量庞大的鲑鱼……当地盛产马鹿和鱼籽，夏季正是狩猎的最佳时节。同时，当地重峦叠嶂、荒野辽阔，十分适宜放牧。山间存活着大量野禽……斯特拉斯内弗还有众多湖泊，其中最重要的是纳韦尔湖（Loch Naver），湖中潜藏着大批鱼群。此外，洛伊尔湖（Loch Loyal）中有一座小岛，夏季来临时那便是一处怡人居所。此外，在迪里-摩尔（Diri More）斯托克湖（Loch Stalk）中的小岛上，麦基（Macky）也有一处夏季的居所。由此可见，斯特拉斯内弗还有很多与之相似的地方。[7]

上述文字完全是对苏格兰地貌特征的描述，它与任何书写于 16 世纪晚期至 18 世纪早期的相关评述类似。我们的这位作者既没有赋予山地荒野、海滨或河流任何特殊的美学或景观价值，也没有排斥或惧怕他所处的环境。相反，于他而言，斯特拉斯内弗是一处欢乐之地：恰如维吉尔诗歌中的静谧田园，既有可供利用的丰富自然资源，也有可供娱乐的绝佳猎场，更是夏季的完美居所。恰如名画《阿卡迪亚牧羊人》（*Et in Arcadia ego*）所刻录的碑铭 :（死神）也在阿卡迪亚。*

如此无所畏惧且洋溢着忙碌与喜悦的文字，还出现在蒂莫西·彭特（Timothy Pont）的手稿笔记中。他的图稿描绘了1590年前后遥远的（苏格兰）高地的西北部——“这是我所见到的纯野生的两种浆果，科里娜法恩（Korynafairn）的头上佩戴着它们开出的花朵”；“此物即……最肥硕的鲑鱼，存活于苏格兰与此湖（申湖［Loch Shin］）之中”；“极端的荒野——在这森林之中，寄生虫与黑蚊……吸食人血”；“林中禽鸟常常栖息在这些岛屿上”；“这片土地有许多狼”；“种植谷物和渔猎”；“美丽的沙丘与荒草牧场”；“许多精力充沛的种畜”；“全年都能寻见的绝佳猎场，存在于鬼斧神工的自然之境中”。[8] 关于马里湖（Loch Maree）周围林地的首篇记录，或许也是出自彭特之手，其写作时间确与其手稿相近 :

> 苏格兰西部处处生长着高大的林木，一些地方生长着冬青树，另一些地方则生长着秀美的杉木，其中质优且耐用的60英尺、70英尺和80英尺原木可以用来制造桅杆和椽条。在其他一些地方，绝佳的橡木大量存在，它们也许会被锯成宽4英尺或5英尺的木板。群山界分出所有林地的边界。与此同时，那些山丘望上去十分峻秀，其山体轮廓皆由林木勾勒装点。大多时候，那些林木甚至从山上一路生长至湖边。[9]

* 希腊的阿卡迪亚被誉为乌托邦，是一处既与世隔绝又平和优美的世外桃源。——译者

图 1.2　不列颠北部地区：坎布里亚郡博罗代尔（Borrowdale）的橡树林、丘陵及田地（出自剑桥大学航拍图）

在所有这些记述中，群山连绵、草木丛生或异于市镇面貌 14
的自然世界都是令人愉悦的。它们皆助益于（人类的）经济增长或情绪提升。彭特毫不犹豫地落笔描绘峻美且林木繁盛的山色，这些景象与笛福所见英格兰湖区的景象相似，即笛福所称“英格兰大地所有欢愉的篇章已告终结”的景象。

此处需要澄清一点。曾造访过罗马，并在途中目睹了阿尔卑斯山脉（the Alps）及亚平宁山脉（the Appenines）的伯内特认为，这些山脉“既不齐整，也不美观；既无形制可循，又无规则可依”，但如同浩瀚的海洋，得以启发“伟大的思想和热情”，并使人们的心灵“置于一种令人愉悦的麻木与迷信中”。

在此意义上，其作品为下一世纪的自然品味做了铺垫（并有助于此种品味的形成）。[10] 然而，大多数评论者对不列颠北部乡野的描绘，因环境缘故并未流露出特别醉心于荒野的情绪。对他们而言，当地的山丘和峡谷都是熟悉且友好的居住地，尽管它们皆蕴含着令外来者望而却步的野性色彩。因此，居于特威代尔（Tweeddale）的亚历山大·彭奎克（Alexander Pennecuik）特别提到了莫法特（Moffat）恶魔山谷（Devil's Beef Tub）附近的荒凉乡野：

> 这片土地几乎处处隆起山丘；这里的山丘，大多是绿草青葱且景色宜人的，除了米奇缪尔山（Minch-Muir）与亨德兰山（Henderland）之间的那道山脊。它看上去黝黑陡峭，夹带着一丝忧郁气息，通向深不见底且令人胆颤的悬崖，其上有一条乏味且毫无慰藉的小路供旅人行走。周围的山谷面积不大，却通常会有喜人的景色——多产的玉米、丰饶的牧场及绝佳的水源。[11]

"从最确切的意义上来看"，真正的荒野确实是骇人的，但人们通常不会将其与苏格兰相联系。1700年，可敬的亚历山大·希尔兹（Reverend Alexander Shields）成为苏格兰公司（Company of Scotland）第二次远征行动中的专职牧师，此行的目的是在巴拿马海滨的达连湾（Darien）建立殖民地。但令远征队沮丧的是，他们发现第一批殖民者已落荒而逃，且其殖民驻地也已荒废。希尔兹向家乡圣安德鲁斯的教会基层理事会去信声称：

> 我们原本期望见到一处宜居的殖民区，结果却恰恰相反。从最确切的意义上来看，除了辽阔且苍凉的荒野，其余事物业已消失；周围全是无法通行的深林、人烟罕至的大片废墟、幽闭的洞穴以及老虎、水牛、猿猴和其他野兽的栖息地，此间的种种危险、苦痛和磨难可使任何地方退化成荒野。[12]

希尔兹不久便在远征的途中去世。一位曾造访过达连湾的考古学家告诉我，他对当地的观感与希尔兹十分相似，只不过这位考古学家的命运要好得多。

让我们从地志学者平淡无奇的文字走向诗歌，着重看看那些密切接触北部与西部自然环境的凯尔特民族的诗歌。正如德里克 · 汤姆森（Derick Thomson）与詹姆士 · 亨特（James Hunter）强调过的，爱尔兰盖尔语（Irish Gaelic）诗歌有一个传统，那便是早在 9—10 世纪时，它们就以一种区别于欧洲文学的方式直接颂扬自然世界：

> 书笺予汝；牡鹿系铃；冬季忽至；
> 夏日已逝；寒风凛冽；冬阳低垂；
> 白日短促；海浪翻腾；蕨菜红艳，
> 其形未现；黑雁鸣唳，已为寻常；
> 鸟翼僵冻；冰霜之季。兹乃吾信。[13]

爱尔兰语和苏格兰盖尔语诗歌拥有一个共同的传统，那 16
便是在千年之间，尽管其音调有所转变，但始终保有对自然世界的敏锐感知。17 世纪，苏格兰盖尔语诗歌运用“拟人谬化”（pathetic fallacy）*的修辞手法写作颂歌。其创作基于如下理念，即自然会因同情人类的情感际遇而为人类哀叹。[14]18世纪时，这种创作理念发生了改变。德里克·汤姆森记述了盖尔语诗歌的新风格，其中自然本身成为创作目的，“而不再作为其他主题诗歌的一个层面（加以展现），并且不像相当早期的（爱尔兰语）季节诗歌那样被长篇幅、规模化且细节性地描述，这体现了（盖尔语诗歌）传统的新变化”。他将此种变化部分归因于罗克斯巴勒郡（Roxburghshire）的诗人詹姆士·汤姆森（James Thomson）；其诗集《四季》（1726—1730年）包含对于自然的主动观察，并将喜悦融入风暴与山丘之中。这无疑对英国浪漫主义诗歌具有开创性的贡献。阿德纳默亨半岛（Ardnamurchan）诗人麦克·马海斯提尔·阿拉斯代尔（Mac Mhaighstir Alasdair）适应了此种写作方式并将其转换为更加直接的自然描述，以至于他几乎像“医生临床观察那样，将观察到的自然美景如实报道出来：他不许相关写作掺杂任何道德思考，正如詹姆士·汤姆森那样”。麦克·阿拉斯代尔的作品继而对邓肯·班恩·麦金泰尔（Duncan Ban Macintyre）及其他18世纪的诗人产生了重大影响，例如罗博·唐（Rob Donn）、乌莱姆·罗斯（Uilleam Ros）和埃文·麦克拉克伦（Ewen MacLachlan）。[15]

在众多诗人中，邓肯·班恩·麦金泰尔无疑是最杰出的一位。当他初次写下盖尔语诗歌时，他是一个没有受过教育的猎场看守人；而当其诗集于1768年公开发表时，他已辞去布瑞达班高地（Breadalbane Highlands）的工作，并在爱丁堡找到了另外一份城镇警卫员的工作。下面是对《迷雾山坳献歌》（*The Song to Misty Corrie*）开头章节的现代学术翻译，其诗作文字考究：

* 在诗歌创作中，作者将人类情感赋予非人事物。——译者

年幼雌鹿漫步其间的迷雾山坳，
是大地青葱最引人垂爱的山坳；
迷人秀丽、绿草茵茵、平滑明亮、勃勃生机，
于我而言每朵小花都芬芳四溢；
蓬松散乱、远山如黛、肥沃丰饶、烟波浩渺，
山崖陡峭、花繁叶茂、纯净透彻、玲珑精妙，
芳醇轻柔、陆离斑驳、绚烂如花、无涯芳草，
是生着箭草和许多幼鹿的山坳。

在此篇佳作的其他段落，作者言及山泉在“生满碧绿水田芥的阴郁山脊上”汇成溪流：

汩汩清泉飞溅着，似沸水般，却无沸腾之温度，
沿滑顺的瀑布从高空飞旋而下，
每股水波粼粼的泉流都似编织过的淡蓝色发辫，
注入奔腾着、旋转着的水涡中。

他还描绘了从水中跃起的鲑鱼：

蓝灰色的脊背犹如战斗者的铠甲， 17
银晃晃的披风装扮着鳍片与色斑，
覆鳞片，着红斑，生白尾，光滑灵动。

以及最重要的是，邓肯·班恩·麦金泰尔以猎场看守人的身份写作了如下篇章：

火药爆炸时鹿将成为人之猎物，

将暗蓝色的铅厚厚注入其皮毛；
猎枪已经就位，幼鹿灵活敏捷，
猎枪嗜血，强劲，坚决，凶残，
猎物全速奔跑，同时轻盈跳跃，
伸展四肢竭力躲避红色的子弹。[16]

在语言的凝练与张力上，麦金泰尔的文字与杰勒德·曼利·霍普金斯（Gerard Manley Hopkins）相似，而在语言的直白与无情上，则与约翰·克莱尔（John Clare）相仿。

18 就任何层面而言，盖尔语诗人都是民众的诗人，其语言饱含那种从自然界直接获得的欢愉，他们并未将自然当作道德

图 1.3　不列颠北部地区：位于里布尔河谷（ribblesdale）霍尔顿（Horton）上方因冰川流动受阻而形成的鼓丘地貌（出自剑桥大学航拍图）

省思的工具，如同英语世界华兹华斯的追随者那般。邓肯·班恩·麦金泰尔的诗歌在佩思郡（Perthshire）和阿盖尔郡（Argyll）的流行程度，在某种程度上堪比罗伯特·彭斯（Robert Burns）的诗歌对埃尔郡（Ayrshire）佃户和农场佣工的吸引力：麦金泰尔的自然观和生命观与彭斯相似，他们都能在不具识读能力的普罗大众中引起共鸣。

让我引领大家回到当前的主要议题上，那便是我们不该被外来者的轻蔑评论误导；因为他们不熟悉不列颠北部地区而对当地自然环境产生不适感，所以他们认为那里的居民亦无法从当地环境中获得快乐。诚然，每个时代构建自然的方式都有所不同。17 世纪，利用与怡情两种观念还很难区分。18 世纪晚期，这两种观念才开始在人们心中占据不同位置。至 20 世纪，两种观念（的对立）便引发频繁的冲突。接下来，让我来阐述这一问题。

17 世纪苏格兰地志学者的创作特点，即是努力将自身所见之世界描绘出来。他们批判前人，尤其是赫克托·波伊斯（Hector Boece）。波伊斯是阿伯丁大学的首位校长，也是苏格兰极具影响力的历史学家，他于 15 世纪末至 16 世纪初进行创作，以中世纪的（写作）方式在寓言般的叙事中牺牲掉了朴素的真相。在 17 世纪中期的数十年里，斯特拉洛奇（Straloch）的罗伯特·戈登爵士（Sir Robert Gordon）告知自己的同伴："在你们的作品中，不要有任何过度刻画或超越现实的内容，也不要把一头大象变成一只苍蝇……要保持对我们所处地区进行忠实且充分描述的习惯。"[17]

戈登致力于收集他所认定的有关苏格兰的事实，这点与西博尔德（Sibbald）和此后的辛克莱尔（Sinclair）相似。哈罗德·库克（Harold Cook）指出，事实的现代含义即为"真实发生的某事……因此，一个由实际观察或确凿证据表明的事实真相，与仅从推断中得来的信息完全不同”，这是17世纪的新认识，也是自觉的培根主义者基于实证主义的认识。而地志学者基于“事实”的阐述，却描绘了一个和谐且静止的世界——一个贺拉斯与维吉尔本应熟识的世界；它既是有益的，又是欢乐的，还是静态的：

> 圣玛丽湖（St Mary Loch）的湖岸线长约6英里，四周环绕着迷人的青山和绿地；山坡上满是绵羊和牛，岩石上则聚集着山羊；山谷与草甸生长着茂盛的谷物和牧草。它们接受数条小溪和泉流的浇灌。其水源主要来自梅吉特（Meggit）溪流，清澈的溪水缓缓流下，途经一片开阔的平原，并在平原地势最低处恰如其分地分出数条支流来。[18]

19 到了18世纪晚期，地志学者的描述变得生动起来。那时，自然被视为人类进步的起飞坪。因此，当约翰·辛克莱尔爵士（Sir John Sinclair）在18世纪90年代出版《苏格兰的统计学评论》（*Statistical Account of Scotland*）时，书中充满了这样的描述：

> 对一片现在满是废墟的土地而言，它能在相当程度上被改造成可供种植的沃地。草甸，尤其是马里郡
> 20 （Motray）河岸边的草甸，那里常有溪水流经，也能被打造成教区内最富饶多产的土地。人类活动已将那里的部分土地变成了最肥沃的谷地；但就（土地质量的）整体提升而言，困难尚存，或许那不是短期之内就能

解决的问题。[19]

书中所提及的困难是指四台水磨，其所有者害怕失去自己的权限。我们称此种现象与观念转变相关，一些人或许会用讽刺的话语声称，磨坊主尚不知晓启蒙运动。培根与牛顿革命的硕果不是使人相信自然即不可改变的馈赠或既成事实，而是使人坚信自然即尚未察觉的巨大机遇，如果人类足够勇敢并博学，便可从自然中获取改善世俗生活的物质。尤其在苏格兰，“改良者”（improver）一词渐渐与对自然资源的全新态度挂钩，也指那些时时思索、批判并不断寻找契机改变（环境）的人。“我们与原始的自然交战”，托马斯·卡莱尔（Thomas Carlyle）如是说，“凭借势不可挡的引擎，我们总是战无不胜，并满载战利品而归”。[20]

我们以改良者对泥炭沼泽（peat bogs）的态度为例。对罗伯特·戈登爵士及其 17 世纪的同伴而言，一片沼泽即是上苍仁慈的馈赠；它生长着“无穷无尽的苔藓，且埋藏着上等的泥炭”。他们鲜有提及改变土地的利用方式。然而，对改良者而言，这好似一桩丑闻。恰如罗伯特·伦尼（Robert Rennie，他是研究沼泽成因的先驱）在 1807 年所言：“数百万英亩的广袤土地如废地一般，遭到当地国民的厌恶；”或如安德鲁·斯蒂尔（Andrew Steele）在发表于 1826 年的论文开篇所言：沼泽是“无边的荒原……是美景中的瑕疵，是不列颠农业风光的嘲讽对象。”他还评论称：“在这些地方唯一能找到的动物便是松鸡、蜥蜴和巨蟒。”[21]

故沼地意味着一种挑战，那些博爱且目光长远之人开垦了一些沼地，并让穷人在地里劳作，如斯特灵郡（Stirlingshire）的凯姆斯勋爵（Lord Kames）。威廉·艾顿（William Aiton）将其于布莱尔–德拉蒙德（Blair Drummond）排干大片沼泽所付出的巨大努力与大卫·戴尔（David Dale）于新拉纳克（New Lanark）营建著名棉纺织厂的努力相提并论，前者全然得到了凯姆斯的支持。那“数以百计无知且怠惰的高地人”被“改造成积极、勤勉且正直的耕作者；成百上千英亩最不可能有价值的土地已能媲美苏格兰最肥沃的土地。这些改良活动关涉最高国家利益。我尚未在经营棉纺织厂的殖民地发现能与其匹敌之事”。[22]

尽管苏格兰的改良者们毁誉参半，但启蒙运动的观念确实成了务实的、充满实践性的，充分唯物主义的且不断发展的世
21 界观，这种世界观是自欧美 18 世纪以来、日本 19 世纪以来及全球几乎所有国家 20 世纪以来占据主导地位的意识形态。

但 18 世纪的改良概念暗含矛盾，因其绝非单纯执着于物质进步。长久以来，贵族以花园或公园作为美化地产的策略。当土地收入上升，越来越多的地主阶级可以负担相应的费用，以追逐景观审美时尚的变迁。“改良”既可指为了欢愉而改善私有土地，又可指为了攫取利润而做出改变。在花园（建设）或土地政策中，时尚开始朝“野性自然”的审美趣味转变，并由此模糊了自然与艺术的边界。你可以通过使景观更具野性的方式为个体的欢愉做出“改良”。

这种令人迷惑的观念体现在 18 世纪早期，甚至在古典主义作家蒲柏（Pope）及沙夫茨伯里（Shaftesbury）的作品中。艾迪生（Addison）谴责“（园林设计）对王家花园的刻板模仿”，并宣称其“自己的热情存在于自然事物之中”。[23] 在一定程度上，这是英国民族主义者对荷兰威廉（Dutch William）汉普顿宫的繁文缛节和太阳王（Sun King）凡尔赛宫浮华虚夸的分庭抗礼，但其感受远比这点深刻，并不囿于园林设计本身。伯内特那场

“令人惊叹的原初戏剧”——他想象中被神之愤怒及地底力量撕裂的地球，以及他断言受山脉启发的伟大哲思——作用于后人的想象。1757 年，埃德蒙·伯克（Edmund Burke）已构设出一套关于崇高与美的理论。其中，崇高激发敬畏，这种敬畏使（人们）内心充满了绝妙的想法，并使其灵魂得到涤荡（犹如一场暴风雨）；美主要基于爱及其他与爱相关的情感，它可以凭借另一种方式提振精神。18 世纪 60 年代，游客已在拜访“崇高”风景之愿望的唆使下前往高地，其对“崇高”景色的印象与詹姆士·麦克弗森（James Macpherson）歇斯底里的悲剧诗歌的塑造相关，而麦克弗森正是再现了奥西恩传统（Ossianic tradition，如果你喜欢也可称其为“伪造”）。[24] 正如西蒙·沙玛（Simon Schama）所言：“浪漫主义从人们对恐怖事物‘欣然接受’的矛盾情感中诞生，并孕育于灾祸之中。”[25] 这使出生成长于坎布里亚郡且为人谨严的威廉·吉尔平（William Gilpin），通过改进“风景如画之美学理论”（picturesque theory），推动了自然审美的进步。

我们很容易在看待吉尔平时有失严谨，并易将其视作一个挑剔且狂妄的教士；他于 18 世纪 80 年代便已将自己置于“品味仲裁人”的地位上。彼时（民众）前往山区旅行的热情已经萌生，用诺亚教授（Professor Noye）的话讲：“突然风行一时。”吉尔平是罗兰森（Rowlandson）漫画中辛特克斯博士的原型，同时是那些试图在画框中“囚禁”自然，做出令人厌恶的浪漫之举者的笑柄。但与埃德蒙·伯克崇高与美之理论一起，吉尔 22
平对他那代人产生了巨大且直接的影响。并且，他那种以批判审慎的视角观察自然的方式，尽管在细节上没有被完全保留，却在原则上存续于接下来的一个世纪里。

图 1.4　以威廉·吉尔平为原型的辛特克斯博士（Dr. Syntax）正出发寻找风景如画之地（托马斯·罗兰森［Thomas Rowlandson］作）

让我们跟随吉尔平前往阿索尔公爵（Duke of Atholl）位于邓克尔德修道院（Hermitage of Dunkeld）的领地，该地位于佩思郡刚跨过高地边界线的地方。他首先责备了公爵为美化布拉恩河（River Braan）两岸所做的努力，称："这些改善并不适合那里的景色；"并称那里其实什么装饰都不需要，只需要一条穿过自然丛林的小径。但公爵却用一个"精心设计的花圃"——花圃中的灌木与鲜花杂乱生长着——装扮那里。当我们"意外地看到那处出人意料的景色——布拉恩瀑布（falls of Braan）"

时，那处景观设计令我们感到厌恶。

> 整体的自然景色包括其中的陪衬物不仅十分宏大，而且在极大程度上美得如诗如画。景色之构成是完美的：尽管其中各个部分过于错综，过于多元且过于繁复，但我从未发现任何可供比拟的自然之景……这处宏大的自然景色出现在一栋避暑别墅的窗子里，我毫无顾忌地将其称为我所见过的最有趣的景物……太多装饰……混合其他的装饰物，这些窗子的窗格玻璃由红绿两种玻璃构造而成；对从未见过此种“诡计”的人而言，他们会收获一种新鲜且惊奇的感受；（玻璃）将瀑布化作观者眼中的火海或液态的铜绿瀑布。但在这般庄严的自然之景下，那些装饰就是骗人的把戏……[26]

由此我们了解到，未经修饰的自然才是美丽的——后来公爵也明晰了这点，并做出了改变。但并非所有自然之景（哪怕其未经修饰），都是如画的；（如画的前提是）景色的结构必须是完美的。

此外还有值得注意的问题。吉尔平在步行途中发现并称赞了“一处河岸边的幽暗小宅”，宅中镌刻着一首切合时宜的奥西恩诗歌，该诗“将其相近的情感融于那处景色中”。但他同时发现河床上的岩石刻有文字。他攀爬过去，以期读到“一些过往者留存的记述，或关于自然探险的记述”，却在岩石的孔洞里看见“（岩壁）刻满了绅士们的姓名，并被弄得花里胡哨……在这种情形下，任何人都会为碰巧看到自己朋友的名字而感到歉疚”。[27]注释自然的信息与丑化自然的涂鸦存在区别，我们现在仍能感受到这种区别。

吉尔平的核心观点是，最佳的自然景色是超越人造景观的。另一位伟大的坎布里亚人（Cumbrian）华兹华斯，则在此基础上走得更远；他认为那些坚持谨小慎微理论之人，即关注自然应如何表现自身之人都犯下了错误——一个人应当在对荒野产
23 生印象前，保持开放和省思的心态，并令荒野之强大精神作用于其灵魂。[28] 将一处自然之景同另一处作比较，是愚蠢且收效甚微的——请让其自然发声。当然，他并未坚持寻找不可胜数的理由，去解释为何他深爱的湖泊优于苏格兰的一切景物，例如罗蒙湖（Loch Lomond）“漫散的湖水，形成了太过辽阔的湖面”。[29] 但他从画室和画框中将浪漫主义者的心智解放了出来，并命令他们与自然促膝长谈，与越野性的自然交流越好；但到最后，英格兰或苏格兰已不再拥有极为荒僻的地方供人赞叹。

图 1.5　大海雀：19 世纪灭绝于不列颠和生物圈。最后一对大海雀在 1844 年 6 月遭到猎杀，彼时它们正在孵化一枚鸟蛋。

在沃尔特·司各特爵士（Sir Walter Scott）的旅途中，这种（崇尚野性的）情感达到了极致，他于 1814 年同北极光委员会
的委员们（Commissioners of Northern Lights）沿高地的北部及 24
西部海岸找寻苏格兰最超凡脱俗的景致。司各特在其诗歌《诸岛之王》（*Lord of the Isles*）中，将这一殊荣授予天空岛（Skye）上极其遥远且荒凉的科鲁什克湖（Loch Coruisk），"骄傲的荒野王后……曾将其孤独的王冠置于那里"：

> 此景中，蛮荒之壮美已然觉醒
> 一种可怕的战栗已柔化为叹息；
> 此情为暗淡的兰诺克诸湖所唤醒。
> 在幽暗的格伦科峡谷，忧郁之狂喜油然生矣：
> 或者更远处，匍匐于北部天际；
> 斥荒凉的埃里博尔湖岩穴霜白，
> 但我作为游吟诗人，应仲裁其
> 将荒原至尊之奖颁予暗黑之滨
> 那处海岸见证着阴沉的库林之崛起，
> 还聆听着科里斯金之地的轰鸣。[30]

因此，你能看到过往发生的事情。实际上，当司各特在"最美自然之地"（Areas of Outstanding Natural Beauty）的名单上罗列诸多选项——天空岛、兰诺克、格伦科、萨瑟兰郡北部（Northern Sutherland）——时，泥炭沼泽的改良者们正在谈论"无边的荒原……是美景中的瑕疵，是不列颠农业风光的嘲讽对象"。欢愉（司各特用情感充沛的笔触将其写做"狂喜"）是一回事，而利用（改良）却完全是另一回事。欢愉是对诗人、梦想家和女性而言的，利用则是对实干家而言。古时人们对自然

之建构是统一的，是静态却同时兼具娱乐性及实用性的，但这种看法被当前“可改造之自然”取代，随之而来的还有利用与怡情观念的分野。

彼得·沃马克（Peter Womack）认为，在高地这种大环境下，改造与浪漫这组表面对立的概念，实际上是一对双生子，它们在思想上互为补充。改造即指最大限度地“为人类”提升自然之功用，而浪漫则被定义为怡情。那些古老的、野性的、贫瘠的以至于最“自然”的景致，在经济话语中似乎毫无用处。但他认为，这组概念似孪生兄弟一般，它们并不互相冲突。浪漫存在于改造之中，且不排斥改造，同时“自然被定义为与我们不同的事物”。[31] 毫无疑问，18 世纪以一种全新的方式区分人和自然，且浪漫（或称怡情）也许在历史上怯于对抗改造（或称利用）。但最终，两者之间的冲突加剧。

华兹华斯满腔热情地投入捍卫怡情的斗争中；在现今一些文学研究者看来，他是“原始绿色”的守护者。[32] 最初，华兹华斯对该问题的涉猎无关品味。其论述与吉尔平类似，即自然必须得到尊重。因此，为了实现自己的花园设计（华兹华斯曾说自己本应在园艺师、艺术评论家和诗人三种职业中获
25 得同等成就），威廉·华兹华斯、多萝西·华兹华斯（Dorothy Wordsworth）与大自然一起工作，他们将野生植物混同乡舍植物（cottage plants），移栽到鸽居（Dove Cottage）和莱德山（Rydal Mount）的花园中，并在湖岸边及丘陵上找寻百里香、咖伦宾、小雏菊、雪花莲、兰花草、蕨类植物和毛地黄；他们以一种着实会令英格兰自然委员会（English Nature）——若该委员会已存在于当时的话——大吃一惊的方式探寻植物。此后，他便开始告知邻居们该做什么。在其著作《湖区指南》（*Guide to the Lakes*）的第三章《为防不良影响而（遵循的）品味变化及

规则》（“Changes, and Rules of Taste for Preventing their Bad Effects”）中，他指责那些新贵阶层的居住者砍伐原本由冬青树、白蜡树和橡树构成的森林，并用苏格兰松及落叶松（于湖区而 26
言的外来物种）替代它们；同时批评他们给湖中群岛筑堤并修建有问题的烟囱。他似乎是最早一批反对外来树种的人，同时也是一位严厉的公共辩护律师；他所保护的古老森林和单棵树木恰是改良者们希望铲除的景物。[33] 此后，他在生命的最后阶段反对铁路侵扰湖区，这成为他毕生广为人知却徒劳的尝试。或许在不列颠北部地区，这是第一场关于保护与发展间矛盾的争论。诚然，铁路经营者“赢下”了所有通往湖岸的道路——这会与诗人华兹华斯产生多少分歧？

彼时，在争论过程中，铁路支持者声称行程缩短会为工人阶级提供相当必要的回乡途径；对此，多萝西·华兹华斯尖锐地评论道：“开满金凤花的市郊绿地将会满足所有兰开夏郡作业人员的需求。”[34] 然而，从 19 世纪 40 年代华兹华斯败于铁路斗争运动至 1949 年《国家公园及乡村准入法》（National Parks and Access to the Countryside Act）出台，期间存在一条与民众焦虑、志愿行动及颇具不列颠北部地区特色的公共压力直接相关的历史线索。而恰是华兹华斯轻视的那群人——工人阶级和中产阶级的漫步者及业余的博物学家，尤其是那些来自英格兰北部地区的人，还有旅行者及乡村居民（通常退休于城镇）——具有带来该后果的充足力量，他们团结一致为自己争取享受乡村的民主权利。

我并不想在此讲完该故事，且其中部分内容最好留待最后一章阐明。（需要说明的是，）那条贯穿于漫步者与土地所有者间的斗争线索，体现在 1884—1909 年的八件事中：从 19 世纪 20 年代土地所有者们寻求关闭道路权限，到詹姆斯·布赖斯

（James Bryce）没能促使一系列山区“准入权”议案（Access to Mountains Bills）通过，再从1865年公地保护协会（Commons Preservation Society）成立到1894年国民信托组织（National Trust）成立。这不是巧合，正是对湖区产生的威胁与机遇致使国民信托组织出现。同样，罗恩斯利教士（Canon Rawnsley）在湖区的出现也并非巧合，那个景观保护与准入权倡导者恰是华兹华斯的信徒和门生。1907年，一项议会私人法案（private Act of Parliament）宣称国民信托组织的土地不可剥夺——就像曾经那样，这些土地将被永久赋予公民。

当《国家公园及乡村准入法》最终于1949年颁行时，苏格兰没有落实此项法案（除了其中的自然保护条款）。而在过去50年，苏格兰划定了国家公园、自然名胜区（Areas of Outstanding Natural Beauty）及（苏格兰日后的）自然风景区
27（Natural Scenic Areas），试图以法律手段保护乡村之美，却没能像以法律手段——设立特殊科学价值地点，以及近来设立欧共体选定的特殊保护区（Special Protection Areas）和特别保育区（Special Areas of Conservation）——保护野生动物那般有效。20世纪，对自然之美和野生动物的保护均以特定地点为基础；此举遵循了启蒙观念的二分法原则，即世界大部分地区应得到利用，而小部分地区则以为人类之欢愉，并以浪漫为名被保留下来。换言之，大部分属于人类，小部分归于自然。然而，对美景的保护始终弱于对物种的保护；从定义上来看，其部分原因在于美景覆盖了更大的语义范畴，故对美景的恰当保护会威胁到田垄的充分开发。又由于情人眼里出西施，所以美景保护还因其评价标准的主观色彩而被弱化。

但另一方面，野生动物保护通常仅寻求对特殊生物的保护，时至今日也只在相当小的范围内被加以实施。同时野生动物保

护行动宣称其具有客观性，因其基于科学指导。尽管此项行动也经常激起开发者的强烈反对，但目前为止它确实开展得更为有效。在 20 世纪的大部分时间里，政府高度重视受科学家指导的官僚政治实践。但近来人们充分认识到，这种状况不可持久。如果政府变得更加开放和民主，尤其是在地方层面，那么显然会有更多公众关心安宁的环境及新鲜空气，而不是泥地里那些难以名状的物种。用朱迪思·甘路德（Judith Garritt）的话来说，自然保护已成为专家间的谈资；对此，当地人无法融入其中："在决定当地环境该如何利用的问题上，这些'非专业人士'感觉自己的知识与观念无足轻重，他们本应扮演的角色遭到了否定。"[35] 从历史语境来看，虽然当地人的力量即便有限却也毋庸置疑地存在着，但是它可能会成为物种保护的"阿喀琉斯之踵"（Achilles' heel），除非那些由科学家判定的特殊物种能够激发更广泛的公共热情与理解。或许，只有鸟类引发了公众的兴趣。

利用科学保护自然的历史始于维多利亚时期。但在 18 世纪，物种保护还是无稽之谈。收集、分类与命名（物种）是林奈分类法（Linnean）的关注重点。事实上，林奈（Linneaus）本人对一个物种是否会灭绝也毫无概念。物种保护兴于 19 世纪，部分原因在于基思·托马斯（Keith Thomas）和布莱恩·哈里森（Brian Harrison）不断察觉到动物是有感知的生灵，它们与人类分享着同一个地球。其结果是使许多残忍的围猎活动在 19 世纪就遭到了禁止。人们将动物的经历与人类自身的经历相比拟。当查尔斯·沃特顿（Charles Waterton）于 1813 年自南美返回后，他在约克郡的私人土地上兴建了英国首个鸟类保护区；他直言那是因自己遭受了痛苦并学会了慈悲。有趣的是，碧姬·芭杜（Brigitte Bardot）在今日阐释自身对动物权利的兴趣时，几乎运用了同样 28

的话语。其他一些土地所有者也追随着沃特顿的步伐。贵格会（Quaker）及福音派（Evangelical）信徒对这种保护方式给予了特殊支持。[36]故从某种意义上而言，物种保护始于非科学的信念。

物种保护还始于收集（标本）和鉴赏行为本身，这使许多有机体、昆虫、植物和动物皆处于危险之中。换言之，在维多利亚时代的英国，业余爱好者及专业博物学家不断增加自己的藏品，这驱使许多物种从稀有走向湮灭——你或许希望杀死自己喜爱的物种并制成标本，但不会希望将其引入毁灭之境。

正式参与物种保护且尤为重要的一位科学家是阿尔弗雷德·牛顿。他是剑桥大学首位动物学与比较解剖学教授，在面对贪婪人性与科学采集的合力共同促使大海雀走向灭亡时，他备受触动。在拿破仑战争即将结束之际，众多的大海雀还存活于北大西洋海域；然而 1844 年，它们却走向灭绝；彼时最后一对大海雀在冰岛遭到猎杀。[37]牛顿很难接受大海雀已经灭绝的事实，便于 1858 年亲自前往冰岛找寻该物种。他在 1861 年写道，大海雀如能再度被发现，应立即受到保护；同时人们应该通过国际间合作，避免标本采集者进一步猎杀它们。或许，伦敦动物园可以开展一项人工培育计划。如果重获一次机会，现代科学必须“使保护得更完好的生物圈传诸后世”，而“不只是让后世保有一些兽皮或禽蛋”。牛顿预言了现代科学家此后达成的共识。其主张可以用詹姆斯·洛夫洛克（James Lovelock）的话来说：“在伦理层面上，灭绝一个物种就像焚烧一座大教堂或毁坏部分杰出的画作那样令人反感。”[38]

1868 年，牛顿在英国协会（British Association）发表演讲。他警告称，在筑巢繁殖季节持续捕杀特定鸟类会致其灭绝；这引起人们对弗兰伯勒角（Flamborough Head）的特殊关注。早在 19 世纪 20 年代，那里的问题便引发了当地博物学家的担忧，因为蒸汽机船日复一日搭载的猎手任意射杀刚刚飞离栖息岩脊的海鸟。19 世纪 60 年代中期，捕猎活动从娱乐行为变成商业行为。彼时时兴的转变也为海鸥的翅羽开辟了消费市场——它们能被安插在女性的帽饰上。成千上万只海鸟遭到捕杀。《曼彻斯特卫报》（*Manchester Guardian*）提供的数据显示，107250 只海鸥在四个月内被猎杀；期间，八位猎手仅用一周时间便击中了 1.1 万只海鸥；他们将无翅的海鸥扔回海里等死，并将雏鸟留在岩脊上饿死。“之后，美丽、无辜且白皙如雪的羽毛会出现在一位女士的帽子上”，牛顿向英国协会表示称，“我必须告知穿戴者真相——她额头上有凶手的印记”。[39]

牛顿还与 F. O. 莫里斯牧师（Revd F. O. Morris）交往密切。我们值得在后者身上花些时间，因为他代表了另一种孕育现代保护运动的传统，那就是慷慨激昂的业余观察家的助力。莫里 29
斯是一位相当重要的崇尚自然主义的牧师，并追随着吉尔伯特·怀特（Gilbert White）的自然神学传统。在维多利亚时代，其关于鸟类与昆虫的著作受众广泛，因该书将脉络清晰的自然历史与恰当的道德评价相结合。他为今人深情怀念。例如，他曾向自己的读者称赞棕褐色的小篱雀，那是一种外貌朴素且行为低调的禽鸟。现在，这种禽鸟以具有“三方同居”（ménage à trois）的繁殖习性而广为人知。

莫里斯认为，造物主的荣光映照在所造之物上，但他并 30
未对人类拥有统御自然的能力表示怀疑。因此，在面对改良行为给人类带来的普遍福祉时，他承认自然必须做出让步。对他而言，排干沼泽是水利科学的胜利，是“一场强大且具有极高价值的胜利；对那些曾经只能诱发疟疾病症（患者会出现忽冷忽热的症状）的土地而言，其现今收获季的产量已是其他地方难以比拟的”。他继续称，只有昆虫学家拥有扼腕叹息的理由，“而他，作为忠诚且爱国的臣民，即使在面对大型铜色蝶（Large Copper butterfly）的消亡时，也不能牢骚满腹，因为他同时面对着如此巨大且意义非凡的进步”。[40] 欢愉的热爱者在面对开发者的霸权时感到无能为力，二者的分歧在 20 世纪进一步显现。当坎贝尔·奈恩（Campbell Nairne）于 1935 年就一项水力发电计划抒发感想时，他声称自己初次看到“黑色管道似长矛般刺入希哈利恩（Schiehallion）山腰时”，陷入了“麻木和惊恐”，但“一切必须如此，每个人都认同，国家（对自然的）劫掠是进步所要付出的代价”。[41]

即便莫里斯准备接受水泵抽干造物主杰作（指沼泽）的事实，他也必定无法接受人们意图以猎枪为武装，出现在斯卡伯勒悬崖上（cliffs of Scarborough）。牛顿、莫里斯与当地牧师在约克大主教（Archbishop of York）的赞助下，建立了约克郡协会（Yorkshire Association）；该协会旨于保护各类海鸟，这或许是世界上第一个野生动物保护组织。[42] 结果，该协会促成了英国法律史上第一部野生鸟类保护法的出台，即 1869 年《海鸟保护法》（Seabirds Protection Act）。该法案为 33 种海鸟强制推行从每年 4 月 1 日至 8 月 1 日的休猎期。[43]

研究 19 世纪英国社会立法的学者不会惊讶地发现，上述法案及其后续法案在很大程度上是无效的，因为豁免条款允许以传统之名义，令人们继续收集鸟蛋和掠夺地方资源。但牛顿和莫里斯已经在科学家与新自然道德观——人类担负起保护其他物种的责任——间建立了联系。接着，1872 年法案包含了一份需要保护的 82 种鸟类的名单，英国协会下辖的（专责）委员会在牛顿的倡议下提供了这份名单。尽管 1872 年法案中提及的一些物种——例如，珩科鸟和夏鹬——会让现代分类学家感到困惑，但科学家们制定并确认受保护物种名单的漫长历程由此开始。[44]

自然保护运动勃兴于 20 世纪，这一切都得以归功于科学与志愿行动的结合。其发起者和示范者恰是牛顿和莫里斯。自然保护运动对鸟类保护予以深切和持续的关注，也同（英国）皇家鸟类保护协会（Royal Society for the Protection of Birds，RSPB）的兴起和发展密切相关。（英国）皇家鸟类保护协会创立于 1889 年，这是由于彼时女士们誓要抵制鸟羽类饰品（鸵鸟及合法猎获的羽毛除外）；该协会随后转型为以各种方式保护野生鸟类的 31
组织（以 1904 年《皇家宪章》的拨款为标志）；至 20 世纪下半叶，该组织走向成熟，并成为欧洲最具影响力的自然保护组织。其于 1997 年时已拥有百万成员。此外，以阿瑟·坦斯利（Arthur Tansley）教授为首任主席的英国生态学会（British Ecological Society）和以 N. C. 罗斯柴尔德（N. C. Rothschild）为策划人的自然保护区促进会（Society for the Promotion of Nature Reserves），作为（英国）皇家鸟类保护协会包含的两个类型互异的组织，同时建立于 1912 年。现今，科学家与业余爱好者既要紧密合作展开保护物种的调查，更为重要的是，也要推进保护栖息地和聚居地的调查。

英国生态学会很大程度上于 1949 年推动了（英国）自然保护协会（Nature Conservancy）的创立。后者标志着公职部门应担负起苏格兰及英格兰地区的生态职责。其首要职责之一便是设立国家自然保护区及具有“特殊科学价值地点”的网络。约翰·希尔（John Sheail）（在提及自然保护协会时）曾说，它将自然保护问题从政府规划落实为政府科学部门的建立，[45] 但因自然保护事业过于棘手，无法将其单独保留在政府的科学部中。尤其在 1981 年《野生动物及乡村法》能为生态系统提供更多的现实保护（只要赔偿价格能够达成）时，自然保护协会的继任组织经常发现自己卷入了与土地管理者和开发商相关的斗争中。

具有讽刺意味的是，科学家多年以来对绝大多数的"特殊科学价值地点"鲜有兴趣。例如，早在20世纪60年代，自然保护协会便在一场著名的审判中败诉，其焦点问题是（是否应该）以淹没韦德班克丘陵区（Widdybank Fell）为代价来修建蒂斯河谷（Teesdale）的考格伦水库（Cow Green Reservoir）。而败诉原因在于，尽管北极高山植物区系（arctic-alpine flora）是迷人且无可替代的，但自然保护协会未能展现出这一地区对科学进步的重大价值。[46] 对此饶有兴趣的主要是那些非专业的博物学家、知情的公众以及莫里斯（而非牛顿）的后继者们，他们能从"特殊科学价值地点"收获欢乐。此外，地点的选定仍基于专业的科学判断，因此在政府和民众眼中，一种特殊的权威性被施加到了自然保护问题上。但较之景观保护，物种及栖息地保护的优势在于与之相关的自然被理解为基于客观科学

图1.6 1925年，业余植物采集小组在佩思郡本-劳尔斯（Ben Lawers）的活动场景（圣安德鲁斯大学图书馆，亚当典藏）

而存在的物质实体；相反，景观保护语境下的自然却被理解为基于美这一变动（的主观）概念而存在的物质实体。后者从而陷入“彼之蜜糖、吾之砒霜”的困境。最终，物种及栖息地保护在现代立法体系中占据了更为强势的地位。

然而，在 20 世纪利用与怡情两种自然观产生了无尽的冲 32
突。以灰海豹为例，这个案例将诸多线索汇集在一起。19 世纪前，还没有物种保护的观念。根据历史或文献资料，我们可以判断，海豹并没有令人产生欢愉感，除非你认为关于赫布里底群岛和北部诸岛之“海豹人”（selchies）的民间传说和迷信故事本身就是欢乐的源泉。然而，人们却广泛利用着海豹皮、海豹肉及其油脂。基于此，17 世纪居于安格斯阿布罗斯（Arbroath）的居民会猎杀海豹，“年长的海豹在大小及重量上接近一头普通公牛，但比公牛躯体更长”。捕猎者潜入海豹繁育幼崽的洞穴，“他们乘船并借着明亮的烛光”杀死成年海豹及其幼崽，“由此收获颇丰”。在北尤伊斯特岛（North Uist）的居民会在无风天前往哈斯基尔岛（Haskeir）的海豹繁育地（捕猎海豹）。捕猎者砍伐“大树，并手持树木枝干，令其成为杀死海豹的武器……因此人与海豹会经历激烈的搏斗，大量的海豹会被杀死并装载在船上。这常使许多海豹躯体腐烂，并被埋没，只因捕猎者将大量的海豹装载在了船上”。在奥克尼群岛（Orkney），北罗纳德赛（North Ronaldsay）的居民同样会攻击海豹，他们以榛枝为武器。“那些野兽，以令人畏惧的目光注视
着捕猎者，同时因愤怒而咬牙切齿，它们张着血盆大口奋力闪 33
躲，然后会全力攻击捕猎者。”如果第一只海豹成功躲避了（捕食者的进攻）且没有受伤，“其余所有海豹便都会用牙齿进攻捕猎者”，但如果它们进攻失利，“其余的海豹便会四散而逃。这时捕捉它们就变得很容易，我曾见过一次捕获 60 只海豹的

情形”。[47]

灰海豹对于手持木棍的人而言，是个强大的对手。但在适当的时候，人们为了牟利而设法提高了胜算。查尔斯·圣·约翰（Charles St John）对 19 世纪 40 年代在苏格兰北部海域发生的海豹猎杀事件进行了鲜活却令人不悦的描述。彼时，惊恐万分的海豹被驱赶并聚集到岩石之间，人们就在它们身下铺设铁钉，那些逃出包围圈的海豹被铁钉刺破腹部，继而又被枪支射杀。[48] 越来越多的灰海豹游向那些偏远且人迹罕至的岛屿栖息，例如北罗纳岛（North Rona），但捕猎者也跟随它们抵达那里。一些土地所有者，例如 1858 年哈斯基尔岛的所有者们，怀揣着对动物们的“同情”，尝试保护他们所属土地内的海豹栖息地。

图 1.7　1958 年，自然保护协会的 E. F. 沃伯格（E. F. Warburg）与格兰特·罗杰（Grant Roger）在阿伦岛（Arran）格伦迪莫汉（Glen Diomhan）考察地方特有的白面子树（whitebeam，拉丁文：Sorbius arranensis）的幼苗（托马斯·赫胥黎）

不过此举并未获得太大成效。20 世纪初，海豹数量大幅减少，引发了人们对其即将灭绝的真实风险的担忧，海豹皮尤其被认为是机车党们的外套。

在这种情况下，1914 年《灰海豹（保护）法》（Grey Seals 34
[Protection] Act）开始生效。这是有史以来第一次以立法的方式保护了一种大型哺乳动物。但这种动物不仅是一种重要的经济资源，还是商业鱼类的捕食者。该法案规定在五年试验期内禁止猎杀繁殖季的灰海豹；最终，在科学指导下，该法案一直有效至 1932 年，并进一步巩固了“繁殖季禁猎”的措施，同时使其成为永久措施。据称，1914 年苏格兰灰海豹的数量仅有 500—1000 头，但在 20 世纪 20 年代末已达到 4300 头；此后于 1963 年达到 3 万头，更于 1978 年增至 6 万头，据估计，其于 1996 年增至 111600 头；此后，其数量仍以每年超过 6% 的速率增长。[49]

至少在海豹保护方面，这是一个极其成功的案例。当苏格兰海豹数量上升至全球总数的四分之三时尤其如此，不过从整体来看，海豹仍是世界珍稀的哺乳动物之一。这一成就的取得基于科学与民意的共同努力。20 世纪 70 年代末，政府成立了名为海洋哺乳动物研究所（Sea Mammal Research Unit）的特殊科学顾问组织，它会就海豹保护事宜提出建议。同时，公众会对任何提及再次捕杀部分海豹的意见（正如 1978 年最后一次提议在奥克尼群岛捕猎海豹）表示强烈反对。这使政治家们不得不做出让步。海豹已经变成一种散发着偶像魅力的物种，并为人们带来了欢愉。

但在海豹从猎物变为偶像的过程中，其转变路径尚不明确。（相较于民间传说）最早谈及海豹的文学作品是《海象与木匠》（“Walrus and the Carpenter”）。1863 年，查尔斯·金斯利（Charles Kingsley）在其作品《水孩子》（*Water Babies*）中，以生动的笔触描绘了水中居住着的众多会说话的动物。在“二战”前，去海边观赏海豹的旅行者逐渐增多；海豹栖息于繁殖区的岩石上，结果那些地点都成了海边度假胜地。1943 年，弗兰克·弗雷泽·达林（Frank Fraser Darling）在研究北罗纳岛灰海豹的著作中指出：“世上没有哪种生物的幼崽，即使是类人猿，会比海豹宝宝在行为举止和哭声方面更像人类的宝宝。”[50] 肯普斯特（Kempster）在 1948 年撰写了《我们的河流》（*Our Rivers*）一书。他已经开始担心，这种拟人主义（anthropomorphism）的话语会阻碍他所视为理性的害虫防治行动的开展。在 20 世纪 70 年代，绿色和平组织（Greenpeace）承担起曝光竖琴海豹幼崽无助遭遇的责任——这些海豹在加拿大海域的浮冰上，被挪威的捕猎者重击致死。在碧姬·芭杜提供的一些帮助下，绿色和平组织在全球电视上播出了那些令人震惊的海豹幼崽的悲惨经历。此外，英国多家海洋生物及海洋援救中心也不断使儿童和成人回顾那些近距离拍摄受伤海豹等待重返海洋的镜头。

因此，20 世纪 70 年代，捕杀海豹直接成为绝大多数英国公众心中的禁忌——海豹被公众定义为极讨人喜爱的生物，故对它们的任何利用与捕杀都是非正义的。但在 20 世纪晚期，甚至仅就西方而言，这种认知也并非是普遍的。在挪威，出现于海滨及河口的海豹仍会被射杀；该国政府还向其北部地区的海豹狩猎者支付津贴，以帮助他们前往浮冰区棒打海豹幼崽。虽
35 然海豹皮已滞销，但它们仍被人们用公费存储了起来。其原因竟在于海豹捕捞业是一项传统——这似乎与将猎杀海豹当作禁忌的理由一样荒谬。但文化在维系这种荒谬的过程中不会因其非理性而被弱化。公众完全有权坚称，那些美丽且富有知觉，有时看起来还与人颇有几分相似的动物，应被给予尊重和敬意。

遗憾的是，灰海豹仍是不列颠北部地区颇具争议的话题，因为并非所有人都对海豹的新身份确信无疑。渔夫们声称不断增加的海豹数量正对鲑鱼、鳕鱼及其他品种鱼类的储量造成严重威胁。他们呼吁重新采取选择性捕捞措施。他们同时提出要求：希望政府允许其向中国人出售作为壮阳药的海豹鞭，或向超市出售作为宠物食品的海豹肉。这似乎表现出他们对英国其他地区民众情感的漠视。[51] 然而，在渔业选区保有强大势力的苏格兰民族党（Scottish National Party）确实支持重启选择性捕捞措施，同时谴责"环境卢德主义者们"（environmental Luddites）。他们认为这些人忽视了近期海豹数量增加的后果，并宣称"就业机会成为'政治正确'祭坛上之牺牲品的时代已经一去不复返了……海豹会攻击鲑鱼……而鲑鱼是（英国）国家和自然的财产"。[52] 苏格兰民族党的这一观点忽视了苏格兰河口那些创造就业机会的渔场，以及深海捕鱼本身在最近野生鲑鱼和海鳟鱼数量急剧下降中的负面作用。诚然，将问题归咎于海豹的做法更简单。

然而，工党政府于 20 年后回忆起可敬的国务大臣布鲁斯·米兰（Bruce Millan），他在面对公众对奥克尼群岛最后几次选择性捕杀所产生的愤怒而离职时仍希望维持现状。具有学者风范的政府大臣塞维尔勋爵（Lord Sewel）则强调，需要发掘关于实质性伤害的更好的科学证据，同时指出，射杀一只正在攻击鲑鱼、渔网或索具的海豹仍是合法行为。但他没说打中一只海豹有多困难。[53]

就科学家而言，他们仍坚信渔民所称海豹之危害确有夸大其词的成分，但他们担心以当前之速率增长的海豹，会对自然承载力形成挑战。事实上，对海豹而言，自远古以来就存在的天敌之一——人类——已自愿退出了这场生存竞赛。我们之所以这样做，是因为我们的文化。在这个世纪，我们以一种特别的方式构建自然。谈及这一方式是否科学可能表述不当。我们只能说，就历史发展而言，因为科学家支持保护海豹，所以大众就将其视为一种图腾型生物。[54]

因此，人们在海豹身上获得的欢愉是极其真实且高度政治化的。但通常而言，表达愉悦之人并不是那些受控制捕猎或禁猎政策影响之人。自然是竞争之场，因为利用与怡情间的关联
36 与冲突是如此真实。一方眼中的图腾恰是另一方眼中的害虫，且并非所有有力证据都掌握在一方手里。当时当下，除非遵循培根的主张及启蒙思想开辟的道路去开发自然资源——这是经济增长的基础，是我们通常用以衡量国民生产总值之方法的根基，否则我们无法安坐于此。但正是经济学家不断促使我们明白，社会福祉的衡量标准仅在于国民生产总值。对许多人而言，正像获取金钱那样，拥有适宜的环境，享有自然的欢愉，亦是生活水平（提升）的真实表现。此种观念的形成由来已久。增长的代价是什么？其限制又是什么？罗斯金（Ruskin）以多种方式反复提出的问题至今仍有重大意义——如果全英格兰都变成一座煤矿，那它是变得更富裕了，还是更贫穷了？[55]

我们将在后续章节中看到，社会是如何试图平衡利用与怡情以使人类物种的利益最大化；同时，自然又是如何承载这些行为后果并使我们重新评判自身的对错。

第二章　想象与现实中的森林

让我们从卡列登大森林（Great Woods of Caledon）谈起。37 从各种意义上来说，该森林都是一个神话。现代社会对森林的探讨大多与其遭遇的毁灭性破坏相关。譬如，巴西或印度尼西亚本土的热带阔叶林在大火后化为乌有；再如，北美洲和西伯利亚原始针叶林遭遇的厄运——它们被源源不断地送往日本及西方的纸浆厂。苏格兰的电视上或报纸上也讲述着一个与之类似的有影响力的事件。下述文段摘自休·迈尔斯（Hugh Miles）与布莱恩·杰克曼（Brian Jackman）新近出版的著作，该书与迈尔斯的获奖影片一同问世：

> 卡列登大森林是我们不列颠最古老的森林，即一片位于岛屿北部的原始森林。时值巨石阵落成，它已矗立于当地两千年之久……那里很难发现一处上空不覆有树荫的峡谷，凸起于蓝绿色林冠间的高丘好似“绿色”汪洋中的岛屿。野狼与猞猁漫步在人迹罕至的丛林深处。棕熊与野猪于林木根部嗅来嗅去……当罗马人抵达不列颠时，大森林便成了皮克特部族（Pictish tribes）的庇护所，他们借此向罗马军团发动

> 游击战……之后维京人来到此处，他们向大森林发起进攻……用火点燃林木，并砍伐大树用作维京长船的桅杆……对苏格兰高地人而言，树木即燃料，故显露在林冠华盖间的巨大豁口，便是部落斗争时燃烧局部林木所致。然而，大森林仍绵延数英里。它是狼群和与之相似的叛逆者的避难所。直至英格兰人在此放火，用烟熏的方式将叛军赶出森林……邦尼王子查理（Bonnie Prince Charlie）的高地叛军遭到镇压，这标志着卡列登荣耀的终结。高大的树木纷纷倒下，它们被穷困潦倒的部落酋长砍伐。这些酋长因被迫向其憎恶的汉诺威（Hanoverian）领主偿还债务，而将木材卖给英格兰的铁匠。[1]

这是一段失真了的历史叙述，其开头或许有些可信度，但后文完全走向了荒谬。没错，公元前3000年左右，尽管并非所有森林（甚至亦非大多数森林）皆是具有蓝绿色林冠的卡列登松木林，但苏格兰的确有一段时间像爱尔兰那样，到处覆盖着森林，仅剩山顶、沼泽和积水地裸露出来。那些森林是由多种多样的松木、桦木、橡木、榆木和榛木按照不同比例在不同地点形成的；与此同时，绝大多数的针叶林分布在（苏格兰）
38 高地的北部及东部地区。就此种存活于苏格兰的半天然森林而言，其中许多林木也不比不列颠其他地区种类多样的阔叶林更古老。[2]

在欧洲环境下，该森林鲜有非凡卓越之处，因为北半球绝大多数地区皆覆盖有十分相似的森林。不过在斯堪的纳维亚（半岛）和西伯利亚的北方针叶林（boreal forests）中，湿润地带生长的云杉与干旱地带生长的松木有明显区别；但苏格兰在经历最近的冰期（the last Ice Age）后，却没有出现云杉和松木相互竞争湿润生境之局面。的确，狼群及野猪，或许还有棕熊与猞猁，游荡在丛林深处。[3]但待罗马人到来时，该森林已历经了数千年的退化，即在大自然的进攻面前（指气候变迁）节节败退。青铜时代（Bronze Age）极地风南移引发了一场关键的气候变迁，当地气候由此更具海洋性特点——多雨、强风及不断增多的泥炭土壤。云杉的消失则意味着没有哪种针叶林能较好地适应湿润的环境。

沼泽里焦黑木桩的生存年代通常在树木年轮学（dendrochronology）或碳元素分析法（carbon analysis）的测定下可追溯至大约 4000 年前——它们是那场显著的气候变迁的产物。当它们在泥炭巷道被挖掘或被登山者偶遇时，看上去着实新鲜。在土壤肥沃的地方，尤其在（苏格兰）低地，绝大多数幸存的阔叶林皆被凯尔特部族在基督降世前的第一个千年里（若不能追溯至更久以前）砍伐和清除。[4]即便在山坡上，林木的生长范围和特性也必然受数千年来部落牧畜的显著影响。苏格兰历史遗迹及纪念碑首席视察员（Historic Scotland’s Chief Inspector of Sites and Monument）大卫·布雷兹（David Breeze）声称：我们唯一能确定的是，罗马人在公元 84 年格劳皮乌斯山战役（the Battle of Mons Graupius）后真正遇见了一片森林；彼时他们跟随撤退的敌人行至那里。但这场战役本身爆发于旷野，卡列登人还运用了战车。[5]维京人与中世纪诸部落并未通过放火的方式对松林造成任何明显的破坏。事实上，如果他们确实那样做了，就会为林木再生提供一个有利的环境。或许，他们确因放牧及反复燃烧石南荒原以维系一片粗放式牧场的做法（对环境）产生了很大影响，但那是另外一回事。这种农业利用方式在何处实施得较为集中，何处就会从森林变为开阔的林地牧场，当地的物种种类将走向贫乏——逐渐局限于小型乔木，如生长在溪岸边的冬青树；同时（林木线［tree line］以上的）山柳和桦木也将逐渐衰亡。最终，当地将形成一片光秃的沼泽。

恕我直言，英格兰人在1745年后产生的影响基本是良善的。他们热衷对爱尔兰人发动的试探性的林地进攻通常以失败告终，事实上那些进攻都发生在此前半个世纪里，并是在部落
39 酋长们的煽动下或积极配合下进行的。叛乱结束后，不仅酋长们没有憎恨其汉诺威的领主（他们中的少数人被罚没了财产，而大多数人被和平接管），大部分所谓的黑心的铁匠也仅购买了低矮的橡木（并非高大的松木），并由此促进了林地管理的改善。这在高地史（Highland history）上是绝无仅有的。[6]

我并非怀揣着纵火犯渴望烧毁稻草人般的邪恶之心来仔细审视迈尔斯与杰克曼的叙述；而是因为此类叙事在苏格兰及英格兰已流传甚广，并建构了一种颇具精神与政治力量的环境史叙事。他们这样书写，部分由于他们得到了科学家的认同。1947年，极具影响力的生态学家弗兰克·弗雷泽·达林（Frank Fraser Darling）利用与迈尔斯和杰克曼极为相似的线索讲述生态故事，并认为（森林）主要衰退于最近数百年，随后还以自己的方式对苏格兰森林衰退之事做出了道德寓言式的评断：

> 人类似乎不会彻底根除其生存环境中的某种资源，哪怕那种环境资源关乎着他们的日常生活；但人类若将该资源视为拥有某种出口价值的商品——并可依靠将其出售至远方的方式来谋生——那么真正的危险就会悄然而至。[7]

因此，卡列登大森林也是一个关于资本主义的教训。在适

当的时候，达林被视为一个受欢迎的生态学专家，并被称作英国的奥尔多·利奥波德（Aldo Leopold）。例如 20 世纪 80 年代，苏格兰造林组织（the group Reforesting Scotland）不仅影响了绿党（Green Party），还影响了更大范围的造林运动，即推动种植本土阔叶林及卡列登松木林替代北美云杉与洛奇波尔松的运动。该组织的主席在谈及卡列登大森林的毁灭，即标志着高地"森林几乎完全被摧毁且步入植被与土壤退化的最后阶段"时，仅重申了达林的观点。[8] 这还不是故事的全部。早在 1961 年，爱丁堡大学林业学教授马克·劳登·安德森（Mark Louden Anderson）便在一次学术报告会上表示：

> 植树造林及再造林活动的筹款行为不易被任何正统学说正名。但当筹款行为被视作一项赔款或偿还行动时，它便能被充分正名。[9]

工业与环保主义者们都需要卡列登大森林。或许，北美云杉本可以代替原初的树种。1973 年，在一场自然资源主题研讨会上，某位护林员援引了一份来自弗雷泽·达林的"私人通讯"记录。其中，达林将北美云杉描述为苏格兰高地的"天赐之物"，同时认为该树种是高地在"历经长期的土壤衰退后，最终得以唤活新森林生物群落"的手段。[10]

然而过后，批评者们断言，卡列登森林永远不会因异域树种 41
的密集栽种而被真正复刻。因此，必须要进行一次恢复本土树种的尝试。20 世纪 90 年代，苏格兰千年林木信托组织（Millennium Forest Trust for Scotland）及许多利益相关人士，集合了乐透彩数百万英镑及其他公共款项，全然投身于种植和恢复本土森林的伟大事业中。此举在很大程度上源自公众对卡列登森林的想象。

图 2.1 想象图景：索比斯基·斯图尔特（Sobieski Stuarts）《鹿林短文》（*Lays of Deer Forest*）第 2 卷卷首插画

图 2.2 现实图景：1930 年于因弗内斯郡（Inverness-shire）格伦-阿弗里克（Glen Affric）桦木林间的苏格兰老松木（圣安德鲁斯大学图书馆，亚当典藏）

那么，想象的迷思又从何而来？诚然，它应当起源于罗马 42
人。公元 43 年，普林尼（Pliny）评论称，罗马军团没能穿越卡列登森林，但并未指明该森林位于何地；它似乎位于创世纪中类似“极北之地”（Ultima Thule）的地方（但这其实并不是指真实地点，而是指“北方某地”）。在下一个世纪中，托勒密（Ptolemy）声称，卡列登森林在“越过”（或偏西于）卡列登部族（Caledonii）的地方；时人碰巧在福斯（Forth）以北地区遇见该部族，因此卡列登森林应处于已知视界外的某地。塔西佗、戴奥（Dio）与赫罗迪坦（Heroditan）在叙述阿格里科拉（Agricola）和塞维鲁斯（Severus）战役时声称，罗马军团为克敌制胜，不得不跋涉泽地并穿越森林。遗憾的是，这些记述皆运用了一般性的词句，当我们结合上下文语境核查时，不免发现其皆为罗马文风之滥觞，很难与现实相联系。例如，戴奥也曾描述卡列登诸部落及其部民；其中，迈伊提亚（Maeatae）部落居住于“荒凉且干旱的山区”，他们是没有任何农业知识的牧民，却能在及颈深的水中存活数日。他还提及塞维鲁斯不仅砍倒了大片森林，还抽干沼泽，夷平山地——这些叙述实难被其罗马读者核实。[11]

然而，考古学证据表明，罗马人实际占领的是诺森布里亚（Northumbria）和苏格兰低地，那是一片在很大程度上缺乏森林的土地。罗马军团役使当地部族。那些土著居民拥有牛、羊及广袤的耕地。罗马人还把木料当作建材，兼采石料并主要利用草皮建房。此外，哈德良长城与安东尼长城——更不必说佩思郡加斯克（Gask）沿线的哨岗——若非罗马人眺望旷野时所用的监察设施，那就很难具有存在的合理性。铁器时代的部民或许像中世纪苏格兰的人口那样多，并曾用很长时间来改造自己的世界。[12]

我们对罗马时期高地的森林覆盖状况知之甚少，其森林覆盖率或许高于今日。诚然，此种情形并非一以贯之，几乎所有地方都会受到气候变迁和早期人类活动的影响。例如，在佩思郡的巴尔纳瓜德（Balnaguard），即靠近塔姆尔河（Tummel）与泰河（Tay）交汇处的地方，当地尚存公元前7000年自然植被受到侵扰的迹象，还有3000年前（人类）耕作的痕迹。在因弗内斯郡（Inverness-shire）偏远的格伦-阿弗里克，长期的畜牧活动与农垦行为，或许始自青铜时代早期，并存于整个铁器时代；尽管西亚弗里克（West Affric）的森林植被已历经了自然变迁，即主要受到4000多年前降水量增加及泥炭土壤增多的影响。[13] 大卫·布雷斯（David Breeze）或许夸大了事实，他甚至称高地森林"在罗马人到来前2000年，即于新石器时代和青铜时代就已消失殆尽，仅剩下小块孤立的原始松木林和桦木林"。[14]

43 但弗雷泽·达林及其他（与之观点相近）人，并非直接从罗马人的原始文献中汲取灵感，而是从中世纪晚期苏格兰编年史家和阿伯丁大学首任校长赫克托·波伊斯（Hector Boece）那里获得了启发。正如（阅读）罗马作家们的作品那样，后人有选择性地阅读波伊斯的作品。值得一提的是，波伊斯同样认为，黑雁是从贝壳中孵化出来的。1527年，他形容罗马人的卡列登森林（*Caledonia Silva*）是一处伟大的林地；那片森林曾向北延伸至斯特灵，覆盖着门提斯（Menteith）、斯翠瑟恩（Strath-erne）、阿索尔（Atholl）和洛哈伯（Lochaber）；林中满是白色的公牛，它们拥有"洁净且卷曲的鬃毛，好似白皙的狮子"。[15] 他坚定地将森林置于历史语境中，但没有给出任何证据证明松木曾是该森林的主导树种；在他的时代（甚或早些时候），至少对当地南部而言，主导树种是橡木。英国地质学家卡姆登（Cam-

den）为伊丽莎白一世时代的听众加工了波伊斯的作品，并称“卡列登森林”是一片“覆盖着茂密林木且难以穿行的广阔林地”。

17 世纪和 18 世纪的评论员们要么从未谈及卡列登森林，要么仅以注释的形式顺便提及它。因此对 1684 年的罗伯特·西博尔德爵士（Sir Robert Sibbald）而言，长久以来卡列登森林已从人们的视野中淡去，仅（在人们的记忆中）保留了一些模糊的印象。[16] 对 1708 年的一位法国制图师而言，卡列登森林仍然存在，但其占地面积应该不大；他将此名赋予一处位于格伦-奥奇（Glen Orchy）的森林。1807 年，乔治·查尔默斯（George Chalmers）首度回到罗马文献中，翔实地重述了那个不可思议的故事，即塞维鲁斯命令手下士兵砍倒苏格兰所有林木的故事。查尔默斯自然而然地评论称，这项任务使罗马军团筋疲力竭，继而败于皮克特人之手。[17]

诚然彼时，众多的南方人已知晓苏格兰高地尽管分散却也广泛分布着松木林和橡木林，且部分南方人将上述森林视为现存或潜在的重要经济资源。然而，只有拉克兰·肖（Lachlan Shaw）在其著作《马里省之历史》（*History of the Province of Moray*）中，将上述森林定义为“卡列登森林可能存留的遗迹”，但他没有赋予其任何历史重要性或特殊的民族象征性。善于观察且博闻强识的托马斯·彭南特（Thomas Pennant）尽管列举了许多尚存的本地松林，还是迪赛德森林（forests of Deeside）及兰诺克黑森林（Black Wood of Rannoch）的欣赏者，但他也没有提及从前的卡列登大森林。[18]

或许更令人吃惊的是，就算浪漫主义者们通晓早期的文献资料，并着实赞叹当地松林的如画景象，他们也未曾重视卡列登大森林，例如，受过良好教育的旅行者 J. E. 鲍曼（J. E.

Bowman)。他是雷克瑟姆(Wrexham)精通文学的银行家，并在 1825 年的 7 月和 8 月环游了苏格兰高地。鲍曼能辨析斯特拉斯佩(Strathspey)“大片分散的林木”与南方种植园林木的区别，并能指出前者是“天然的松林”(Natural Pine Forests)。当鲍曼前往阿索尔(Atholl)时，他称当地林木为“卡列登森林的一部分”；长久以来“它被剥夺了荣誉，还在盛名之下被人遗
44 忘，林中有厚重鬃毛的野牛、女巫、邪恶之女以及其他由卡姆登(Camden)言说的可怕事物”。[19] 这或许是 19 世纪 40 年代以前所有人能(对卡列登森林)做出的最充分叙述了。

就现代(文化)形式而言，卡列登森林则是德国浪漫主义的产物，并由精力饱满且内心充满幻想的索比斯基·斯图亚特兄弟(Sobieski Stuarts)引入。拥有英德血统的兄弟二人声称自己是查尔斯·爱德华王子的合法孙辈；不过令人安心的是，他们并不想对维多利亚女王的王位提出要求。然而，由于他们是盖尔人历史的专家，所以他们确将自己变成值得钦佩的公众人物。他们声称自己保有一份 16 世纪的卷宗，其中记录了苏格兰各氏族的格子呢图案——十分类似麦克弗森式和奥西恩式的手稿，但他们兄弟实际上从未写作过相关主题。在二人的出版物中，发表于 1848 年的《鹿林短文》是一部由诗歌、激情澎湃的狩猎故事、自然史、民间传说和通俗史汇编而成的书籍；其创作较少依据可供验证的事实。斯图亚特兄弟提及一处位于马里省的大森林，其部分林木一直存活至近代。[20] 林中到处都是引人注目的野兽，譬如狼、熊、野猪、海狸、野牛及巨型马鹿。但即便如此，这片林地也仅是卡列登森林的“一角”；“在大森林被砍伐一空以前，它如云般遮天蔽日的远古树荫笼罩着苏格兰群山和平原”。[21]

索比斯基·斯图亚特讲述了关于珍妮·麦金托什(Jenny

Macintosh）的一则荒诞故事：麦金托什于收集松果时，在罗西墨丘斯（Rothiemurchus）林地走失；三年后，人们发现她死在一棵巨型松树下面。这种情节好似出自格林兄弟之手，他们共同强调森林具有令人迷失方向和令人恐惧的特性："她格子呢的碎片……散落在克雷格-杜布（Craig-dhubh）的乌鸦巢穴里，而她的一缕灰发……则散落在艾琳湖（Loch-an-Eilean）的雏鹰巢穴里。"粗心的读者原本永远不会发现，克雷格-杜布位于开发时间最长且居住人口最多的苏格兰森林里。斯图亚特兄弟还提及了匈牙利、波西米亚和奥地利境内令人印象深刻的贵族狩猎活动，以充实自己的书作。

他们的创作风格反映了德国森林浪漫派的特色。像威廉·普费尔（Wilhelm Pfeil）这样的人，他"系于森林的深厚情感"同自身的狩猎乐趣紧密相关；再如恩斯特·莫里茨·阿恩特（Ernst Moritz Arndt），对他而言，落向林木的斧头具有危及全人类之危险；还如威廉·海因里希·里尔（Wihelm Heinrich Riehl），野生森林（对他而言，全德森林都是野生森林）是德国自由之根基。对此，正如西蒙·沙玛恰如其分的评价："宗教与爱国精神，古代与未来，全部汇集在日耳曼式的森林浪漫之中。"[22]

进而，从更具学术盛名的作品来看，1871年W. F. 斯肯（W.F. Skene）独具开创性的高地史著作《凯尔特人的苏格兰》（*Celtic Scotland*）推动了（卡列登森林）叙事的发展。书中，他引导读者将塞维鲁斯对卡列登部族的进攻比作1852年哈利·史 45
密斯爵士（Sir Harry Smith）对开普殖民地（Cape Colony）的卡菲尔人（Kaffirs）的战斗；他还援引了威灵顿公爵（Duck of Wellington）的看法——（英军）开辟通往丛林的道路十分必要，敌方在灌丛中对抗英军时采取的游击战战术十分有效。尽管没有给出证据，但斯肯提到，罗马时期苏格兰的大部分地区都必然“展现出了一派由橡木、桦木和榛木构成的丛林景象”。[23]

斯肯发出的（创作）邀请被大卫·奈恩（David Nairne）接受，后者于1892年发表了《高地森林笔记》(*Notes on Highland Woods*)。其中大部分内容展现了作者出色的研究功底，并开启了学界对苏格兰森林史的严肃研究。然而，文章开篇却以完全想象式（且日耳曼式）的写作手法描摹了卡列登大森林。在其笔下，卡列登大森林覆盖整个苏格兰高地：

> 初次来到苏格兰，（你将）置身于其原初且宏伟的山脉、森林与江河之中；无论何时，只要部落战争开始，彪悍的土著居民的战斗号角声便回荡在森林里。此外，蛮族狩猎者的叫喊声也充斥在林间，时值
> 46 其愉快地把持着长弓、投石器和长矛，追逐并讨伐狼

图2.3 位于法夫（Fife）的福克兰森林（Falkland Wood）皇家猎苑及福克兰宫（Falkland Palace）(亚历山大·基林茨［Alexander Kierincz］绘于1636年）；画面中，苏格兰式围栏恰好能被辨识出来。(苏格兰国家肖像图书馆藏）

> 群、野熊和驯鹿。这就是处于萌芽时期的苏格兰式自由。

然后，奈恩继续讲述罗马人的入侵：土著居民收集起“简陋的战争盔甲”，其鲜血肆意流淌，“但罗马军团稳步切断了他们穿越斯特拉斯佩人迹罕至之大片林地的去路……（罗马人的）胜利付出了沉重的代价”！土著居民的游击队撤退了；“仅当他们想到5万名入侵者像其伐倒的树木那样被击倒时，土著居民才感到快乐”。[24]

因此，迈尔斯和杰克曼的书几乎是由索比斯基·斯图亚特兄弟于1848年和大卫·奈恩于1892年为他们而写的。这则传奇故事仅需对中世纪和英格兰人做出一些误判（便能成立），例如（认定）野生林木被滥用及苏格兰人遭受了苦难；针对上述两方面问题，这则传奇故事认为，现代世界应作出补偿。

据此，让我们秉持更加审慎的视角考察不列颠北部森林在过去至少四五个世纪里到底发生了什么。在此，我需要将自己想重新阐释的观点说清楚。我认同苏格兰曾被广阔的森林覆盖——但那是在5000年前，而不在罗马时期和此后的时日里。我认同中世纪晚期曾有比现今更多的原始或半天然（semi-natural）林地；即便是在高地，彼时那里也有符合欧洲标准的林木繁盛的乡野。我同样认为，遗留下来的森林自1500年以来经历了严重且持续的衰退，但那种衰退并非集中发生于工业化之后。我不认为外来者应承担（森林）衰退的主要责任。整体而言，我将衰退的大部分责任归咎于自然力量和土著居民及其牲畜的（破坏性）压力。故事未完待续的一方面也在于，18世纪的山地灌丛、矮桦木和柳木等植物可能确实比今日繁盛。

首先，当地有多大面积的林地？第一条合理且全面的证据来自18世纪50年代的罗伊军事调查报告（Roy's Military Survey），其表明，苏格兰4%的土地被森林覆盖，且它们很少是人工林。1815年的评估则显示，苏格兰3%的土地为林地。此后两次于19世纪晚期的测评显示，当地3%—4%的土地为林地。截至1914年，该数值仍在5%以下，而现今的数值却在20%左右（不过半天然林地的占地面积在2%以下）。英格兰北部地区的情况与之相似。[25]尽管林地覆盖率的估值仍有待商榷（尤其是早期数值），但即便较之上述数据，误差达到50%左右，情况也不会有所不同。

47 下降趋势十分明显。首先，以欧洲18世纪中期至20世纪中期的标准来看，苏格兰土地的林木覆盖率较低。其次，在过去250年，二分之一至三分之二的半天然林被种植园的人工林取代。第三且最为重要的是，若在5000年前苏格兰林地面积最大的时候，森林覆盖了80%以上的土地，那么就足以说明到工业革命前，当地76%的森林遭到了砍伐。单凭这点就使“林地衰退源于现代资本贪婪”的论断被击垮。

此外，多大面积的森林在中世纪晚期至1750年消失？这是一个更加无法确定的问题，但凭借蒂莫西·彭特于16世纪80年代和90年代所绘的苏格兰大部分地区示意图而勾勒出的印象，以及罗伯特·戈登爵士和罗伯特·西博尔德爵士于17世纪所绘地形图（提供的信息）[26]可以看出，16世纪末和17世纪初的林木多于1750年前后的林木；但苏格兰的森林已相当贫乏，尽管高地林木多于低地，但即便是在高地，大部分地区也仅剩分布松散且植被稀疏的林地。我猜测1500年（苏格兰）土地的总林木覆盖率在10%—15%之间。除狼之外的大型哺乳动物都已消失，其中包括野牛，史前的驯鹿、猞猁、麋鹿，中世纪开始前的野熊，灭亡前的野猪以及消失于1550年前后的海狸。[27]

在彭特时代仍大量居于北方的野狼，实际上也在一百年后走向衰亡。据上述信息可知，在工业革命前的数世纪里，林地侵蚀率与此后比较大致相当，甚至有可能更高。

不论什么原因，这绝不是因为盲目的忽视，尤其对该区域的南半部分土地而言。（森林衰退的）情况在中世纪苏格兰边境地区和英格兰北部地区皆有所显现，但在当时这并非任何刻意规划的结果；尽管用地部门将高地绝大多数土地留给了商品羊畜牧业使用，并开垦了绝大多数的宜耕低地（仅保留对农业、车工工业、皮革制作业和金属加工业而言具有必要性的林地），且该举措逐步降低了坎布里亚郡、诺森伯兰郡、约克郡和苏格兰边境地区的林地覆盖率，但这尚未达到引发森林消亡或经济困难的地步。

湖区就是一个很好的例证。温彻斯特博士解释称："对中古数世纪以来的坎布里亚郡而言，其林地史展现出一种毁灭性；直至 16 世纪，木炭需求量的上涨才引发了更为积极的林地管理。"当人们将林木用于冶铁、炼铅、制革、车工工艺和（为纺织贸易）制造草碱时，需求量的扩大才最终引发了森林拯救行动；"（人们的）认识已经改变——林地不再是可以随意开发的 48
原生态景观留存物，而是一种不断减少的资源。其对一系列用途而言皆具价值并需要受到认真保护"。[28] 与此相关的林木稀缺性也引发了保护行为、圈地举措和更为系统化的矮林平茬行动，甚至（促使人们）选择种植新林，而非选择粗放式畜牧的土地利用方式。

社会关注度的增加意味着更多林木得以幸存（但并非是指以一种原始状况幸存下来）。科尼斯顿湖（Coniston Water）约 35% 的土地仍保有半天然橡木林（而坎布里亚全郡的平均数值仅有 5%）。这完全是由近代的矮林养护所致，（这些林木）被用作当地冶铁业和火药业的木炭，还被用于制革业、建筑结构木料和“剩菜篮（swill-making）的制作”（一种将劈开的橡木条编织成篮的艺术）。但在上述产业萎缩后的一个多世纪里，林地绝大多数地区还易遭受无限制牧羊活动的侵扰。苏珊·巴克（Susan Barker）认为，数世纪以来，木制品利用“或许是科尼斯顿林地营养物质广泛匮乏的主要原因”。现今，最具生物多样性的地区恰是（人们）难以靠近的沿河峡谷地带，当地受矮林作业和放牧的破坏较小；但在那里，仅有类似小叶青柠一样的树木，和类似林羊茅及欧亚小连翘一样的草本植物得以存活。尽管溪流之间遗存的林木已被人们数世纪以来的密集利用消磨殆尽，但其至少仍保有森林的样貌。[29]

这个森林管理与改造的故事无论放在哪里都是真切的。在17世纪约克郡的东北地区，维莱尔勋爵（Lord Villiers）占地广阔的赫尔姆斯利庄园（Helmsley estate）便以多种方式利用森林；譬如，一些林木对矮林作业颇有价值，一些符合成熟橡木的标准，一些符合白蜡树弹性木材的标准，还有一些依据其所在地和经济功能对混合木料（制作）颇有价值。[30]与此同时，在斯韦尔代尔（Swaledale）高地的奔宁山脉边区，其广阔林地于13世纪末衰退，然后变成中世纪晚期的林地牧场，其中部分又转变为鹿苑，继而于16世纪和17世纪变成林木密度不断降低的奶牛牧场；但截去树梢的遗留树木仍矗立于牧场内，并成为木材和木料的来源。[31]上述高地地区远离外部市场，并拥有大量可供当地使用的树木，故林地在同农地竞争时，很少受到认真保护。

比起17世纪和18世纪早期的英格兰北部林地史，同时期的苏格兰林地史较少受到细致研究；但至少就两地的低地而言，开发（森林）的表述都极为相似。迪兹（Deeds）提及“沼泽硬地”（hags）上的林木销售状况——那些树木被买主相继砍伐。直至名为“木桩与稻”（stake and rice）式栅栏*（以板条为主要建材）搭建起来的那年年底，买主们才负责围地，以避免
动物伤害当地的再生植被。对矮林平茬一事，地产者有自己的 49
规则——修剪要靠近地面，不能将新枝劈出能盛集雨水的凹面，同时禁止剥落斧头切面以下树皮。通常而言，一定数量的树木能免于被砍伐，并按照正常标准生长。与内部围场相同，地产者还会维护一片外部围场，并通常于地面竖起“木桩与稻”式栅栏，有时也竖起石堤。[32]

然而，在英格兰地区，森林里实际发生的（与想象中的）出入很大；尽管苏格兰矮林作业是基于预先确定且系统的轮作周期进行的，但其实施程度尚不明确。显然，随着时间的推移，其系统化程度越来越高。18 世纪早期，生长于蒙特罗斯公爵（Duke of Montrose）门提斯（Menteith）田产上的橡木就以 25 年为轮伐期遭到采伐。至该世纪末，众多遍及邓巴顿郡（Dunbartonshire）及斯特灵郡的橡树木料皆以相似的方式被节省下来，并主要用于鞣制皮革制作。但毋庸置疑，即便在 17 世纪，许多森林都被赋予了价值并获得了照料。例如，爱丁堡的南部及东部地区周围的林地，其中包括奥米斯顿（Ormiston）、亨比（Humbie）、普莱斯门南（Pressmennan）和罗斯林（Roslin），当地的伐木权被（苏格兰）首府的商人和制革匠买下，他们依细致且具体的规则（利用林木资源）。总而言之，这些林木在当时的苏格兰大概是最有价值之物。

事实上，苏格兰东海岸的广大地区，例如巴肯（Buchan）和法夫在很大程度上缺少树木——当地的地质学者和游客们佐证

---

* “木桩与稻”式的栅栏（苏格兰语），指用木条编织并涂有掺杂稻草之黏土的围栏。——译者

了这一点。但这没什么不好。就获取燃料而言，当地居民拥有丰富的泥炭；以法夫为例，（当地民众拥有充足的）煤炭和泥炭。无论如何，在不列颠北部的绝大多数地区，林木对取暖或烹饪而言无关紧要。之于制革业，法夫人得以从苏格兰的其他地区进购原料。针对建筑业，他们又得以从挪威的吕菲尔克（Ryfylke）和霍达兰（Sunnhordland）获得充足的松木。他们仅需从福斯湾（Firth of Forth）出发，并经历为期三日的航程，航程运费远低于其试图从（苏格兰）高地获取木材的费用（即可获得所需）。事实上，恰因苏格兰和英格兰东部地区前往斯堪的纳维亚半岛和波罗的海十分便捷，这才消除了当地任何港口城市对本土建材木料的需求。[33] 正如亚当·斯密所观察到的那样，在整个爱丁堡新城（New Town），你不会发现一根苏格兰木头。[34]

但像坎布里亚郡和约克郡，木材无论在何处都被认为是有价值的；森林被圈占起来，并被小心翼翼地采伐。在阿伯克龙比（Abercrombie）关于埃尔郡卡里克（Carrick）的叙述中，他明显流露出一种自豪感：

> 没有哪片乡土能（比那里）更好地供应木材，因为壮美的森林正沿着邓恩（Dun）、格尔文（Girvan）和斯丁彻（Stincher）海岸生长。尤其格尔文的森林能
> 50 为（苏格兰）海峡（Kyle）和卡宁厄姆（Cuninghame）的周边地带提供木料；这一方面可以帮助（当地居民）搭建乡村住宅，另一方面能满足其所有农业需求，诸如以非常优惠的价格制造马车、耙、犁和手推车。树木种类有桦木、接骨木、柳木、白杨木、白蜡木、橡木和榛木。此外，十分普遍的情况是，每位先生都拥有毗邻居所，且兼具林地和水域的果园及公园。[35]

加罗韦（Galloway）的情形与之相似，安德鲁·西姆森（Andrew Symson）所谓的“绝佳的橡树林”绵延了两三英里。从莫尼加夫（Monigaff）开始，维格顿郡（shire of Vigtoun）最广阔的地区皆生长着林木——木料被用于房屋建设和其他用途。[36]人们并没有浪费掉这样的资源。

然而，在1500—1750年，即便在南方，森林也在衰退；山区的情况尤为明显——尽管那些地区距离市场最远，但人口及畜牧压力却始终存在。具体而言，苏格兰高地几乎到处都是山地（且绝大部分地区远离市场），原本拥有相当广袤的森林，此后却遭遇了大规模的林地退化。这是由人与自然之合力所致。接下来让我阐释一下这个问题。

在（苏格兰）高地的北部边界，森林围场十分罕见，这部分是因为（除了佩思郡和阿盖尔郡）当地绝大多数地区生长着桦树，某些地区生长着苏格兰松木。对桦木而言，人们很难进行矮林作业；对松木而言，人们根本无法进行（矮林作业）。这意味着，此类林木在被裁剪掉树冠以下的枝杈后无法复生枝桠，所以人们在长有这些树种的地区圈地，并将矮林作业当成维护当地森林之简便方法的尝试是徒劳无功的。此外，尽管对橡木、白蜡木以及遥远南方的绝大多数阔叶林而言，这种（矮林作业）的方式是行之有效的，但远离市场且木料相对充足的状况令经营者在圈占佩思郡和阿盖尔郡橡木林之初无利可图。

不过，森林在（苏格兰高地）仍十分珍贵。首先，由于荒芜的地表景观伴随着严冬的侵扰，森林对家畜而言是避难所；尤其在桦木的落叶滋养了土壤后，当地便被视为肥沃的春秋牧场。其次，对农民而言，森林是为满足其建筑、工具制作、围栏搭设、采集食物（榛果）和采光（冷杉木蜡烛）等需求的原料产地。第三，在某些地区，森林的确是商贸货物的来源。因弗内斯的木材市场从尼斯湖下游运来桦木，并从格伦-莫里斯顿（Glen Moriston）、阿伯内西（Abernethy）和罗西墨丘斯运来松木；佩思（Perth）、埃兹尔（Edzell）和基里缪尔（Kirriemuir）也拥有类似的市集；斯特拉斯佩和迪赛德（Deeside）部分地区的农民则耗费全年大多数的时间伐木，并通过陆运或水运的方式将松木带至其他地区交易。一位斯特拉斯佩的评论者说道：“本教区的民众大多忽视农耕，他们沉溺于林业贸易，这使他们十分贫穷。”[37]

51 在18世纪下半叶以前，对绝大多数苏格兰高地森林采伐的限制，都被恰当地描述为农民的自主管控，以及土地所有者这一关键角色干预调节的结果。从理论上来讲，每块土地都拥有一定数量的牛、马、绵羊和山羊，它们将其生存所带来的环境压力施于土地之上。苏格兰法律实际已对佃户采伐林中所爱木材之自由做出了限制——因为全部林木皆属于土地所有者。对
52 此，仅有极少数的例外情况出现，例如在阿伯丁郡（Aberdeenshire）的比尔塞森林（the Forest of Birse），树木在法律上归平民所有。但即便在这里，土地所有者也能于1695年后通过简单的契约分割将公地私有化。[38]土地所有者拥有的领主法庭会对伐木农民进行罚款，但通常而言，此举目的并不在于制止农民，以及利用少量罚款提高庄园收入，而在于如能行之有效，便可避免当地资源的过度利用。[39]正如忙于消灭狼群和打击偷猎者那样，一些领主法庭，尤其是16世纪末至17世纪初格伦诺奇坎贝尔（the Campbell of Glenorchy）的领主法庭，曾将每年种植一定量树木的职责认真托付给佃农，并令其担负起保护林地免于烧荒的职责，因为火势有可能失去控制并最终损害到林木。[40]

但几乎可以确定的是，在17世纪和18世纪，森林在苏格兰北部地区的衰退比英格兰南部或北部地区更为严重。在一定程度上，这或许因为苏格兰北部地区遭受了更多旨在促进农耕

（或垦辟农田）的烧荒行动的直接伤害。1662 年，斯特拉洛奇的罗伯特·戈登爵士回忆称，阿伯丁郡和班夫郡（Banffshire）的林木都曾相当繁茂，但当它们被清除后，各个村庄就不再像原来那样聚拢。戈登爵士称："记得自己在年轻时，曾见证过此番情景。农民背弃了他们的村庄。每个人都外迁至自己的田产上，那里肥沃的土壤吸引着他们。"[41] 彭特绘制的粗略地图记录了 1590 年前后苏格兰东北部地区的样貌，但它并未标示出较之后来更广袤的林地。但我们无须怀疑那种普遍看法，即 16 世纪和 17 世纪早期的人口增长会对包括林地在内的边缘地区施以重压。我们还应记得道奇森教授的观点——在苏格兰高地，人口的整体上涨很可能已出现于 18 世纪，早于不列颠更南部的地区，且（高地人口）在此后增长得尤为迅速。结果，没有经济选择权的人，只能更努力地榨取土地资源。[42]

更多的人口还意味着更多的牲畜；在这些牲畜中，（无处不在且尤其对树木有害）的山羊似乎变得越来越多。毫无疑问，狼的灭绝使人们更易饲养所有种类的家畜。不断增多的牲畜持续吞食秧苗，这损害了树木的再生能力，并很可能比直接伐木垦荒更具破坏性。再次引用亚当·斯密之言："当人们允许为数众多的牛群在林间漫步时，它们尽管没有摧毁老树，但阻碍了新苗的萌发；因此在一到两个世纪内，整个森林便走向了毁灭。"[43]

另一个相关因素便是气候。16—18 世纪，人们经历了小冰期（the Little Ice Age）以来的最低气温，尤其是在 1500—1610 年以及 1670—1700 年两个时段中，那时北半球的天气比过去 53
千年之中任何时候的天气都更为湿冷。[44] 像苏格兰高地那般在大西洋沿岸的地区，坏天气放大了传统海洋性（气候）、降雨和飓风的影响，并使土地形成更为黏稠的泥炭层，还使树木生长和繁衍的环境更为严峻。这些影响在（不列颠）北部和西部海岸尤为明显，因为这些地区都暴露在狂风之中，并地处高纬度区域。彼时，小冰川暂时复现于凯恩戈姆山。达特莫尔（Dartmoor）与苏格兰东南部拉莫缪尔山（Lammermuir Hills）的农耕区上限从海拔 400 米降至海拔 200 米。与此同时，从孚日山脉（Vosges）至苏台德山脉（Sudeten mountains），中欧林区的林木（生长）线也下降了 200 米。[45]

在环境（因素）的合力下，苏格兰北部及西部的林地危机就不足为奇了。大量的林木或消失殆尽，或沦为遗迹。例如在韦斯特罗斯（Wester Rose），蒂莫西·彭特于 1590 年前后描绘了小布鲁姆湖（Little Loch Broom）的南部林地，以及那些从格林亚德（Gruinard）一路延伸直至跨过纳贝拉格湖（Loch na Shellag）的广袤森林；他将这些森林称为"冷杉林"（firwoods），又称其为松林，这点具有地名证据的支持。（该森林）现已无迹可寻，没有任何（与之相关的）外界采伐记录留存下来。在阿德古尔（Ardgour）以南的地方，当地仅保有往昔著名的科纳-格伦（Cona Glen）松林的部分林木；其现存林地长约 12 英里，"林中（植物）能为牛群提供较好的饲料"。在拥有"大量冷杉树"的格伦-斯卡德尔（Glen Scaddle），"当地人仍动用许多船只前往阿德古尔郊野装载冷杉木、桅杆木料和木桩"。格伦科及利文湖（Loch Leven）的南部地区曾有许多冷杉树；用彭特的话来讲，它们都在 18 世纪末消失殆尽。毗邻上述冷杉林南部边地的是格伦-奥奇森林，其残迹仍保留在图拉湖（Loch Tulla）。再往东去，在海拔更高的地方，斯特拉斯-埃瑞克（Strath Errick）是业已消失的科伊勒-姆霍（Coille Mhor）森林的所在地；而生长在上迪赛德（upper Deeside）且相较今日更为辽阔的格伦-吕（Glen Lui）森林，则在 18 世纪 80 年代被描述成先前森林的破碎遗迹。[46]

有时，森林的衰退似乎完全是自然现象。17 世纪末，克罗马蒂伯爵（The Earl of Cromartie）描述了一处古老松林逐渐消失的现象，即林木（逐渐腐烂并）消融于小布鲁姆湖的土壤泥炭层里；当地人告诉他，这是森林消失的常见形式。[47] 在其他情况下，乍一看，森林的消亡是人类的过错。或许阿德古尔就是遭受了过度砍伐和过度放牧的破坏（“因峡谷松林对领主而言是有利可图的”）。又或许像格伦-奥奇森林那样，据暴怒的土地所有者布瑞达班伯爵（the Earl of Breadalbane）记载，当1722 年爱尔兰的合伙经营商前来购置木材时，他们在三年内几
乎砍掉了当地的每一棵橡树和松树。然而，当此事被仔细核查 54
时，爱尔兰人似乎遵守了自己的纸面契约；该契约要求保留所有胸径周长在 2 英尺内的小树。只是问题在于，当采伐开始时，格伦-奥奇森林显然没有这类不成熟的小树，这意味着此前要么由于过度放牧，要么由于气候恶化，要么由于上述两种原因，林木再生已遭中断。因此，能归咎于爱尔兰人的最大罪责便是他们减少了林木在未来某日的再生机会；但除非气候再度转变，或农人的牲畜遭到驱逐，否则森林无论如何都难逃厄运。[48]

关于林地衰退及其后果最具说服力的事例出现在苏格兰的最北部地区。1753 年，韦斯特罗斯西弗斯庄园（Seaforth estates）的佃农写道：

> 我收到一封来自诚实且老实之人的来信，信中说，除了在我的租赁地，现今在该乡村的其他地方，林木数量皆有所下降；蕨类植物和石南植物则有所增多。故在风暴来临时，牛群需要庇护所（因为我们从未建造过任何庇护所）；而且（牛群赖以为生的）牧草变得越来越粗劣和稀缺。就我所知的几条溪流而言，在短

> 暂的冰河消融之时或暴雨之际，其水流湍急；河水从山上冲下碎石和废屑，并漫过堤岸，冲刷物大量堆砌在岸边。在这种状况下，我的租赁地和其他农田皆受到损毁；且它们遭受了比以往更严重的破坏。[49]

（土壤）侵蚀加剧与河流水量增大恰是滥伐林木与牧草退化的必然后果。此外，1812 年萨瑟兰郡的农业报告记载了一则更具说服力的事例。农业报告人声称，在此前二十年里，“当地的乡野面貌发生了显著改变”，天然阔叶林在其原本大面积生长的河谷地带普遍衰退。他不确定该将这一现象归咎于气候变迁还是牲畜放牧；报告还写道，直至最近一段时间，每位农民才保有了一定数量的山羊（20—80 只之间）；同时声称，因为“肉牛不断啃食草地”，所以天然橡树受到了损害。不过，（当地）绝大多数林木是桦树。森林消失的后果十分严重：

> 在平底河谷，原有的林木已经衰退；但较之林木覆盖并庇护土壤时的草量，当前土地所保有的草量不足此前的四分之一。当然，居民不能再饲养以往正常数量的牛，因其必须于早冬时节将牛群圈养起来，并投喂它们，而不再（像过去那样），弄堆干草就能确保它们存活。以往整个冬季，牛群都在森林里活动，并得
> 55 以维持良好的体能，继而于初夏时节达到市场的要求。每当春季气温持续比往常更低时，（林地衰退）就要为平底河谷那些死于饥饿的肉牛负责；且该情况为当地养羊业的发展提供了一种辩护。

基尔多南（Kildonan）的政府大臣（并非牧羊人的朋友），

为林木衰退（之后果）补充了确凿的证据。据称，那些以往在林木庇护下直至（来年）1月都待在室外越冬的动物，现在不得 56
不在（当年）11月就被农户圈养在棚屋中。此外，粗劣的石南植物取代了“品质优良的草料”，这使“肉牛在以往林木繁盛的地方逐渐减少”。以上便是森林衰退的生态连锁反应。[50]

图 2.4 苏格兰边境特殊科学价值地点格伦金农–伯恩（Glenkinnon Burn）的古老白蜡木和桦木林（内部保有一个庞大的地衣区系）：图中左侧的多茎白蜡树是从一个古老的矮树墩上生长出来的。（彼得·韦克利，《英格兰自然》）

因此，16—18 世纪晚期的森林衰退，主要是由恶劣气候与农民过度使用林地资源放牧的合力所致。更多的人口带来了更多的牛群；天气恶化减弱了环境对农户牧业的帮扶能力，但放牧体系和领主法庭的法规皆不够灵活变通，故难以调节（此种生产）压力。如果说外来者的采伐活动（对森林衰退）产生了任何影响，那也是次要且较小的影响，正如爱尔兰人对格伦-奥奇森林所造成的影响那样。

这将 1750 年以后确实活跃于高地舞台上的传统佃农、铁器制造商、木材投机者和南方人的羊群置于了何处？20 年前，詹姆斯·林赛（James Lindsay）调查了冶铁厂的影响，他发现在通常情况下，冶铁厂规模都很小、数量都很少且开设期较短，因此不会产生太大影响；就算是规模最大且开设期最长的阿盖尔郡布纳威炉公司（Bunawe Furnace），虽然其运营需要 1 万英亩的橡树矮林，但该公司于 1876 年闭厂时仍留下了至少与 1753 年建厂时同样广袤的森林。[51] 此种情况还发生在橡木矮林更广泛的使用者——皮革鞣制者——身上，他们在 18 世纪末至 19 世纪从业于阿盖尔郡、佩思郡、邓巴顿郡和斯特灵郡。只要有利可图，皮革鞣制者就会基于 20—30 年的较长轮作期经营矮林，圈占林地并使树木可持续生长；在 19 世纪的后 60 年里，当进口树皮和鞣酸的化学替代品逐步占领市场时，这些林木才再度遭到破坏。[52] 英格兰北部地区的事态与之相似。在约克郡西南部，矮林作业的高峰期出现于 17 世纪和 18 世纪，早于苏格兰地区；彼时中古森林牧场（的管理办法）在极大程度上转变为技术娴熟的中林（coppice-with-standards）培育体制，后者主要旨在为谢菲尔德及其周边山谷的铅业、铁业和钢业提供木炭。1780 年后，当煤炭开始逐步在金属冶炼和其他林木工业取代木炭在树皮鞣料制造业和木杆制造业中的地位时，约克郡西南部的大面积矮林就难以为继了。至 1847 年，人们建议将远离铁路的林地改造成农田；再到 1890 年，当地的矮林作业实际已告终结。[53]

经营矮林并非没有环境代价。正如我们在科尼斯顿（Conis- 57
ton）所见那般，当地的植物群落很可能已经贫瘠化，这正是过度利用（资源）的后果。在苏格兰的矮林业主看来，除了橡树，其他树种的存在皆是浪费空间；这种观念促使他们根除桦树、樱桃树、冬青树和柳树，以便为橡树的单作培育让路。“橡树，且只有橡树，是矮林扦插的获利树种；故无论在何处，此计划一经确立，就没有其他值得栽培的树种了。”[54] 此外，针对单作培植矮林是否具备可持续性的问题，众说纷纭。就 1791 年佩思郡的克卢尼（Clunie）地区而言，政府大臣指出，当地的天然林正在衰退，并将该情况部分归咎于日渐“荒芜的土地”，而土地荒芜恰是由（其他）树种被不断铲除所致。[55]

至于木料投机商在 18 世纪 50 年代后的经营活动，（其产业地点）包括斯佩赛德、迪赛德及高地河谷内的特定地区；这对当地森林造成的破坏有时的确极为严重，尤其当对法战争使波罗的海的竞争得到缓和时。格伦莫尔和罗西默丘斯（Glenmore and Rothiemurchus）的大森林实际已被砍伐殆尽（罗西默丘斯大森林两次遭到皆伐）；与此同时，阿伯内西（Abernethy）、下斯佩赛德和迪赛德的森林已然衰退。[56] 但通常而言，林木会重新覆盖此前大部分或全部的生长区域，这要么通过自然再生，即几棵孤立的树木及其掉落的球果实现，要么通过（人工）种植实现。皆伐摹拟了自然风倒和林火的影响，并促使松子在新松动的土地里和开阔的天空下生根发芽。

部分林木没能重新生长至原有的规模，这是由维多利亚时代高地不断增加的鹿和羊所致。在自然条件下，一棵松树趋于改变自己的（生长）位置。也就是说，它在现存树荫的边缘处再生得最好；当现存树木的树心腐烂时，新芽便从树心中生长起来。然而，林木复生需要空地，太多动物（即使在森林外围）会阻止该生长进程。1892 年，大卫·奈恩对此做出了较好的解释：

> 在 19 世纪之初，牧羊产业于很大程度上对高地森林造成了显著影响。对那些林木覆盖地而言，天然林的扩张进程被中断，幼苗被（动物）啃食殆尽；与此同时，牧草变得极其粗糙，所以当地不再为树种提供适宜发芽的温床。

他表示，肉牛对森林更有利，因为它们踩踏牧草，并由此将种子踏入土中；故其在何处吃草，“何处便生出繁茂的树木”。当然，这在多大程度上是正确的取决于肉牛的饲养密度，因为 18 世纪有大量的评论者坚称，牛群会对森林造成伤害。奈恩补充说道：

58 > 接下来讲道在最近半个世纪里森林的另一个敌人——鹿。（林木的）自然繁殖永远不会在有鹿的地方开始或继续，因为鹿群会贪婪地啃毁林木幼苗。[57]

在过去的两百年里，过度放牧始终是森林存续的最大障碍。对迪赛德地区的研究表明，早在 18 世纪的布雷马尔（Braemar），土地经营者对鹿的喜爱就已导致绝大多数情况下松木的再生陷入停滞。[58]

发展迅速的林业同样产生了显著的负面影响，尤其是在斯

图 2.5　1930 年在因弗内斯郡格伦-阿弗里克的 R. M. 亚当（R. M. Adam）：如图所示，分散生长的林木和茂盛的石楠植物，或许曾是苏格兰高地绝大多数地区的（生态）特色。（圣安德鲁斯大学图书馆，亚当典藏）

佩赛德这种针叶林天然长势良好的地区。据称，截至 1853 年，海菲尔德庄园（Seafield estates）种植了 310 万棵树；在 19 世纪 70 年代，该庄园每年将 200 余万棵树栽种于山上。到了 1881 年，斯特拉斯佩和罗西斯（Rothes）约 3 万英亩的土地被种植了树木。尽管并非所有树种皆为本土树种，因为有些树木可能是落叶松和挪威云杉，但绝大多数的树木是苏格兰松。这些种植活动大多在此前生有松木的土地上开展，故对该时期而言，我们可以说，林木工人对本地森林自发再生过程中遇到的问题做了补救。

然而在 20 世纪，尤其在 1950—1988 年，一场大规模的造 59
林运动开始了。在 20 世纪的苏格兰，林地面积增加了四倍，这通常发生在那些生长着这种或那种半天然林的土地上。如今，北美云杉和洛奇波尔松皆是备受人们喜爱的树种。在巴德诺（Badenoch）和斯特拉斯佩，整个半天然林地的半数区域皆被种植了树木（其中绝大多数是外来品种）。仅在（20世纪）最后10年林地拨款计划得到修改后，政府政策才转向扩大和守护现存的原生林地，并成功促进了本土树种在林业领域的运用。[59]

此种变化的出现是因为森林所具有的愉悦民众的价值在不断上升。行文至此，我始终将注意力放在林地的经济用途上，但在本章的结尾部分，我想探讨另一个既对林地历史而言，又对林地未来而言皆为重要的问题——生长于乡野的林木所拥有的怡人价值（或舒适性价值）的问题。

毋庸置疑，早在18世纪浪漫主义者著书立说前，森林所赋予人们的旧时欢乐就已经存在。基思·托马斯在《人与自然世界》（*Man and the Natural World*）一书中完全没有提及不列颠北部地区的可怖恼人之景。[60]早在12世纪，约克郡修道士沃尔特·丹尼尔斯（Walter Daniels）称，其挚爱且遥远的里沃兹

图2.6　黑色雄松鸡示意图：一个具有上述栖息地特征且现已濒危的物种（奈尔·麦肯泰厄［Neil McIntyre］）

（Rievaulx）郊野（隐匿于山顶之下）是“充斥着林地趣味的第二天堂”；在那里，“美丽林木的枝桠摩挲作响”并摇曳在翻腾的河水之上。[61] 就我们所关注的几个世纪而言，1578 年，莱斯利主教（Bishop Lesley）谈到罗斯（Ross）是“优美且茂盛丛 60
林中的非凡欢愉之地”。1590 年，金泰尔（Kintail）称其为“美丽且甜蜜的乡野；当地有数条河流滋养，并覆盖着整齐的绿色林木”。[62] 在 1620 年前后，霍桑登（Hawthornden）的威廉·德拉蒙德（William Drummond）首次在文学作品中赞扬了格兰屏山区（Grampians）的美丽雪景，并提到“山峦之骄傲，繁花草甸之优雅以及古老森林之庄严清秀”。[63] 此外，在 18 世纪中期亚历山大·麦克唐纳（Alexander Macdonald）的盖尔语诗歌中，“如‘森林’和‘树木’这类词汇，再如‘果实’和‘浆果’这类词汇，皆充满了情感力量，并勾勒出了富饶乡村的实景”。[64]

继而，某些苏格兰高地和低地的树木，因自身年代久远和意涵丰富而受到尊敬。例如洛希尔领地（Locheil’s territory）卡梅隆（Cameron）地区的基尔马利白蜡树（Kilmallie ash），其树围长约 58 英尺，在 1746 年被坎布里亚郡的军队烧毁；此举是文化恐怖主义者的激烈报复。再如两棵分处异地的华莱士橡树（Wallace’s oaks），其中一棵生于埃尔德斯利（Elderslie），另一棵长于托伍德（Torwood）。据说，两棵橡树皆是那位英雄人物（华莱士）的藏身之处；但它们终因“纪念品爱好者”的喜爱而走向死亡。各地都有一些古老且具有象征性的林木留存下来，如佩思郡的福廷格尔紫杉（Fortingall Yew，一些人声称这是欧洲最古老的植物）和杰德堡（Jedburgh）的阉鸡橡树（Capon oak）。据悉，后者之所以得名为阉鸡橡树，是因为在“改良运动”开展前，佃户会把赶到这棵树下的阉鸡当作实物地租。[65]

总而言之，人们已较好地建构起“林中欢愉”的传统，此后浪漫主义诗人又积极助推了这一传统。彭斯和华兹华斯共同抗拒被其视作恣意妄为的昆斯伯里公爵（Duke of Queensberry）破坏自己所辖森林的愚蠢行径。彭斯创造了尼思河（the River Nith）的精灵，并假借其口宣称："那个卑鄙之人头戴公爵桂冠，是条啃咬我秀美林木的蠕虫。"华兹华斯则谴责了皮布尔斯郡（Peeblesshire）尼德帕斯（Neidpath）的毁林现象："衰颓的道格拉斯（degenerate Douglas）！噢，德不配位的领主！"此后，土地所有者们不禁有些动容。当布瑞达班伯爵被代理人建议移除其领地上的一些古老橡树时，他回应称游客是不会注意那些远离道路的树木的。[66]

至 19 世纪初，一种美学评判标准——将自然再生的林木置于种植园林木之上，且将本土树种置于外来树种之上——已经存在。当然，并非所有经营活动皆遵从这一标准，因为重要的孤植（specimen planting）时代即将到来，孤植树种包括巨杉（wellingtonia）、花旗松（Douglas fir）、低地冷杉（grand fir）和大冷杉（noble fir）。继而，大规模的造林活动在斯佩赛德和其他地区展开，树种有时选用的是起源于欧陆的苏格兰松，但后来逐渐转向那些在当地的土壤环境下最适合用来实现林地快速修复的外来树种。

61 华兹华斯赞颂本土橡树、白蜡树和冬青树，并谴责异域树种；他严厉斥责邻居的"谬行"，例如将（欧陆起源的）苏格兰松种植于英国湖堤。格拉斯哥的詹姆斯·格雷厄姆（James Grahame）也声称这不是树种选择的问题，而是种植方式的问题。他认为，一处现代人工针叶林同一处天然林地差异巨大——前者死气沉沉，"是一团庞大的、牢不可破的且一望无际的黑暗"，伴随着"有些沉默枯燥的图景，形色俱毁，正如英国诗人弥尔顿失明后所感知到的那般"。或许，一个人会选择在人工林里自缢，但他很难找到一根系紧绳子的枝桠。[67] 此外，作为一个严肃的巡回法官，科伯恩勋爵（Lord Cockburn）对一切现代事物皆持批判态度，他于 1839 年拜访了阿维莫尔（Aviemore），并谴责了“那令人厌恶的落叶松林，尽管它曾在以前受到罗西墨丘斯（Rothiemurchus）庄园主的青睐，还曾受到许多高地领主的喜爱，但它令土地僵硬并发黑”。[68] 不论公正与否，上述言论皆是对新兴林业的早期批评。

自彭斯以来，所有这些事例皆体现了后浪漫主义时代及后启蒙时代利用与怡情间的冲突，这也是环境史所持续探讨的发生在最近两个世纪的课题。毕竟，从衰颓的道格拉斯开始，土地所有者们仅试图寻找一种（宜耕的）木材作物，或仅试图利用适应土壤环境的树种来提高种植效率。然而在批评者眼中，他们正在破坏美丽的自然之物（在公众眼里那是属于所有人的）。

“一战”后，英国林业委员会（Forestry Commission）在创建之初便受到该问题的困扰。显然，植树是林业委员会的职责；同时，该机构应尽可能使英国在另一场战事中免于面临战略资源匮乏的危险。故于该机构存在的前半个世纪里，植树造林是其中心任务。但如果选择了错误的造林地点，或选取了错误树种，将会产生怎样的后果？几乎从一开始，经济林的倡导者和那些想要保留舒适性并提升户外娱乐质量的人，就在为此进行着激烈的争吵。[69] 如往常一样，其争执焦点集中在湖区——华兹华斯的灵魂盘旋在其上空。最终在 1938 年，英格兰乡村保护协会（Council for the Preservation of Rural England）和林业委员会同意将湖区中心区 300 平方英里的土地排除在造林行动外。[70]

第二次世界大战后，与造林合理性问题类似的争端出现在另外一些新兴的国家公园中，最著名的事例即发生在峰区国家公园（Peak District）和北约克郡莫尔湿地国家公园（North York Moors）。自20世纪50年代起，在苏格兰峡谷，以挪威云杉、北美云杉和洛奇波尔松为（主要）树种的造林行动遭到强烈批评；1962年，W. H. 默里（W. H. Murray）基于自己的观察结果，在提交给苏格兰国民信托组织的报告中阐述了此事。[71]

62 当国家在植树造林中的作用逐渐减弱时，私营林业部门的相关作用则逐渐增强，后者再度点燃了环保主义者的怒火；双方的矛盾主要集中于“以针叶林取代半天然林”的问题上。在1945年后的数十年里，苏格兰高地40%的本土桦木林已消失。20世纪80年代，相关争议（伴随一系列事件）极为激烈，首先是针对克里格-米盖德（Creag Meagaidh）天然桦木林的争端，该问题以国家自然保护区（National Nature Reserve）的成立告终；其次是针对阿伯内西-卡列登松林（Abernethy Caledonian pine forest）的争论，该问题以英国皇家鸟类保护协会的购地举措告终；最后是针对凯斯内斯和萨瑟兰“福楼乡野”沼泽（Caithness and Sutherland Flow Country）的造林争端，该问题以英国国务大臣的所罗门判决（Solomonic judgement）——将半数沼地赋予林业，另外半数土地赋予鸟类——告终。1988年，尼格尔·劳森（Nigel Lawson）在《每日电讯报》（*Daily Telegraph*）的敦促下，通过撤除绝大多数对林业公司的税收优惠政策，在财政预算中削减了政府开支。对支持“怡情”的人来说，这是一场有限的胜利；因对彼时的保守党政府而言，利用（森林）似乎已越来越难为公共资金支持私营林业公司之举措正名了。

但我们并不能就此认为，林业委员会和森林产业部门曾全部秉持“利用高于怡情”的价值立场。即便在早期，林业委员会也急于建成森林公园并允许公众直接进入林地。因此 20 世纪 30 年代，英国财政部十分担忧一个由议会提议建立的造林机构正在成为促进公众徒步旅行的机构。[72]1944 年，林业委员会主席罗伯特·罗宾逊爵士（Sir Robert Robinson）对旨在建立国家公园的道尔报告（Dower Report）表示震惊，并提出：为何人们在明知徒步于林地更好的情况下，会想要行走于开阔的乡野？[73] 当 1958 年国家森林政策正式受到修订以囊括社会目标，且公共娱乐和舒适性（的要求）又于 1963 年被公认为值得追求的林地功能时，对林业委员会而言，事态变得轻松了一些。其对公众利用林地展现出的热情，及其截至 1955 年成功建立的八座森林公园（其中四座位于不列颠北部地区），皆令林业委员会自身处于有利的地位。在上届政府的领导下，当私有化建议被提出却遭到否决后，政府发现自己保有强大的民意支持——因公众担心其欢愉诉求无法得到私营部门的重视。

此外，林业委员会最终接纳了其有责任保护古老林地和半天然林地的事实。“古老林地”一词是指那些至少自 1600 年开始便存在于当地的森林；根据生态特征，例如此类林地拥有丰富的植物群落和无脊椎动物，这个概念区别于 1971 年由奥利弗·瑞克汉姆（Oliver Rackham）率先引入的“新近林地”概念。“新近林地”概念继而被瑞克汉姆和乔治·彼得肯（George Peterken）为（英国）自然保护委员会（Nature Conservancy Council） 63
（工作之便）修正和发展。在 1978 年，林业委员会仍拒绝使用这一概念，但受上院设立的特别委员会（Select Committee）的敦促，以及 1982 年拉夫伯勒（Loughborough）学术会议的游说，它最终改变了态度。至 1992 年，林业委员会接纳了由英国自然保护委员会提出的“古老林地名录”（NCC’s Ancient Woodland Inventory），并据此辨别“古老林地”，为林地管理提供指导，并为林地维护提供资金。20 年间，“古老林地”已从学术概念转变成人尽皆知的自然遗产（概念），并由此诞生了一个国家机构。[74]

如果想象中的森林是爱国精神和浪漫沉思的写照，那么现实中的森林则是一片是非之地。“战斗”尚未结束。尤其，林地信托组织（Woodland Trust）仍在为更好地养护林地而战斗，绝大多数的“古老林地”尚未得到合法保护，且其中许多地方每年仍在遭到破坏。但我想，我们见证了战斗的缓和，利用与怡情开始调和——和平的进程已经开启。

第三章　培植土壤和利用土壤

良好肥沃的土壤是我们存活于地球的前提条件。那些对我 64
们而言必不可少的庄稼作物依赖于土壤；那些承载着我们轻松欢愉的森林和荒野植被也依赖于土壤。乍一看，提供农业种植环境的欧洲土壤似乎非常优良；它们不像南澳地区、热带非洲的部分地区和美国的干旱尘暴诸州的土壤那般浅薄而松散。但该看法通常是一种错觉。欧洲土壤既无法在自然进程中保持始终如一的面貌，又无法免于人类利用所带来的破坏。本章的一个主题便是反复出现的土壤可持续利用问题。另一个主题则是土壤及其成分在多大程度上属于人工制品的问题。

即便在不列颠北部地区，人们也很早就认识到土壤的脆弱性。例如，公元前 3 世纪，苏格兰边境的农民砍伐了鲍蒙特山谷（Bowmont valley）的自然林木，开辟了种植谷物的土地；这引发了一次严重的土壤侵蚀事件，期间土壤被河流冲刷至下游，沉积在耶索姆湖（Yetholm Loch）湖底，并形成了 8 厘米厚的粗糙粉砂带。这表明，不可持续的土地利用方式未必是现代独有的现象。要么为保有足够厚的土层，要么试图阻止土壤侵蚀的进一步发展，要么兼具上述目的，史前的农民在齐平于山脉的狭长梯田上操纵锄犁；这令我们回想起美国中西部农民在学习应对尘暴时所采取的等高耕作法。进入铁器时代，在罗马人尚未到来前，鲍蒙特山谷供养着至少与此后一样多的人口。[1]

农民对土地质量的要求体现在两方面——优良的土壤结构和土壤成分，但就现代农业土壤而言，上述两者皆是前人活动和自然发育的结果，不过这在某种程度上易被人忽视。土壤结构必须能使种子萌发的根系自由生长。该过程得以被排水系统辅助，同时得以被（农人的）如下行动促进，即在轻质土中添加腐殖质，在重质土中添加泥灰以及不断运用农具。此外，土壤成分必须包含适当且种类正确的化学物质，以促使植物将其作为养分吸收掉。如今，农民能够成袋购买那些化学添加剂，但他们的先辈却没有这个选择。那些重要的化学物质是氮、磷
65 和钾。主要问题大概就出现在氮元素上，因为其他元素皆能形成相当稳定且充足的化合物。在 1840 年前后，氮元素的瓶颈问题被克服后，其他元素很可能不再会限制农作物产量的增长。近来有人认为，牛津郡中古农场从谷物及动物制品中提炼并出口磷肥的现象，足以解释 14 世纪初库沙姆（Cuxham）庄园的减产问题，[2] 但对绝大多数低地土壤而言，除了不列颠北部地区极为罕见的钙质土，土壤磷元素的储量应该足够大，因此小范围的出口活动不会造成任何影响。

然而，氮是一种截然不同的化学元素，因其仅以适合植物吸收的形式存在于不稳定的化合物中；一旦森林或草原植被遭到破坏，这些化合物就很容易溶解或氧化。至 19 世纪中期，罗伯特·谢尔（Robert Shiel）宣称："对英国大多数的古老耕地而言，其现今的土壤较之农耕开始前，几乎丧失了三分之二的氮储量。"[3] 西欧的农业史以"（农人）利用充足的肥料，来尽力防止自然养分流失"为视角写作。或者，正如农业史对 1794 年约克郡农业的评价那般："每个良好的农耕系统都必须建立在坚实

的肥料基础上。”更为通俗地讲，粪便就是黄铜，苏格兰农民在一座精心制造的堆肥面前，摘帽致敬。[4]

在极为潮湿的地区，如青铜时代以来的不列颠北部地区，雨水带来了更深层的问题：其一方面滤去了土壤养分，另一方面又促使土壤灰化（即使当地表层土壤逐渐酸化）。谷物最好生长在近乎中性的土壤——pH 值趋近于 7——中；如果该指标降至 4（即漠泽或沼泽在通常情况下的酸碱度指标），那么许多农作物就会彻底停止生长；进而，任何低于该数值的土壤酸度，会逐渐对其他植物造成致命打击。[5] 低 pH 值所带来的影响，既在于降低了土壤养分的有效性，又在于使能影响植物生长的金属物质（例如铝、铁和锰）流动起来。

此外，大气同时含有氮基气体和硫基气体；雨水作用于其中，化学反应会自然而然地发生。但近一个半世纪以来，氮和硫的氧化物作为全球工业污染的后果不断积聚，并成为大气的重要特征。（原本）在降雨时，氮元素会自然沉积，并形成能被植物立即吸收的化合物；但近来在非自然状态下，大气可能使高沼地的草甸以损害石南植物的方式，适应于贫瘠的土地。与之相似的是，硫以硫酸的形式沉积在雨中，并随雨水降至地表，直接侵蚀了皮克特族的石质纪念碑和哥特式的教堂建筑。曾经煤黑色的曼彻斯特及格拉斯哥地区维多利亚时代的建筑，虽然 66
得到了清洁，但在硫化物与氮元素的共同作用下，呈现出了当代人所见到的藻绿色。

简而言之，自铁器时代至喷气机时代（jet age）以来，人类有无数种改变土壤的方式。但即使没有人类的干预，土壤在环境中也并非如我们通常所想那般保有极其稳定和一成不变的化学物质。

自 30 年前波斯坦（Postan）提出英国庄园在 13 世纪和 14

世纪遭遇减产是由地力下降所致后，该观点便被视为回应减产问题的一种可行的答案。[6] 1994 年，丹麦环境史学者索基尔德·凯尔高（Thorkild Kæjrgaard）同样认为，丹麦于 18 世纪初面临一场严重的生态危机，而这场危机的关键就在于土壤中氮元素效能的下降。[7] 问题不仅在于氮元素难以通过当代农业实践被加以利用，还在于由此造成的低农业产值后果，使农业在许多地方陷入了停滞（对诸多近代欧洲的农业史学者而言，这已是一个被广泛接纳的论题）。不过凯尔高表明，丹麦每英亩产量确有显著降低，但生产并未陷入停滞。基于近来的毁林程度，沙丘的蔓延及水位的相继增长，氮元素受洪涝灾害和土壤酸化的影响要么被滤除，要么被掩埋，要么被固封起来。

关于凯尔高的著作的反对意见仍然存在。例如，从其引用数据所表现出的毁林程度来看，从 1550—1750 年，林地覆盖率由 25% 下降至 12%，但这或许不足以造成其所声称的水文状况紊乱的情况；沙丘的蔓延仅影响了当地 5% 的区域，还有 95% 的地区未受影响。然而，在书中，他列举了大量的环境证据。它们既证实了（人们）生活水平的下降，也证实了耕地的衰退。此外，书中至少提出了这样一个问题——欧洲其他地区的农民究竟于多久之前就已无法阻止土壤养分的流失；或许这种情况并非在所有地区都源于近代，它可能是一个长期问题，且自农耕时期以来就在不断加剧。又或许该问题的发生具有周期性，当人口增长且更多土地被垦辟和沥滤时，问题就会变得严重；而当人口下降且永久牧场的（土壤）营养物质得以积累时，问题就会得到改善。

苏格兰会像丹麦那样吗？苏格兰的毁林程度确实比丹麦更严重，但这并非是自 18 世纪以来的新问题——自古以来沼泽和雨水就是一个问题。但小冰期的影响在 17 世纪时达到顶峰，还伴随了逐级抬升的大风、更低的气温和更多的降水。此外，1550—1650 年的人口增长显然意义重大；尽管这种意义很难被量化，但这些人口能够被安置，在很大程度上是通过恢复高地边缘区的农业来实现的（那些土地在 14 世纪饥荒和瘟疫爆发时 67
就被遗弃了）。因此，16 世纪的农民能于积累了两百年氮肥和磷肥的草场中兑现短期红利。

如果在一个天气逐渐恶化的世纪里，土壤肥力被消耗殆尽或被（水流）冲刷掉，不列颠北部地区是否会再次出现土壤养分供给危机？

尽管在缺乏更好的关于作物产量变化趋势的统计学证据时，该观点尚未得到证实，但它绝非毫无凭证的空想。安德鲁·戈尔登（Andrew Garden）在 1683 年关于巴肯的著作中称，除黏土和“大理石般”的黑土外：

> 现今大多数土地皆被频繁耕作和施肥，导致土层过薄，以至于土壤不再对牧草和谷物的生长有所助益；因此，许多人的地产都无法收到古时的地租额。[8]

如英格兰那般，苏格兰的人口在 1650 年前后停止增长，紧随人口停滞而来的是 17 世纪 90 年代数次饥荒的沉重打击，这可能导致其人口总量下降了 13%。在整个 17 世纪，或许苏格兰的移民率是全欧洲最高的，有时移民比重占到成年男性的五分 68
之一。肉食和其他动物类食品的消费大幅减少，这在绝大多数社会中都会被视为生活质量下降的标志。1650 年以后，苏格兰城镇及乡村（人口）的实际工资皆有所下滑，而此种情形在未来的一个世纪里并未好转。[9]

如果一个社会看上去无法应对挑战，也就是不能为自己的社会成员提供充足的物资（“充足”的标准仅依据之前本就不高的水平而定），且社会中 90% 的成员皆居于乡村，那么其根源很可能是农业萧条。这是时人倾向给出的原因。英格兰北部地区的情况较好，但可能也好不了太多。17 世纪的财政清单表明，英格兰最贫困的七个郡都位于北方，并且亨伯河以北地区受到评估的总资产额占全英格兰的五分之一，有时仅勉强持平于威尔特郡（Wiltshire）一郡的资产额。税务史学家明智地告诫我们不要止步于这类证据的表面含义，在北方地区，逃税是一个普遍的、制度化的、大规模且长期的现象。但（税收的）区域性差异尚未过分明显，因为伦敦政府不会令北方脱离自己的掌控太久。[10] 一位受访者在《统计账目》（*Statistical Account*）中写道：越过苏格兰边境进入诺森伯兰郡，“更像是进入了另外一个教区，而非另外一个王国”。[11]

不列颠北部遭遇了上述危机，但为何南部地区没有同样明显的危机迹象？其原因至少有如下四个。首先，南方地区拥有更温和的气候条件，其土地状况也更良好，后者体现为低地环境下的土质天然具有酸碱度适中的更高价值。其次，当地农民可能更好地掌握了固氮技术。他们通过豆科植物的广泛种植，以土壤中的根瘤菌——不一定种植三叶草——实现固氮目的，因为它虽然广为人知，但即使是在东安格利亚（East Anglia）也并不常见，（所以农民）更多种植的是豌豆、黄豆和红豆草。第三，将动物粪便堆积起来的做法广为流传，此举比允许动物在开放的山地上随意排泄的做法更为明智。第四，（南方地区）拥有更好的休耕制度和草地轮作制度；这能促进氮肥的利用，因其能令氮元素更为有效地积聚在牧场土壤中。

如果上述论断为真，那么北方地区的环境危机就能通过照搬或模仿英格兰南部地区有效的农业实践来加以避免或缓解，譬如实行豆科植物种植、圈地堆肥和轮作。事实上，这些方法正是17世纪末以来，苏格兰改良者所大力提倡的耕作方式。总体来看，正如其曾在丹麦和北欧全境产生的影响那样，苏格兰最终引入的这些农业方法，不仅逆转了危局，还将农业产量大幅提升至此前水平之上。具体来看，这些方法包括固氮作物的广泛种植，作物品种以红花苜蓿为主；还包括将芜菁作为饲料以使更多牲畜能在畜栏内过冬（这极大增加了粪肥的供应量）。69
但上述所有方法都太过普遍，以至于仍需拓宽手段。以不列颠北部地区为例，通过播撒石灰和泥灰来提升酸土 pH 值的做法也尤为重要。17世纪洛锡安（Lothians）居民将此种方法称为“优化土壤的根本方式”，18世纪的罗克斯巴勒郡居民则将其描述为“务农新体系中的第一步和最重要的一步”。[12]

值得强调的是，在1750—1830年，苏格兰（农牧业）变化的规模及其全面性使它足以称得上是一场“农业革命”（暂且不论这个概念适配于英格兰时有何不妥）。近年来，迪瓦恩教授（Professor Devine）详尽考察了这个问题，并断定“（农业革命）的整体影响，包括18世纪90年代，安格斯和拉纳克（Lanark）的燕麦产量三倍于其17世纪的平均水平，埃尔（Ayr）和法夫的燕麦产量也上涨了近两倍”。[13]19世纪初期，诺福克地区享有大不列颠最先进且最多产的农耕区的美誉，（受其影响）洛锡安也紧随其后开展了商贸活动。自波兰和美国远道而来的拜访者与爱丁堡大学的农学家促膝长谈，并驻足于当地农场，如邓巴（Dunbar）所建的芬顿谷仓（Fenton Barns），以考察保持土地生产力和良好状态的新轮作制。

这是一场以制备土壤（making soil）为基础的革命。农民为改变土壤特性长途跋涉，他们将沉重的物料从一处搬至另一处，这在以往并未得到充分重视。他们对现代科学一无所知，只是发现这样做卓有成效，即施用石灰是有效的。因此，詹姆斯·罗伯逊（James Robertson）在 1794 年递交给农业委员会（Board of Agriculture）的报告中阐明了他在佩思郡南部地区得到的农业观察结果：

> 可能有些事会比如下情形更难解释，但再没有什么事比如下情形更常见了：当石灰被播撒于地表十分干燥的荒野或其他贫瘠之地时，我们便能看到，白车轴草和雏菊在此后的第二或第三个春季不可抑制且大量地生长出来。而以往，在那里人们无法见到上述两种植物中的任何一种，甚至连一根草也见不到。[14]

罗伯逊的同事也认同他的看法。诺森伯兰郡的报告人称，你可以“通过显眼的碧绿色，精确分辨出”哪里的草地被铺撒了石灰且生长着白车轴草。同时，在约克郡北部地区，“每英亩播撒的三或四查尔特隆石灰……完全改变了高沼地的自然植被”，“布满白车轴草的优质草皮”替代了以往漫山遍野的欧石南和莎草。[15]

此外，他们还从错误中吸取了教训。17 世纪 90 年代，罗伯特·西博尔德爵士（Sir Robert Sibbald）将石灰法描述为提升地力的常见的现代方法，但他还提及此法有时会被弃用，因其
70 过度使用会破坏田地微生物系统并毒害溪流中的鱼群。[16] 一个世纪后，贝里克郡（Berwickshire）郡长于《统计账目》期刊再度声称：用过量的石灰“浇地”，会将水域中的鳟鱼和鲑鱼赶尽杀绝。[17]

尽管存在反复试错的过程，但对现代农民而言，不列颠北部地区的农业土壤已成为宝贵的固定资本。在许多情况下，这

些土地通过前人艰苦卓绝的努力，已变得像现代（科技手段下）的土地那样富有价值了。至此，回顾优良土壤所需具备的两种品质，土壤养料或许主要依赖于现代化工产品，但所有重要的土质结构仰仗于更为持恒的历史馈赠。除了经济价值，部分土地还是极具历史与文化价值的人造产物，因此它们像绝大多数被计划发掘的考古遗存一样，具有充分的受保护的理由。

其中，唐纳德·戴维森教授（Professor Donald Davidson）研究了奥克尼群岛西米德兰（West Midland）的沿海乡镇马威克（Marwick）。那里积淀深厚的表层土名为垫熟土，此种土壤类型亦见于荷兰、丹麦和西欧其他地区。马威克尚存的垫熟土层不仅富含磷元素，而且厚约一米。据调查，垫熟土初步形成于 12 世纪末或 13 世纪初，并持续发育了 700 余年。直至 20 世纪初新型无机化肥的使用才让土地经营变得轻松起来。马威克的表层土之所以能够形成垫熟土，是因（当地农民）将大约 20 万立方米的制土原料从山冈运送至农场。制土原料即农民从山地剥离的草皮。草皮先被用作家畜草垫，待其被牲畜粪便充分浸泡后，再被用来制备耕土。海藻亦被铺在田地里，以覆住草皮。在奥克尼群岛，这些土壤被人工培植于部分可耕地上，它们被称为“通马尔”（tounmal），且会被单一占用者持续培育下去。农民们会种植名为“贝雷”（bere）的单列大麦。超出该区域的土地皆被称为“通兰”（tounland）。这些土地会定期在附近的农民中重新分配，有时还会进行休耕。它们丝毫不像精心浇灌过的土地。在设得兰群岛的帕帕斯朵尔（Papa Stour），农民以相似的方式培育土壤。在那里，不仅邻近农庄耕作区的土壤，还有全部“通兰”区可耕地的表层土皆得以被加厚培育。或许这是由于，比起马威克的佃农，此地农户基本不可能拥有一块长期固定的耕地。[18]

这些关于北方群岛的农耕情况，并未在任何基础层面上受到农业革命的影响。自中古盛期至 20 世纪初期，在上述如此偏远的岛屿和高地海滨乡镇中，农民们总以惯常的方式培植土壤。然而，对亨伯河至马里湾（Moray Firth）及迪伊河（Dee）至克莱德河（Clyde）间的肥沃低地而言，情况则大不相同。在那里，18 世纪是一个反复试验和资讯共享的时代。因为维吉尔和帕拉弟乌斯（Palladius）等古典作家对“粪肥”进行了自由写

图 3.1　滥用土壤的后果：1992 年 3 月，苏格兰边境地带耶索姆（Yetholm）附近的亚麻籽田被连续三日的暴雨冲出深沟。（唐纳德 · 戴维森）

作，所以即使最儒雅的人也会随意讨论这一话题。1697 年，詹 71
姆斯·唐纳德森（James Donaldson）就苏格兰彼时热议的话题发表了他的看法：

> 一些求知若渴的人建议将牲畜的角和蹄、肉牛的鲜血和内脏、鱼鳞和硝石等物质，作为强效且持久的土地养料。但鉴于并非所有人都能找到这些物质，我应该介绍一些能让所有人找到的肥料——牛粪、灰烬、石灰、泥灰和海产品。[19]

所有上述产品以及更多产品都在 18 世纪被广泛利用。1794 72
年，《（约克郡）北区农业概览》（*General View of the Agricultural of the North Riding*）的记者声称："马尔斯克的鲁德先生（Mr Rudd of Marsk）用海草灰、硅酸铁（一种来自明矾厂的废料）和石灰制造了堆肥。他将所有原料混入土壤，此举效果良好。"约克郡的其他人则将"从沟渠清理出的污物与石灰混合使用，这些污物有时也会铲自于道路"。在诺森伯兰郡，《概观》（*General View*）杂志报道称："周边主要乡镇将其广泛使用的煤灰视作一种草地肥料；出于肥地需要，它们发现煤灰在坚硬、粗糙和潮湿的土地上能够发挥更强大的作用。"在埃尔郡，报道者讲述了肥皂加工业的废料如何被用作肥料，即将海草灰和苏打灰的土质部分与石灰混合。此外，在克莱兹代尔（Clydesdale），农民们（混合着粪肥）使用角屑、碎呢、皮屑、泥炭和煤块等肥料。[20] 在阿伯丁郡的沿海地区，当地人利用海滨贻贝肥地，那是一种"上等肥料"；同时，他们还利用格陵兰岛捕鱼船队带来的鲸脂浇地，此举使当地农业"在施肥后的第一年获得了大丰收，第二年也获得了较为可观的收成"。阿伯丁郡的奥尔乔先生购买了大量的角鲨鱼，因当地商人一度需要从角鲨鱼（的身体）里提取鱼油，再将其混入马粪和废鞣皮制作肥料。[21]

人们常将大量体力和精力投入各种堆肥的制作中。例如，许多农民使用泥炭灰肥，奥尔乔先生便是其中之一。他先从沼泽中挖出大量泥炭，待其充分燃烧后覆上一层黏土，此后再覆盖一层草皮和另一层黏土，直至堆到一人高左右。每次燃烧都需要收集 1000 车泥炭。（通常）每英亩燕麦或豌豆需要 60 车泥炭，（额外的）还需 30—40 车泥炭作为顶肥，因为“草无泥不烂，泥无草不肥”[22]。在凯斯内斯郡（Caithness），（农民）将未燃烧的泥炭与海藻制成相似的肥料层，并以每层 6 英寸的高度堆叠，直至堆到 5 英尺左右，且像搭建屋舍那般令其顶层逐渐变窄。此种制肥方式在当地被称作“梅多班克勋爵堆肥”。堆肥在 3 月或 4 月完全腐熟，农民会在 5 月用其浇灌大麦，或在 6 月浇灌红萝卜。[23] 在约克郡靠近马尔顿（Malton）的地方，巴顿的艾萨克·莱瑟姆（Isaac Letham of Barton）制造了一处堆肥，他把 6 英寸肥料层中的 30 蒲式耳泥土换成了 8 蒲式耳煤灰或鸽粪。“他发现，在早春施肥会对小麦和人工牧草的生长大有裨益。”[24]

与栽培豆科植物相似，此类堆肥的一项优势便是在不助长野草的前提下提升土壤肥力。反之，施用农家粪肥会将牲畜没能消化的草籽混同肥料一起施于田地，导致日后耗费大量精力除草。因此，尽管制作堆肥在冬春两季尤为费力，但此举可以在日后的农耕中节约劳力。

73 就永久改变乡村面貌而言，或许再没有什么能比石灰和泥灰更有潜力了。其中，泥灰是一个通用词语，它既可指黏土中的贝类沉积物，亦可指像淤泥或粉砂岩一样的钙质成分高的软岩。我们已经了解到石灰和泥灰是如何有能力改变土壤成分及其结构的。具体而言，它们曾改变了罗克斯巴勒郡和贝里克郡的农业面貌。用一位作家在1784年留下的文字表述，即是两郡“从沃土与荒野沼泽拼接交织的农业景象”转变为现代规则统一的良田面貌。但（维护良田）所需投入的劳动量是巨大的。一位农民称，每英亩土地需要使用25—30车的贝壳泥灰，另一位则声称需要150—200车，还有三分之一的农民建议每英亩（土地）施用450—600车黏土或岩石泥灰。即便有些马车比其他马车的承载量更大，但（这并不影响我们认为）每英亩土地都是基于人力和畜力的大量投入才被改变的。[25]约克郡东区的记者在建议将旷野白垩石（同泥灰功能相似）“以每英亩60吨的比例施于新开垦的坚硬土地时”，从不掩饰此举背后的巨大工程量。[26]

因为培植土壤不可避免地需要搬运大量低价原料，所以这些原料很少被搬运到（距原料产地）太远的地方。在法夫郡，现代旅行者能够看到距离海岸最近的土壤色泽最深，这体现出此前农民在该地密集地使用了海藻肥料。与此同时，在设得兰群岛，对身材娇小的矮马而言，其唯一的任务就是运载海藻。不过，它们不曾将海藻带离狭长的沿海地带。[27]在城镇中，人类的排泄物会被运往附近的农田，但极少被运往城郊外围的农场。此外，爱丁堡的城市污物在18世纪大受欢迎，这使整个城市的清洁度得以提升。据杜丁顿（Duddingston）部长声称，城市污物的价格在18世纪30年代为每车2便士，到18世纪90年代（在某些情况下）增长到每车1先令6便士。[28]粪车得以被免除道路通行费。在1787年公路的运营商试图对粪车收费时，当地农民便发起了联合抵制行动，结果爱丁堡不得不（在那时）自己解决城市的排污问题。[29]如此取之不尽、用之不竭的廉价氮肥原料，使爱丁堡附近的地方行政区（克拉蒙德、库尔斯特弗恩、利伯顿、杜丁顿和北莱思）能够较之以往产出更多小麦，并减少土地休耕。很明显，那些购买城市污物并用作肥料的地区，不会距离中心城市太远。而那些建于天然河流或人工运河旁的（中心）城市，或许可以辐射到更远地区的农田。譬如，赫尔市能够通过河流向约克郡西区的一些地方固定输送牲畜粪便、街尘和城市污物。承运者以每船 4 便士的价格收购上述制肥原料，并依据距离远近以每船 5—7 便士的价格卖给农民。[30]

在（市场）环境有利的情况下，人造石灰得以被远距离输送。其中，埃尔金伯爵（Earl of Elgin）在西法夫（West Fife）查尔斯顿（Charlestown）开办的事业着实令人瞩目。在其工
74 厂开办地，煤矿和石灰岩异乎寻常地同时出现在海滨地区。1777—1778 年，埃尔金伯爵在矿山、货车道、窑炉和码头（建设）中投入了 1.4 万美元。基于此，他平均每年开采 8 万—9 万吨石灰岩，并将其中部分作为未经煅烧的原石出售，余下部分则加工成人造石灰出售。其中，每年售出的 1300 船人造石灰皆被运往远方的马里湾（海上航行距离为 150 英里）。在夏季，四五十艘船只同时停泊于港口等待装货的景象（在别处）十分罕见。[31] 或许，此项贸易所带来的航运量会比一个世纪前苏格兰全年的航运量还大。但这只是一个个例。相反，它得以证明，鲜有制肥原料会被运往远方，毕竟制肥原料只是在社区附近的狭小范围内才得以被回收和转运。

尽管人们始终保有提升地力的设想，但该设想并非总能变为现实。过度使用石灰浇地会引发十分严重的后果，但幸好这种影响的存留时间较短。更多争议则是由下述肥地方式所引发的：农民通过剥离和燃烧等手段，从荒野沼泽中攫取肥料，以提升农田地力。具体而言，农民在（从沼泽中）剥离泥炭或从野生牧场中剥离草皮后，会将剥离物充分燃烧，再将其灰烬掺

入基土，以备谷物种植之需。通常，此举所带来的短期效果十分显著，但长期后果却不尽如人意，甚至有时会带来全面伤害。1794 年，约克郡西区的农业记者总结称："在收集了关于上述肥地方法多样且矛盾的信息后，他们认为，总体来说这是一个需要谨慎使用的方法，因为此举在物质层面容易导致土壤贫瘠。"[32] 或许此举使所有人都摆脱了灰化土，但在营养丰富的炭灰消耗殆尽后，与初垦时腐殖土和营养物被犁进田地的状况相比，基土将不可挽回地陷入贫瘠。

农民会剥离草皮给家畜做草垫并给屋舍做茅草顶，或直接将其用作耕地的肥料。恰如前文所述马威克和帕帕斯朵尔之情形，但事实上此种现象广泛存在于苏格兰的旧式农业体系中，它对沼泽和牧场会产生与炭灰肥地措施相似，却历时更久且更为普遍的长期伤害。但 1729 年，博勒姆的麦金托什（Mackintosh of Borlum）作为一位早期的改良者却声称："应将剥离后的草皮视作一种好肥料"，他认为"此举十分友好，且不过是将一处地表景观移至另一处"。他还将此举描述为不具破坏性的行动，即此举不过是将卵石和砾石移至"一英里外的众多农田的四周"。[33] 但事实上，此举造就了臭名昭著的"裸地"（skinned land）。时至今日，像刘易斯岛（Isle of Lewis）那样，"裸地"（现象）始终被视为那片开阔区域的特征。

当然，从一处农场或一座乡镇运至另一地的肥料，会因目的地环境的不同而发挥或好或坏的作用。道奇森教授在一系列重要的文章中阐明，18 世纪高地中西部的人口增长如何助推了当地的谷物增产行动，即开展了上述耗费大量劳力的肥料转运
工作。[34] 但上述肥地方法的劣势首先在于（肥料投入后），每英 75
亩产量的实际增长没有达到（劳力投入后的）增量；其次在于损害了荒野沼泽抚育动物的能力。而这些动物对肥料和粮食生

产具有重要意义，就连城镇也需要依靠这些牲畜。

76 埃斯特·博塞拉普（Ester Boserup）在其研究中探索了人口压力与农耕技术变革的关系。循着她勾勒的（历史）线索可知，日益普及的马铃薯显然为人们解决上述问题提供了一种方案。[35]在人口压力下，一群本应态度保守的农民迅速投入另一种在当时还鲜为人知的农作物生产中，在地力较好的情况下，那种作物每英亩能够产出比传统谷物更多的粮食。但农民们不得不持续运输肥料，以便为新作物搭建温床，这使农妇们承担起搬运海藻和其他肥料来浇灌土地的繁重工作。不过，马铃薯（的出现）彻底改变了农民们的投入产出比。

长久以来，当地农民始终以自给自足的方式培植土壤。至1843年，福克纳（Falkner）所著的《肥料手册》（*Muck Manual*）是一本很有帮助的（肥料制作）指南。这本书记载了数代以前人们耳熟能详且一看便知的（日常）肥料。具体记载了马粪、牛粪、猪粪、羊粪和人粪混同骨粉、鱼肉和鱼油的制肥方法。且书中记载的“矿物和人造肥料”是由海藻、石灰、石膏、灰烬及煅烧后的黏土混合而成的。此外，书中虽然不常提及关于新近制肥技艺的信息，但也有所记录：首先是一则关于李比希（Liebig）研究肥料化学成分的实验报道，其次是一篇关于马里郡农民俱乐部（Morayshire Farmer’s Club）用硫酸和骨粉制肥以培育红萝卜的实验报告，此外还有一份引自秘鲁地区关于“海鸟粪肥实验”的介绍。[36]

但不得不说，《肥料手册》预示了一场即将到来的变革。这场变革具有划时代的重大意义，即将农业从依靠地方资源来提升地力的状态中永久解救出来。在接下来的数十年里，维多利亚时代的农民开始得益于统合铁路、轮船、自由贸易、殖民帝国和科学的高效（现代化）体系。于英国而言，骨类产品的进口数量激增，以至于那位伟大的德国化学家李比希在开展实验后，不禁担心磷肥原料的流失，并指控英国“像一只吊在欧洲脖颈上的吸血鬼”。[37] 此外，秘鲁附近鸟粪群岛（guano islands）的鸟粪堆，是在干燥气候下由鸟类粪便堆积千年而成的。据悉，由于受雇于英方的华人苦力不断开采粪肥，并将其装船运往英国农场，岛上鸟粪堆的高度下降了 50 余米。彼时一些人推测，鸟粪肥的效果显著于农家肥 30 倍以上。人们从适当地点开采磷酸盐和硝酸盐等地质沉积物，并穿越大半个地球从智利运往剑桥郡。智利开办这项产业的全盛期是在 19 世纪 80 年代至 20 世纪 20 年代。至迟于 1925 年，全球 30% 以上的含氮化合物皆产自智利，尽管其开采活动皆由英方资本掌控。当上述举措仍无法满足英国农业的需求时，英国就会大量进口谷物饲料，例如玉米、中东豆、蝗虫荚以及油籽饼。其中，油籽饼是美国棉田和东欧亚麻田农业活动的副产品。进口饲料会使（圈养）牛排出富含氮元素的粪便；当粪便渗入圈内的草垫后，就能变成特别适用于重黏土的调节剂。综上所述，肥料转运现已跨越洲际，不再局限于地方农场之间。换言之，英国国内农业的可持续发 77
展有赖于第三世界输送的肥料。

与此同时，耕作技术正在逐步改进。在苏格兰，两匹马牵引的轻型犁代替了传统的重型牛拉犁，这是 18 世纪耕作技术的进步；在必要时，轻型犁能够逐渐深入土地，直至底层土被翻起。1846 年，斯蒂芬斯（Stephens）写道，旧式重型犁“仅能深入厚约 4 英寸的土地”，其后果是“在反复犁地后会产生一层贫瘠的粉质土”，粉质土下则埋藏着一层被压实的深灰色薄土壳，在那之下又是“未经开垦的黑色腐殖土”。[38] 其描述表明，肥力耗竭的表层土正在孕育着贫乏的生物群落。维多利亚时代的农民翻垦未经开发的肥沃底层土，恰如他们发现了未曾涉足的新大陆。当然（土地）一经翻垦，就像美洲农民和澳洲农民那样，英国农民需要了解如何保存土壤肥力而不只是消耗肥力。

此外，鸟类史也给予我们一些启示。鸟类活动实际上会使表层土比之前滋生更多蠕虫，也会滋养更多无脊椎动物。其中一种名为椋鸟的鸟类就经历了数量激增和栖息地扩展的过程。18 世纪，椋鸟可能出现于不列颠北部地区，而后突然绝迹。直至 19 世纪中期，它们又突然出现了。1837 年，当阿盖尔公爵（Duke of Argyll）在南行途中经过诺思阿勒尔顿（Northallerton）的一家驿站时，他首次见到椋鸟，并表现出对该物种的“极大兴趣”。至 1844 年，（时人声称）椋鸟已是约克郡“尤为常见”的鸟类；正如椋鸟数量在前半个世纪的快速增长，到了 1907 年，它们已经深入谷地。与此同时，椋鸟还飞至苏格兰低地，并迅速遍布各处。（正如人们所言）该物种的数量增长是极为显著和迅速的。[39]

在维多利亚时代晚期和爱德华七世时代，博物学家们经常在研究生涯中指出鸣禽普遍增多的事实，并有时将该现象归咎于（人们）对老鹰和鸦科动物的控制。尽管这种通识看法流传甚广，但现代科学家却坚称，小型鸟类的数量增长与食肉鸟类的数量下降并无关联，如食雀鹰和喜鹊的关系那样。（博物学家们）讨论的“鸣禽”很可能是画眉和乌鸫，也可能是知更鸟和云雀，但所有这些鸟类都像秃鼻乌鸦和椋鸟那样，依赖于土壤中的蠕虫、甲壳虫、蛆虫和其他无脊椎动物存活。（其实不难发现）绝大多数集中开展的有机农耕活动，都可促进土壤中无脊椎动物的生长。

尽管 1875 年前后，资本雄厚、高投入和高产出的（北方）农业在全盛期遭遇美国廉价谷物的冲击时突然陷入低谷，

但（北方农业）对进口肥料和饲料（每十年经历一次全面降 78
价）的依赖程度不降反升。彼时，进口肥料受到其他化工业副产品的补充——如产自焦炭和煤气制造业的含氮化合物、富含磷酸盐的碱性炉渣，后者则主要源自为吉尔克里斯特-托马斯（Gilchrist-Thomas）炼钢炉准备的金属矿石。对（北方）农民而言，若谷物价格和肥料成本皆有所下降，动物制品价格（除了羊毛和羊肉）的下降少于大麦和小麦价格的下降，加之他们能避免过度依赖谷物，那么此种（经营）状况就算良好。

最终除了山区的绵羊牧场，在1875年至“一战”前的数十年中，不列颠北部地区与固定种植谷物的南方地区一样，并未遭受农业萧条的冲击。因针对城市市场的奶制品生产和优质肉供应，加之低价谷物进口，使顺应该形势的农民获得了可观的收益。农业萧条仅在两次世界大战间的非常态环境下冲击了北方。

此外，1875年后的这段时期还是土壤研究不断深入的时期。从19世纪70—80年代洛桑（Rothamsted）的J. B. 劳斯（J. B. Lawes）到两次世界大战间阿伯里斯特威斯（Aberystwyth）的R. G. 斯台普顿（R. G. Stapledon），科学家们推动了土壤研究的发展。人们开始清晰地认识到，尽管有些肥料（如海鸟粪或铵盐）仅能维持一年的土壤肥力，而其他一些肥料（尤其是堆肥）则能维持一个轮作周期甚至更久的土壤肥力，但无论如何，人工肥料与自然肥料一样都能较好地补充土壤养分。在罗克斯巴勒郡，克里夫顿-帕克（Clifton Park）的罗伯特·艾略特（Robert Elliot）于19世纪80年代在自家田产上展开了关于土壤结构之重要价值的实验，他重点研究了土壤的物理属性、适宜根系发育的土壤条件以及土壤保持自身温度和湿度的能力。他强烈推崇（农民应）加强使用白车轴草和农家肥的观念，因为这两种肥料在为期四年的牧草轮作和深耕过程中能始终保持土壤肥力。斯台普顿受到艾略特的启发，他不仅提倡草地轮作农业，还提倡（农民）在高地边缘区重新播种白车轴草和鸭茅草。在“二战”之前，这一建议主要影响了不列颠北部地区的农业。[40]

至 19 世纪末，农民们习惯了科学运算。1894 年出版的《乡绅目录》（*Country Gentleman's Catalogue*）运用了一种不同于《肥料手册》的（计算）方法。该书表明，一吨堆肥蕴含了 9—15 磅氮、等量的钾碱和 4—9 磅磷酸；还表明，6 个月内，一头家畜便能在封闭院落内重达 2 吨的草褥上产生 6 吨粪肥；另外表明，对小麦、大麦或燕麦而言，每种作物每英亩土地需要浇灌 5 吨堆肥，以补充土壤流失的肥力。此外，书中的肥料名录（较之前）丰富了许多，不仅列举了 10 种海鸟粪，还记载了源
79 自海鸟粪或骨粉的过磷酸钙、苏打中的硝酸盐、煤气石灰、石膏、木炭和泥煤苔——它们包含了传统肥料与现代肥料，但有机肥在名录中的比重还是高于人造肥。[41]

随着第二次世界大战的爆发，农业的经济和政治地位皆有所转变。这一方面是由战时封锁和商品短缺所致，另一方面则是由 1947 年《农业法案》（Agriculture Act）的保护性市场及保障性价格条款所致。继而，土地生产力水平大幅上涨，其增长幅度值得一提。对比英国农业在 1936—1986 年的数据可知，小麦产量提升了 9 倍以上，大麦产量则提高了 13 倍；尽管燕麦（1936 年该作物被极为广泛地种植）产量较之前下降了 25%，但谷类作物的总产量增长了 6 倍。此外，牛肉产量增长了 60%，鸡蛋产量提升了 90%。从 1936—1976 年，农民的实际收入翻了一番。但（好景不长），其实际收入在 1986 年跌至 20 世纪 30 年代的水平，并在此后一路下滑。[42]

上述英国农业的平均产值掩盖了巨大的地区性差异，东安格利亚男爵或洛锡安男爵庄园里的大麦生产状况要好于不列颠

北部地区绝大多数边缘农地的生产状况。灾难之神的目光凝视着后者。1998 年，苏格兰山地农场的年均净收益不到 6000 镑。以农场每周运转 40 个小时计算，其每小时收入低于 2.8 镑，而该数值仅为两年前的三分之一。毋庸置疑，那些拥有进取心和精力旺盛之人，在推动战后土地生产力水平大幅提升的同时，反过来也受益于这场生产力变革。但对农场雇工而言，要知道他们甚至在 20 世纪 70 年代还未分得发展成果的合理份额，又或者对长期以来作为一个整体的农业社群而言，他们是否能长久受益于这场生产力变革则是一个颇具争议的问题。[43]

政府补助使农业生产得以转变为资本密集型产业。这种转变使土地产量增加，并且表现为多种形式。1936 年，英国农场有 100 万匹役用马，但在 1946 年降至 43.6 万匹，继而于 1960 年降至 4.6 万匹，此后数年未留有数据。相反，1986 年英国农场拥有了 50 万辆拖拉机，其中半数以上的拖拉机皆具有 50 马力的发动机。[44] 与此同时，农场规模扩大了一倍，但劳动力数量却下降了三分之二。

然而，（农业实践中的）全盘化学化才最为重要，例如在提升地力和防治虫害杂草方面。土地肥料于农业革命时期仅能在数英里内流转，于维多利亚时代则得以通过蒸汽动力在洲际间运转，再于现代又得以从农化产品的巨头公司以袋装形式流向（各个）农场。这类公司有英国化学工业公司（ICI）、费森斯公司（Fisons）和此后的孟山都公司（Monsanto）。再者，此前被忽视或被手工清理的害虫现在能被（农药）喷雾彻底消灭。该转变 80
始于“二战”前，但要到 1945 年后，化学工业才真正控制了农业生产。在 20 世纪 50—80 年代，英国农场的氮肥利用量增长了 20 倍，磷肥利用量增长了 2.5 倍，且钾肥利用量增长了 6 倍（截至 1947 年，氮肥和磷肥的使用皆受到了政府资助）。[45] 1940 年，英格兰和威尔士共有1100台拖拉机式喷雾器；到了1981年，该数值上升至7.4万台。[46]1944年，农民赞同使用的农药产品仅为63种，到了1976年则上升至819种。此外，在1956年，37种化学品得以被用来制造农药，而1985年获批使用的化学品数量就已增至199种。20世纪60年代早期，DDT的使用风险遭到披露。此后，更多品种的化学品获批或许意味着（人们得以生产）更安全和测试效果更好的农药，但绝不意味着缩小了（农药的）使用规模。仅在20世纪70年代，英格兰和威尔士农业所用农药之有效成分的重量就提升了一倍以上。[47]随着经济的再度衰退，"靶向投产"和"精准农业"已成为口号，但此后三十年"灌注农药并确保其有效（的生产方式）"仍是常态。

图3.2　1986年约克郡斯韦尔代尔（Swaledale）的哈克农庄（Harker's House）的干草牧场（特殊科学价值地点）：这是位于苏格兰高地的一处物种严重濒危的生态栖息地。（彼得·韦克利，《英格兰自然》）

图 3.3　长脚秧鸡：这是一种生活在传统干草牧场的动物，赫布里底群岛是其最后的栖息地。（劳里·坎贝尔［Laurie Campbell］）

目前，转基因农业的危险悄然而至。抗除草剂作物将赋予农民 81
移除田地里其他作物的动力。此外，具有抗虫害基因片段的作物则会使农民消灭所有昆虫。

此种规模下的化学农业完全是一种新事物。由于其全面影响这一问题过于宏大，以至于（笔者）很难在有限的篇幅中全部阐明。我的分析将主要集中在以下三点。除了提升地力，化学品会如何影响土壤环境？浇灌化学品通常会对生物多样性产生哪些影响？又是否会对农业命运产生更为广泛的影响？

对应用化肥与农药的副作用而言，人们早就对土壤残留物的问题产生了怀疑，但很少有人在最近 50 年里关注前代农民忧心的“如何维护良好土壤结构”的问题。在一些土壤科学家看来，将过去数代农民从事的农业活动过分视为理所应当，本就是一种危险。[48] 1971 年，L. B. 鲍威尔（L. B. Powell）言辞激烈地表示：“将土壤视为只需不停浇灌化学品，便能提升亩产的惰性存在，本就是 20 世纪中一个富有悲剧色彩的认知谬误。”[49]

以水土流失问题为例，在持续种植谷物并仅使用化肥浇地的情况下，土壤中的有机物水平最终跌至 2%，而在人造林的土
82 壤环境中该数值为 6%,（更不用说）在传统的牧场土壤中有机物的占比（12%）了。[50] 在如此之低的有机物水平下，加之较低的黏土含量，轻质土极易丧失稳定性，即容易遭受大风和冬季洪水的侵蚀。尤其在大型现代化且没有防风林的农场里，情况则会更加糟糕；显然在 20 世纪 40—70 年代，苏格兰灌木篱墙的长度缩短了三分之一以上，且到了 80 年代，篱墙长度甚至不足原有长度的一半；[51] 此外，现存树篱的高度大幅降低，这极大减少了它们抵御狂风的能力。不列颠北部地区的农田在耕种冬播作物和土豆时尤其处于危险之中，因为开阔且空旷的田地容易遭受大风和洪水的冲击。但对更南部的地区而言，在冬春季风暴前，谷物种子便能及时发芽并盖住土地；由此（不难理解），自 20 世纪 80 年代冬播谷物被广泛种植后，当地的水土流失状况就已于事实层面上减轻了。

尽管很难量化苏格兰冬季水土流失的影响，但它确实破坏了马里湾、法夫郡、洛锡安和贝里克郡的一些良田，并且某些地方的农业损失已达每公顷 15—45 吨作物。[52] 低地的林业工人甚至表明，他们不需要为人造林施肥，因为大风已将附近农田富含氮磷钾肥的土壤吹至此处。[53] 但对绝大多数的农场而言，水土流失却是一个新问题。除了沿岸沙质低地的沙土流失问题及库尔宾（Culbin）沙滩和诺森伯兰郡部分地区的（土壤侵蚀）问题，自不列颠北部地区的原生林遭到砍伐后，当地显然还未在任何程度上出现过水土流失问题。但作为农业变革的一部分，化学农业使水土流失成为事实。另外，当水土流失达到相当严重的程度时，农民们乐意利用手边的解决方案，即在脆弱的土

地上放弃耕种（对北方而言）不可持续的冬播作物。

继而，我们需要关注化学品对土壤性质的直接影响。1968年，潮湿多雨的夏季被洪涝多发的秋季替代，因此农民们没能播种来年的谷物。对某些地方而言，这似乎表明，持续的耕作活动将对土壤造成不可逆转的伤害。然而，农业咨询委员会（Agricultural Advisory Council）却断定，即使有机物成分仅占2%，土壤仍极适于耕种；真正的问题存在于被人忽视的田间排水系统中。[54]尽管利用重型机械既易破坏排水渠，又易压实黏土，但该问题在不列颠北部地区并不严重，因为黏土在该地区相对罕见。

尽管就某些人的评价而言，化学农业破坏了农产品的口感，甚至使其缺乏营养且不利于健康，超大量氮肥、磷肥和杀虫剂的使用还会对溪流、湖泊和渠井的水质造成影响，但令人欣慰的是，我们得出的初步结论表明，化学农业并未对土壤本身产生不可逆或普遍的副作用。然而另一方面，我们对土壤结构的乐观态度是缺乏深思熟虑的。首先，众所周知，在很多情况下，83
土壤都是内部结构不稳定的物质实体，当压力达到临界水平时，极易发生（内部结构的）突然性和不可预见性的转变。[55]其次，我们对化学品之于土壤生物群落的影响知之甚少，且甚少了解化学品对土壤生态和结构的连锁效应。[56]

当化学农业对生物多样性产生负面影响的问题在最近半个世纪里显现时，人们几乎没有怀疑该事实的真实性。农药的广泛使用是一个新现象，我们甚至无法在1950年版的《简明牛津词典》（*Concise Oxford Dictionary*）中找到“农药”（pesticides）一词。对农业生产初具价值的农药是氯代烃类产品，包括DDT、阿耳德林、氧桥氯甲桥萘和七氯。不幸的是，此类产品具有一些副作用，首先是其极易残留于土壤之中（以及环境中的其他地方），其次是其可溶解于动物脂肪。起初，作为种衣剂的它们是为使谷物或甜菜免遭真菌或害虫的侵扰。但由于松鸡或鸽子（等鸟类）吃食谷物，狐狸或猎鹰再吃食鸟类，农药便会向食物链上端移动，而且每次移动都伴随着有毒物质的进一步积聚。[57]

早在 1928 年，英国皇家鸟类保护协会便反对人们草率地使用有毒的化学物质。[58] 1945 年，一两位科学家进一步告诫公众，不要在环境中不加辨别地使用农药。20 世纪 50 年代晚期，狩猎者开始注意到农药的影响。1957 年，温特沃斯·戴（Wentworth Day）坚定地将其著作命名为《土地上的毒药：对野生动物宣战和一些补救措施》（*Poison on the Land: The War on Wildlife and Some Remedies*），并担忧可供捕猎的鸟类正在减少。1960 年，猎狐犬协会（Fox Hounds Association）会长报告称，英格兰东部发现了 1300 只死狐狸。1961 年，在过去十年愈发担忧农药影响的自然保护协会，由德里克·拉特克里夫（Derek Ratcliffe）发起调查，（最终）证实了氯代烃类农药与游隼繁殖失败的关联，并由此表明食物链已受污染。[59] 1947 年后，游隼蛋壳的平均厚度下降了五分之一，食雀鹰的蛋壳厚度下降了四分之一，这些鸟蛋会在孵化过程中破碎于巢内。1962 年，蕾切尔·卡森在美国写作了《寂静的春天》一书，该书引发了欧洲公众对农药滥用的焦虑。

尽管化学工业试图贬低自然保护协会的工作，就像烟草业的支持者在癌症研究上与医学家们的较量那样，但英国政府面对政治压力，最终以令人满意的速度做出回应。[60] 在 1964 年和 1969 年两个阶段，绝大多数的农业常规化生产，已避免使用主要品类的持久性有机氯农药，尽管要到 1981 年，氧桥氯甲桥萘
84 和 DDT 才最终在所有农业活动中（除了极特殊的情况）遭到禁止。至 1964 年，游隼的数量已下降到“二战”前总量的 44%，

并在此后一段时间内，仅能在苏格兰中部地区成功繁殖。但（禁用持久性有机氯农药）之后，正如其他像茶隼和食雀鹰一类的猛禽，游隼得以在20年内恢复到此前的数量。一些受到（农药）影响的猎物也出现了与之相似的恢复迹象，例如欧鸽。[61]

对于该故事的结局，我们颇感欣慰。但鉴于现代化学农业对生物多样性的全面影响，这个有着圆满结局的非凡故事只是整场生态戏剧中的第一篇章。太多定量或定性分析指标（向我们）表明了事态的另一个发展方向。英国鸟类信托组织（British Trust for Ornithology）的图谱记录了1968—1972年英国种鸟的分布情况。该机构又于20年后再次记录了相关情况。对比两项数据可以发现，长脚秧鸡的数量下降了76%，黍鹀的数量则下降了32%。鸟类数量普查工作自1971年（氯代烃类农药已遭禁止）展开，其调查结果现已覆盖至少25年的数据。在该时期，对不列颠北部地区典型的农田鸟类而言，灰鹧鸪的数量下降了80%，黍鹀的数量下降了77%，麻雀的数量下降了95%，云雀的数量下降了58%，红雀的数量下降了53%（见表3.1）。若将百分比转换成实际数值，则有超过100万只云雀在最近二十年消失于英国乡野。[62]这些数值虽然是基于英国鸟类状况计算得出的，但更多呈现了英格兰东南部的状况，因为当地鸟类数量的下降明显多于北方，毕竟北方土地更少受到集约化农业生产的影响。然而即使是在仍拥有正常数量的灰鹧鸪和红雀等鸟类的法夫郡（这样的北方地区），那里也同样难逃整体环境的影响。当地黍鹀的数量自1970年至今下降了三分之二；在剩下的黍鹀中，具有鸣唱功能的雄鸟数量又于最近六年下降了20%以上，即降至95只左右。[63]

在19世纪，黍鹀数量众多。它们在堆谷场衔啄麦秆；被激

表 3.1　农田鸟类数量下降趋势图

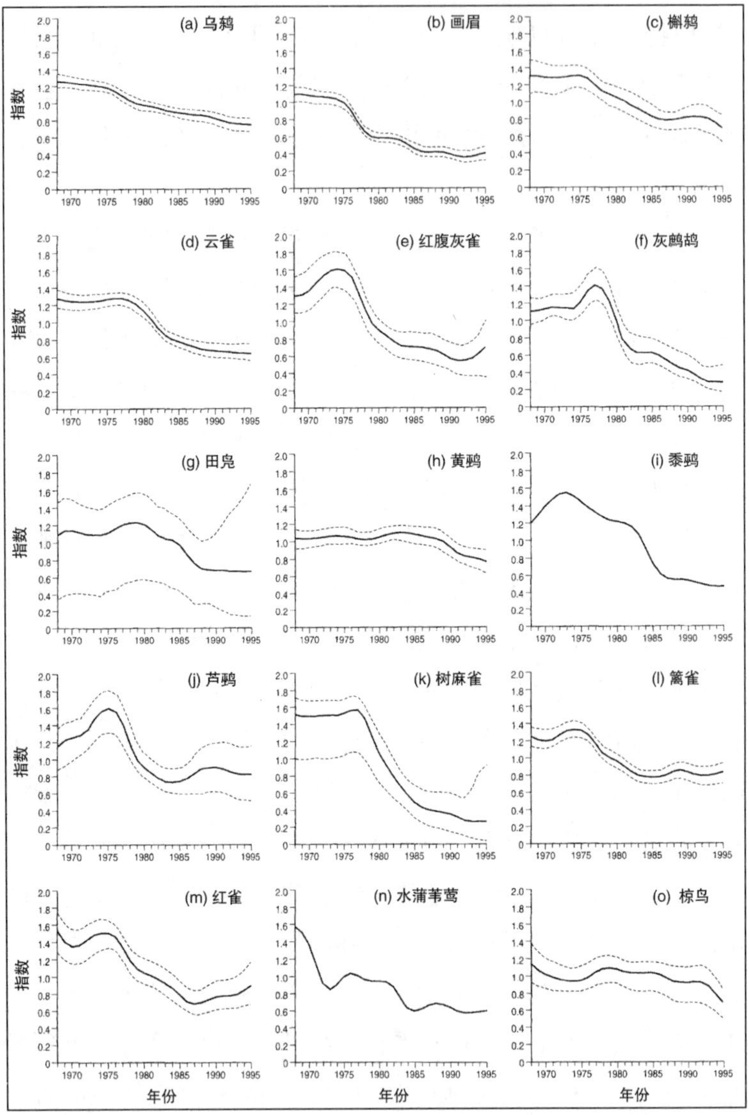

该表反映了英国 15 种农田鸟类数量的下降状况。由鸟类信托组织基于 1968—1994 年开展的常见鸟类普查数据绘制。其中，“平滑的芒福德指数（曲线）”体现了每种鸟类（除了黍鹀和水蒲苇莺）数量下降的幅度（95% 置信区间）。

数据来源：英国生态学会及西里瓦德纳等人，《应用生态学杂志》（*Journal of Applied Ecology*），1998 年第 35 卷，第 24—43 页。

怒的农民则会吃食黍鹀肉派（corn-bunting pie）以示报复。现今，即使在黍鹀十分常见的地方，几十只黍鹀的聚集也成为值得登上当地鸟类新闻报的大事。更一般的情况是，食籽鸟在19世纪一定是极为普遍的。在1815—1820年，怀特岛（Isle of Wight）戈兹希尔（Godshill）的教堂执事平均每年要为一万只“麻雀”（大概指雀科鸣鸟的集合，包括黍鹀和麻雀）的捕杀工作买单，他们视麻雀为教区内的害虫。麻雀俱乐部也致力于相同目的，它们猎杀了相当多生存于英格兰地区的麻雀，此举一直持续到两次世界大战之间的那段时日。[64]

尽管有机氯农药已被禁止，但自20世纪70年代以来，杀 86
真菌剂和杀虫药在谷物种植中的使用量（较以前）已逾两倍；加之高级除草剂（的使用），谷类作物周围全无杂草和昆虫，这对绝大多数鸟类而言极为不利（见表3.2）。但情况还会变得更糟：正如美国现在的部分地区那样，转基因农作物几乎导致乡野不能为鸟类提供任何食物。然而，即便在今日，鸟类衰亡的原因也远比农药的使用更为复杂。譬如，人们如此普遍地利用化肥来建立谷物种植示范区，以至于没能在秋收后留些冬茬或食物（供鸟类食用）；再者，人们使用大型机械开辟广阔空地的行为，挤压了鸟类春季筑巢的空间等。

椋鸟的历史可以再度说明鸟类衰亡的复杂性。1956—1966年，椋鸟繁殖率的显著下降与恢复，同持久性有机氯农药的利用和禁用密切相关。之后椋鸟的繁殖率持续上升，直至1980年前后其数量再度骤降。如在1972—1997年，英国椋鸟的数量减少了一半。这是因为草地转变为耕地，杀真菌剂使土壤生物群的丰富性降低，秋播替代了春耕，且为实现可持续的谷物种植，人们摒弃了耕牧轮作制。如以长脚蝇蛆和其他无脊椎动物为食的鸟类那般，椋鸟饱受变化之苦。[65]

表 3.2　黍鹀数量的下降

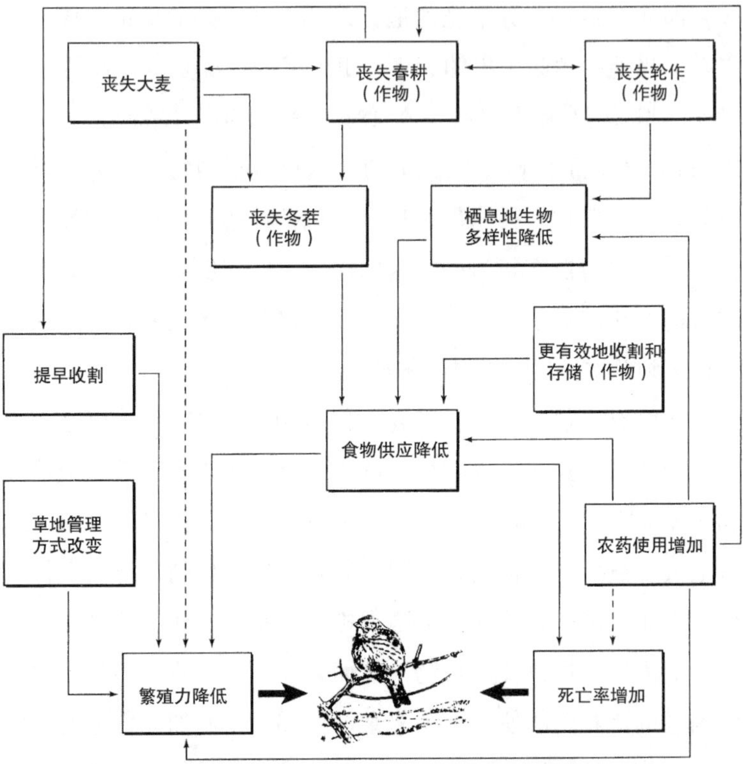

来源：《英格兰自然》。

鸟类多样性（降低）之现实情况同样出现在植物和无脊椎动物的身上。尽管并未对所有物种进行同等程度的研究，但科学家们详细记录了野花和蜜蜂的衰亡状况。以外表美丽且黄棕相间的大黄蜂（Bombus distinguendis）为例，其分布地图表明，像长脚秧鸡一样，大黄蜂已在 50 年内绝迹于英国低地；现今，同样如长脚秧鸡那般，大黄蜂主要见于赫布里底群岛的部分地区，因为那里尚存分布松散的小农场；且这些小农场是沿岸沙质低地脆弱生态中唯一从事农业活动的组织。农业生产的扩大既消灭了鸟类，又消灭了蜜蜂，并根除了与这二者密切相关的植物。[66]

的确，老一代人总认为，这个世界尤其是农业世界正变得越来越糟糕；这似乎已是老生常谈了。在这种情况下，对众多年逾五十的农民而言，悲凉之处莫过于他们能够清楚地记得比现今更为迷人的乡村景象。在许多关于童年伊甸园的现代评论中，一位科学家基思·梅兰比（Keith Mellanby）的话值得被引用。他对农民生活既充分了解又保有同理心：

> 在孩童时期，我对蒂斯河谷的上游地区有着充分
> 的了解。蒂斯河谷的米德尔顿（Middleton）鲜有农
> 田，野花总盛开在合适的地点，其中尤以春季的龙胆
> 根最为有名。在潮湿的牧场上，初夏时节的金莲花最 87
> 为常见。成簇的报春花则自由生长在较为干燥的土地
> 上。此后于 1979 年，我前往一处农场，并走在据我
> 所知已有 50 年历史的田地里。那里的牧草管理非常成
> 功，牛羊以过去难以想象的密集程度被放养在外；最
> 优质的干草和青贮饲料也由不同的农场生产供应。（农
> 民们）谨慎地使用石灰和碱性炉渣，并让所有粪肥都
> 混入土壤，以确保地力的稳步提升和高品质牧草的可
> 持续生长。在牧草之下，土壤中的生物群落尤为繁盛，
> 只是令我童年印象深刻的美丽野花消失殆尽。[67]

正如 20 世纪农业史上的惯常情形，梅兰比提及的地区也经历了“利用与怡情”之争。但这并非是最早的事例，一位亲历者在 19 世纪中期这样描述洛锡安东部的芬顿谷仓：

> 这座伟大的农场拥有令人惊叹的壮美景象，它像 88

> 上了发条的钟表那样运转有序。每块占地二三十英亩的农田全是矩形。农场里没有（未经开发的）偏僻角落，没有丛林，没有灌木篱墙，没有破旧不堪且形状各异的牧场。修整后的树篱十分低矮，篱丛狭长，就像花园中的篱墙那般。篱间没有杂乱生长的野玫瑰或铁线莲，没有绽放光彩的山楂花或黑刺李，也没有寄居于树荫下的紫罗兰或报春花。那里没有露天的壕沟，且耕犁深入篱笆根部（意在将其铲除开路）。土地宛如精心照料的花园那样干净整洁。[68]

那已是一片生态“荒漠”了。

当然，（人们）利用土壤总会带来改变。从历史经验来看，此举还常会意外地促进生物多样性的发展。那些现今备受怜悯的物种——长脚秧鸡、黍鹀、红雀和鹧鸪——都曾是早期农耕活动的意外受惠者，这是因为早期农业建立在土壤肮脏且杂草丛生的田地上。此外，椋鸟和麻雀得益于19世纪农业生产力的提高。龙胆根、金莲花和成簇的报春花则生长于高地的干草甸上。因为林木覆盖且沼泽众多的英国地区从不是上述几种植物的宜居之地。现今一些备受植物学家想念的植物，如珍珠菊或“古尔花”（gool），在其生长的（繁盛）时期，往往被视作优良农业的主要敌人。因此，在18世纪的苏格兰，人们举办“古尔花日”以试图从谷地中根除它们，尽管此举常常徒劳无功，但恰如麻雀俱乐部的存在是为了抑制有害鸟类的繁殖那般。

最终，上述行为是否具有更广泛的意义？可持续性的现代定义包含如下需求，即在探讨所有改善或保护环境的事宜时，皆需考虑到当地居民。如人们怀疑集约化农业是否有损公众健康一样，人们还关注生物多样性减损及“利用”战胜“怡情”

的速度与规模。对 20 世纪晚期的农业发展而言，其部分问题在于，公众将愤怒与担忧置于农业补贴和喷灌器会多大程度地抹杀乡野记忆上。农业社群不再被视为土地之子，而被视作商人和游说者团体。他们迅速霸占了“乡村守护者”的头衔，但其中绝大多数人配不上这一称号，就像希律王（Herod）也曾是救助儿童慈善会（Save the Children Fund）的赞助人那样。当农民们需要城中伙伴时，伙伴却无处可寻，恰如 20 世纪 90 年代中期疯牛病爆发时的情形。然而，简单来说，公众的普遍看法是，农民们滥用了自然环境，并将灾祸招致身旁；但公众太快遗忘了如下事实，即其选票是如何支持和奠定了那些农民们（或许同样渴望）仅能做出被动回应的政策法规的。在 20 世纪的“利用与怡情”之争中，农业的化学化发展使其（于生产领域）大获全胜。对部分农民而言，这场胜利尚未被证实是一场虚空。89
在这种情况下，关于（化学农业）可持续性的问题会像恐怖流言一样无法消除。对农业生产而言，这些问题不仅挥之不去，还会令人担忧。

第四章　辖制水域

90 对古代中东而言，水源既珍贵又稀缺，欧洲文化大多来源于此地，从波斯语译介而来的天堂（paradise）一词就是用以形容美索不达米亚平原上的乐园的。在那里，水是生命之源。它从喷泉中心通过四条水槽流向圆盘底部，正如威斯敏斯特大教堂唯一尚存的英国中古回廊花园中的喷泉一样。[1] 面对即将死于沙漠的耶和华选民，摩西敲打岩石，并奇迹般地获得了拯救他们的水源。对基督徒来说，石质圣水器中的洗礼之水曾一度代表着约旦河，还代表着灵魂得救的永生承诺。基于我们的认知，这些皆象征了水源的稀缺性和重要性。

遭受干旱的地区不仅懂得节约用水，更是将水视若珍宝。不过对欧陆西北部的边缘地带而言，水资源在过去和现今都十分充足。然而，就算在这一地区，如不列颠——其北部地区和西部地区，或者南部地区和东部地区——的水资源的（地区性）差异仍十分显著；尤其在全球变暖的影响下，这种差异可能正在扩大。如在 1941—1970 年，苏格兰的平均降水量比泰晤士河流域区和安格利亚河流域区的平均降水量高两倍以上。苏格兰的剩余降水量或称地表径流量比重（即总降水量减去直接蒸发或植物蒸腾的水量后除以总降水量）为 75%。相较于此，泰晤士河流域在总降水量更低的基础上保有 30% 径流量，安格利亚河流域区则保有 25%。自 1970 年以来，不列颠北部地区的降水量和径流量有了显著增长，这应与温和潮湿的冬季有关；与此同时，南方地区却呈现干旱趋势。[2] 在世界许多地区，例如西班牙和美国的加利福尼亚州，水资源充足之地与水资源匮乏之地的矛盾始终是引发政治局势紧张的根源。随着下个世纪气候的不断变迁，不列颠北部地区与英格兰南部地区也很可能陷于同样的纷争之中。尽管就历史而言，在不列颠北部地区，除了那些水力发电之地，水确实一度被视作麻烦之物而不是资源。除非受到“精细加工”，否则水不是一种财富。乌斯盖比塔（Uisgebeatha），这种被视为生命源泉的威士忌酒，不是来自一处喷泉或一只圣杯，而是来自一个瓶子。

在 400 年的历史进程中，不列颠北部居民调整了水源的分布格局，这是最令人惊叹的。当雨水从天而降时，它会分布
至（地理特征）尤为不同的区域，还会以完全不同于降水的形 91
式参与水循环。现今，除非在风暴极强之时，土地上的雨水很难留存于地表。此后，地表会形成不可胜数的小水坑和沼泽；在农业设施中，构成田地间唯一排水系统的蜿蜒沟渠容易遭到水流冲刷物的永久堵塞。工程师们曾试图在一些河川的两岸建造防洪堤以控制水流，但那些河流（在雨水注入后）愈发湍急，频繁改换河道并沿途形成牛轭湖、小岛和桤木沼泽（alder swamps）。1750 年前后的罗伊军事调查显示，在皮特洛赫里（Pitlochry）与泰河（同塔姆尔河）汇流点间的塔姆尔河河段有 21 处小岛；但在现今的航拍图上，只有四处小岛能被观测到（见地图 4.1）。[3] 此种“天工之作”很难算得上精巧。早在 1846 年，特威德河（Tweed）的防洪措施就已使上游河水更加湍急，而非趋于平缓。随着强劲的河水向下游汇集，洪水肆虐。有时，

洪水具有毁灭性的力量，恰如德文特河（Derwent）、泰河与卡
92 特河（Cart）的河水冲破堤岸，并最终摧毁了居住区那般。这是
由于规划者们愚蠢地将新宅建筑在（遭受洪水冲击的）旧址上
面。最近一场泰河流域的大洪水爆发在 1993 年，而该河流恰是
一条被沿岸堤坝紧紧束住的河流。200 年里，它爆发了 20 次洪
水，并造成了价值约 285 万英镑的财物损失。

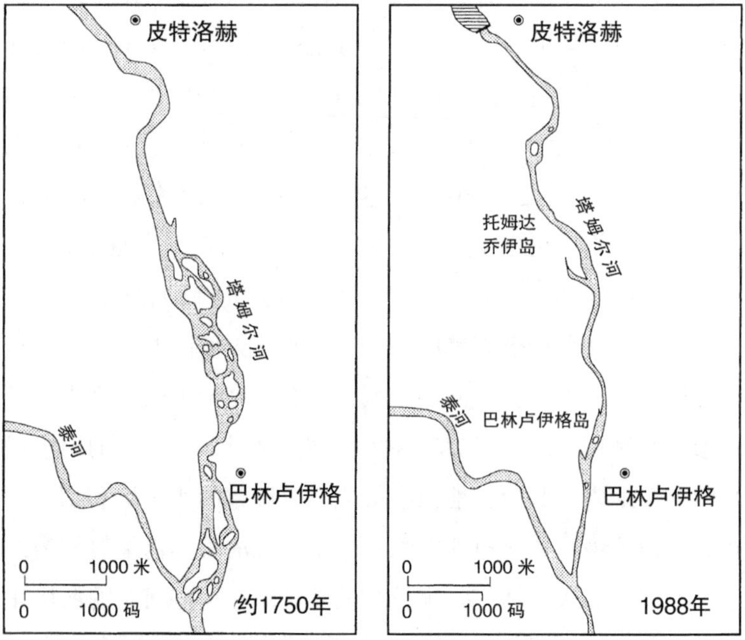

地图 4.1　佩思郡塔姆尔河的河道变迁状况

1988 年，塔姆尔河从一条具有蜿蜒宽阔河道及卵石河床的河流，变成了狭窄的单河道河流。

数据来源：《吉尔维尔和温特巴顿》（*Gilvear and Winterbottom*，1998），第 98 页。

过去，半永久的山谷地带在水流冲击下形成斜坡，这就可以解释为何史前聚居区、中世纪（居住地）和此后的农田系统经常建于坡地高处。1689 年，一位伦敦牧师雷德·托马斯·莫

尔（Revd Thomas Morer）作为随军专职教士在苏格兰工作，他以南方人的视角记下：

> 他们（北方人）拥有许多尚未开发的优美谷地，因为那里遍布着沼泽和水坑……但令人难以置信的是，他们垦辟了大面积的山地；如我所言，那里的地势像悬崖般陡峭。故在我们看来，垦辟山地要比排干谷地困难得多，且需投入更多的人力。[4]

河流堤坝与引流渠道的建设是为了改良农业。现今人们很难记起多少土地曾浸泡在水中。尤其在英格兰北部地区，当前的数千公顷良田在17世纪时就是沼泽和泥地。想想声名远扬的剑桥郡、林肯郡和诺福克沼地，同样令人惊叹的是，约克郡和兰开夏郡与上述地区相似的沼地也逐渐消失于公众的记忆中。在约克郡南部乌斯河（Ouse）与特伦托河（Trent）的交汇处，占地7万英亩的哈特菲尔德猎场（Hatfield Chase）“经常被河水淹没”；1626年，维穆伊登（Vermuyden）及其荷兰（工程）承办者将当地排干，但此举与他们随后在东安格利亚（East Anglia）贝德福德平地（Bedford Levels）的建设成就相比，相形见绌（见地图4.2）。索恩湖（Thorne Mere）位于哈特菲尔德猎场的中部地区。由于受到泥炭开采的影响，其长度“约一英里以上”的历史（沉积）层成为现代保护议题的争论焦点。邻近唐卡斯特占地约4000英亩的波特里克沼泽地（Potterick Carr）是一个通常被称为约克郡卡尔群落（carrs）的特殊地点；斯米顿（Smeaton）及其工程师在受到1764年一项议会私人法案的授权后，承办了当地工程。[5]此外，霍尔德内斯（Holderness）山谷拥有通向盐碱滩的沼地，赫尔（Hull）则是一处被半咸水包围

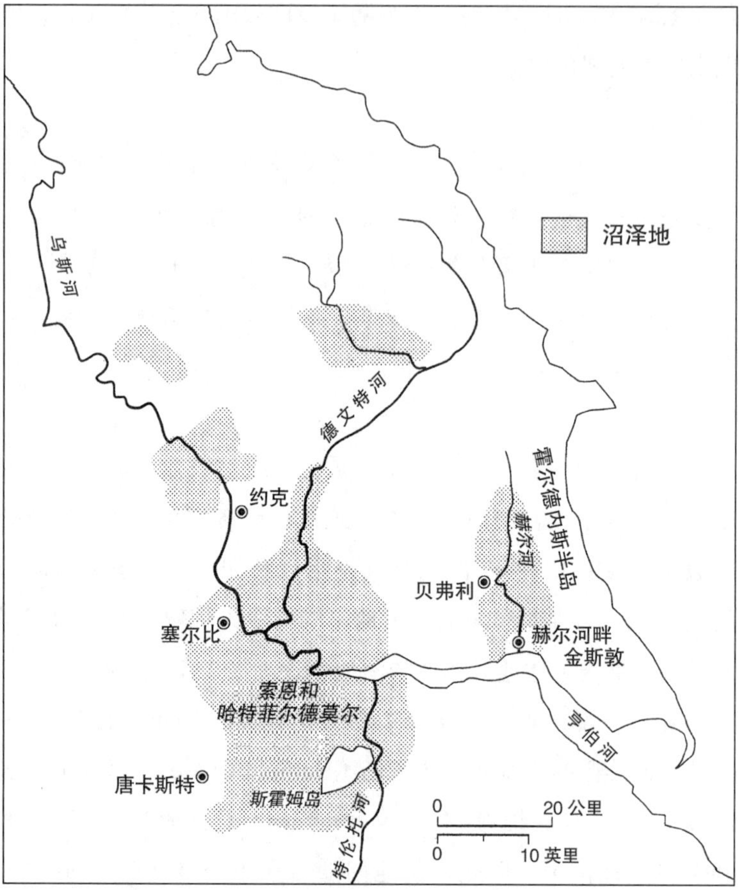

地图 4.2　约克郡主要湿地区在开垦前的分布状况

的岛屿。早在 1402 年，朱利安·戴克（Julian Dyke）便利用渡槽引来淡水，但此举于 1597 年终止；此后，当地城镇仅能通过驳运方式获得饮用水，对此“民众需承担过高的费用”。[6] 再者，约克谷地（Vale of York）是覆有黏土的夏季牧场，但冬季时会被洪水淹没并布满水塘。在这里，德文特河（Derwent）会在一年的所有时节中爆发洪水。对此，用利兰（Leland）的话来说，“这条河会在暴雨中发狂并冲过堤岸”；而用两个世纪后笛福的话来说就是，“河水总在雨后溢出堤岸并漫灌到近旁的所有草甸里”。[7] 在奔宁山脉的另一侧，兰开夏郡道格拉斯河（Douglas）与阿尔特河（Alt）间的沿岸平原有一众湖泊，其中最大的一处是马丁湖（Martin Mere）。据利兰的测量数据显示，该湖长约 4 英里，宽约 3 英里，占地面积约为 6000 英亩，并于 1697 年被部分排干，最终在一个世纪后被彻底排干。[8] 但并非英格兰北部地区独具上述地理特征。例如，邓弗里斯郡（Dumfriesshire）、埃尔郡、法夫郡、贝里克郡和马里湾沿岸地区，皆具有大量沼泽和湖泊，但这些水域要么已经彻底消失，要么蒸发殆尽。尽管金罗斯郡（Kinross-shire）的利文湖（Loch Leven）仍保有苏格兰低地面积最大的自然水域，但人们也曾于 19 世纪初期（抽排湖水）拓展耕地，并致其水域面积缩小了三分之一。 93

不列颠北部地区（沼泽鸟）麻鳽的历史告诉我们更多关于广阔芦苇地和浅水区的分布状况，因为那是麻鳽赖以生存的地方。在现今的不列颠群岛，麻鳽严重濒危，其数量降至 20 对以下，主要分布在东安格利亚和北方更远处的兰开夏郡莱顿沼泽（Leighton Moss）。然而，在 17 世纪和 18 世纪，麻鳽却分布广泛。就盎格鲁时代的苏格兰而言，贝里克郡的贝默赛德（Bemersyde）人口聚居区显然得名于沼地里为数众多的麻鳽。16 世纪，麻鳽是皇家猎鹰队初涉低地时的寻常猎物。17 世纪，它们的名字出现在北方远至萨瑟兰郡的鸟类名录中，并被形容成“在夏季夜晚和清晨发出美妙鸣音”的物种。到了 18 世纪 90 年代，利文湖、邓弗里斯郡和埃尔郡的人们仍记录着麻鳽的活动，但在福斯的阿洛厄（Alloa）和罗斯勃洛郡的索格利（Saughtree），人们却已极少见到麻鳽。再到 19 世纪 30 年代，麻鳽受排水行动之影响几乎全被驱逐出邓弗里斯郡、柯尔库布里郡（Kircudbrightshire）和埃尔郡，还消失于贝里克郡的比利泥泽（Billie Mire）、阿洛厄和安格斯的斯特拉斯莫尔沼泽 94

（Strathmore marshes）。1843 年，因弗雷里政府大臣（the minister of Inveraray）在阿盖尔郡声称："麻鳽是 40 年前人们记忆中的常见鸟类，如今它们却全然离弃了这里。"至 19 世纪 50 年代，麻鳽已飞离苏格兰。[9] 约克郡也有一段与之相似的历史，它也曾是麻鳽大量聚居的地方。在此，麻鳽拥有（约克郡）方言中的独特名号并"现身"于民谣之中：

> 当波特里克沼泽地的麻鳽放声歌唱，布尔比的妇人便说夏日已经临降。

斯米顿的工程师们使上述民谣变为无稽之谈。自 20 世纪初以来，除了老一辈人记得约克郡麻鳽曾出现在贝弗利（Beverley）附近，再没有其他人能就此种鸟类说上两句。[10]

当然，依照改良者的本性，他们会将绝佳的水域描述为废地，并认为只有当这些地方得到开垦时，其土地的实际价值才能获得提升。1830 年，科贝特（Cobbet）将自己在亨伯河微咸水湿地改造的土地描述为自己所见过的全英土地中最富饶多产的地方，而哈特菲尔德猎场的地价也在荷兰投机商手中从每英亩 6 便士涨至每英亩 10 先令。但该数字掩盖了水下浅滩对栖息地生物的价值，因为沼泽在这些生灵眼中是极其丰饶的，故所有试图将泽地抽干的举措，都会受到栖息地生物激烈且暴力的抗争，正如哈特菲尔德的情况。[11]

捕野禽者曾担负着泽地里最繁忙的工作。在利兰的《文选》（*Collectanea*）中，人们可见这样一份记录，即 1466 年约克大
95 主教就任仪式上的菜品名录。即使排除中世纪作家夸张修辞的影响，那场宴饮听起来也像是最粗俗的炫耀性消费。其肉食名单包括：400 只天鹅、2000 只野鹅、3000 只野鸭和水鸭、204

只野鹤、204 只麻鳽、400 只苍鹭、400 只千鸟、2400 只流苏鹬、400 只丘鹬、100 只麻鹬、4000 只鸽子、104 只孔雀、200 只野鸡、500 只鹧鸪、1200 只鹌鹑和 1000 只白鹭。[12] 当然，孔雀可能是家养的，鸽子或许也是；鹧鸪、鹌鹑和丘鹬则是农田鸟或森林鸟；但除此之外的其他野禽全是沼泽鸟。

现今，“白鹭”（“egrittes”）或许会让约克郡的鸟类观察者们惊讶不已，因为在不列颠北部地区任何一种关于白鹭的现代记述都十分罕见。然而，近来 W. R. P. 伯恩（W. R. P. Bourne）博士对此进行了研究并表明，现从鸟类区系中消失的白鹭及其他三种苍鹭（夜鹭、紫鹭和小苇鳽）曾在英国湿地一直存活到 1600 年以后。1544 年，特纳（Turner）称在英国鹭群居巢见到了“白苍鹭”（white heron）；此外，至少有一部英国中世纪的泥金手抄本描绘了与画家笔下白鹭形似的鸟类；近年来，大白鹭开始在荷兰的围垦地繁殖，小白鹭则时常光顾英国的南部海岸。或许在中古时期，它们也曾大量栖息于这些湿地。[13]

除了白鹭，依据内维尔家庭的肉食消费清单，鸟类品种进一步被明确且丰富了。1512 年，该清单罗列了野鹤、苍鹭、鹬、麻鳽、鹌鹑、云雀、小嘴鸻和大鸨（最后两种鸟类栖居在约克郡的丘陵地带）。1526 年，在约翰·内维尔爵士（Sir John Neville）的一个女儿的婚宴上，肉食清单包括孔雀、野鹤和麻鳽；1530 年，在其另一位女儿的婚宴上，肉食清单则包括野鹤、苍鹭和麻鳽。此后在 1528 年，约翰·内维尔爵士出任郡治安官，他对拉马斯巡回法庭索要的审讯报偿包括 12 只篦鹭（每只 1 先令）和 10 只麻鳽（共计 13 先令 4 便士）。[14]

（针对上述物种）野鹤与篦鹭作为英国种禽已灭亡了 300 年，而流苏鹬则在哈特菲尔德猎场的残存湿地中持续繁衍到 19 世纪 20 年代。1766 年，彭南特描述了一桩长期生意，即用网捕捉流苏鹬并将其圈禁养肥，再以大约每只 2 先令的价格卖给消费者。[15] 17 世纪，随着荷兰式野鸭诱饵的引入，每年数千只野禽会在约克郡泽地、兰开夏郡马丁湖和许多其他地方遭到捕杀。最终，人们在 1800 年前后停止了捕猎活动。

鸟类并非湿地提供给人们的唯一生态资源。至少在马丁湖，鱼类仍然很丰富；而在马丁湖和约克郡，沼泽为屋舍的地面铺设、屋顶搭建和蜡烛制作提供了芦苇和蒲草，为燃料需求提供
96 了泥炭，且为燃料补给和轻型建筑工程提供了来自湿林地的灌木。在相对干燥的地区，湿地主要为牛群提供珍贵的夏季牧场，这也是排水造田者与本土农民产生争端的主要根源。当然，争议还存在于畜牧业者和野禽捕猎者之间。据称早在 1570 年，在诺森伯兰郡莱肯菲尔德（Leconfield）伯爵庄园附近，“牛群放牧确实干扰了野禽的繁殖，尤其是野天鹅的繁殖”。[16] 诚然，在英

图 4.1　1996 年（英国）洪堡泥炭地国家自然保护区（Humberhead Peatlands National Nature Reserve）：这是此前约克郡索恩莫尔（Thorne Moors）广阔湿地的残存保护地。（彼得 · 韦克利，《英格兰自然》）

格兰或苏格兰，恰如在法国那样，一个人不能进入地主为捕猎野禽而圈定出来的区域里，这些土地也因此免于后续开发。然而在英国，野禽捕猎从来不是一份具有社会名望的工作，松鸡狩猎也未曾有大量的上层人士参与，故此类工作仍是平民职业或运动。独行狩猎者们对改良者们的（垦荒）事业无法产生任何影响。

不但约克郡与兰开夏郡的壮美沼泽和湖泊形成了生态湿地，并对本土居民产生了较高的经济价值；不列颠北部地区同样拥有此类生态湿地。例如在苏格兰，沼泽干草是冬季牲畜饲料的重要来源，它们产于平底河谷未经排水的广阔湿地上。在品质最优的沼泽草甸上，野花、莎草和野草缠绕生长；每英亩土地得以制出 12.5—19 英担的干草。据称，苏格兰最大的泽地是位于斯特灵郡的卡伦沼泽（Carron Bog），其长约 4 英里，宽约 97
1 英里。现今，卡伦水库（Carron Reservoir）几乎淹没了整个卡伦沼泽；但在 18 世纪末沼泽的全盛时期，地方大臣称其“为乡野面貌增添了勃勃生机和色彩。且在（每年）七八月，二三十组受雇于此的工人割晒牧草，其场面热闹非凡”。像绝大多数受到利用的水域那般，卡伦沼泽的用益权也包含公共色彩，这使公众在泽地被排干并被私有化后愈发气愤。[17]

水利工程师的胜利是（人类）辖制水源最伟大的成就，如维穆伊登排干哈特菲尔德猎场或维多利亚时代的筑坝工程，下文还会提及更多事例。但或许更为重要的成就是由那些鲜为人知的工程师做出的；他们完善了农田的排水系统，并改变了英国每处农田的微观生态。在 19 世纪以前，除了简易的农田设施和犁沟能使地表水通过犁沟（水槽）被部分排干，人们还尝试过各种农田排水法。对此，一种改良措施至迟于 19 世纪 40 年代出现，即在高里冲积平原（Carse of Gowrie）的重黏土地区开辟人字形露天水道，并用锹铲精心维护这一排水系统。1846 年，亨利·斯蒂芬斯（Henry Stephens）谈及自己在苏格兰的田产间发现了“前人埋藏于沃土中的排水管道”，它们被铺设在保持良
98 好的底层土之中，耕犁无法触及它们（因为彼时耕犁无法深入 4 英寸以下的土壤）。这些排水管道是不牢固的石质通道，并容易被鼹鼠和淤泥堵塞；（管内水压升高后破裂处的）水流会喷涌而出，进而“造成恶果，但这本是人们打算用排水管道解决的问题”。[18] 在英格兰南部地区，一种更行之有效的传统方法是（挖掘）一处深约 2 英尺的沟渠，再铺入桤木、荆棘或石南（在苏格兰的改良方案中用到金雀花），最后回注泥土。此举在 18 世纪晚期以前就被引入苏格兰边境地带。[19] 这或许会有所帮助，但不列颠北部区域的地方性环境问题（尚存），阿伯丁郡政府大臣在 1842 年基于其家族数代人的农耕经验，详尽地描述了这个问题：

> 洼地积水完全妨碍了农耕活动；与此同时，耕地上杂草丛生。此外在（每年）11 月至（来年）5 月，喷涌自诸多地下泉眼的泉水会冻结耕土。[20]

而农田排水措施的突破性进展主要体现在以下三个方面。首先是约瑟夫·埃尔金顿（Joseph Elkington）发明的排水方法。他也因此于 1797 年斩获了农业委员会（Board of Agriculture）的相关奖项。为解决地下泉水的问题，他让农民认真确定泉眼位置，再用建于地下 6 英尺或更深的沟槽或水管排干泉水。[21] 埃尔金顿是沃里克郡的农民，该方法在降水适中且泉水构成土地泥泞之主要原因的地方成效显著。然而在苏格兰，他的方法很少奏效。因为那里的地表水过多，这通常使非渗透基土层以

上的土壤水分饱和。其次，丁斯顿（Deanston）的詹姆斯·史密斯（James Smith）在1831年发明了另一种排水方法。他是斯特灵郡的棉纺厂老板和农民。他发明的排水方法名为“彻底排水”（thorough drainage），要求以平行排布的方式铺设更多排水沟；它们深约2.5英尺，彼此间隔16—21英尺，再配合基土的首度翻耕，以破除不渗水土层。[22]此举更好地适应了北方潮湿环境的需求。第三，好的农田排水系统需要便宜且耐用的排水管。1819年，内瑟比（Netherby）的詹姆斯·格雷厄姆爵士（Sir James Graham）将马蹄型陶瓷管从斯塔福德郡（Staffordshire）引入坎布里亚郡，而这大概是许多地主首次在自己的田地里铺设的瓷砖工程。1845年，由托马斯·斯克拉格（Thomas Scragg）制管机制造的约翰·里德（John Reade）圆柱形黏土管比马蹄型管道更为有效。此外，自1846年开始，政府向地主们提供更为有利的贷款以帮助他们排干田地。这是除《谷物法》之外最早期的农业资助。[23]

最终，维多利亚时代早期见证了（农民们）在排干田地时投入的巨大人力、马力和物资。其工程规模之大是我们无从想象的，其结果改变了景观、生态条件和农业。亨利·斯蒂 99
芬斯（Henry Stephens）向我们描述了耶斯特（Yester）的地产；那片土地并非位于边缘地带，而是位于洛锡安东区沃土的核心地。

> （在排水前，）所有农场的田埂都堆得很高，每条开阔的犁沟都长满了杂草。与此同时，在一年中的绝大多数时间里，地表是潮湿且松软的。荆棘篱在这种状态下的田地里长势不好……每片农田都能找到一些被废弃的土地。

在“彻底排水”和基土翻耕筑渠以后，此地农田变得干燥、布局统一、(土壤)易于粉碎、布满藩篱且整洁有序。它们可以更快、更多地产出粮食。那些以往只能种植燕麦的田地被用以种植小麦，且每英亩谷物的产量增加了一倍。[24]

与此同时，各地的水利工程师们继续排干或大或小的沼泽，并将其转变为耕地。或许，约克郡的转变是最为显著的。1828年，托马斯·艾伦(Thomas Allen)赞扬了1811年的《议会法案》(*Act of Parliament*)，该法案要求圈占仍大量存在于哈特菲尔德和索恩的公地，并将占地21.2万英亩的“广阔废地”转变为“似波浪般丰产的谷地”。约克郡东区还有很多其他状况值得关注：

> 在最近半个世纪里，沃林芬(Wallinfen)和主教地(Bishopsoil)内占地高达9000英亩的公地被圈占并开发，加之其他一些面积较小的土地(也得到开发)。一块遍布沼泽、支离破碎且死气沉沉的开阔地，曾是人们在大雾或暴雨之中无法安全穿行的地带，现已被建筑精良的农场房屋覆盖，并被通向四面八方的道路连通。[25]

不列颠北部地区具有规模相同的改良地。正如维多利亚时代的猎手查尔斯·圣·约翰在1847年马里郡平原所观察到的那样，“人们已逐渐排干了当地最适宜捕猎野禽的土地；数年间，一处沉闷荒僻的湿地沼泽变成了一片热闹欢快的谷地”。其猎物饲养员先“长吸了一撮鼻烟”，当发现自己深爱的野鸭和野鹅猎场已成为燕麦田时，他回应道：“好吧，好吧，整个乡野已被他们的改良活动损毁了，恰如他们所能做到的那样，这里已不再是适宜基督徒居住的地方了。”[26]

据估计，19 世纪见证了英格兰低地 500 万公顷的土地被排干。[27] 其中，排水活动在 1840—1875 年达到顶峰。但当谷物价格相继下跌时，许多人认为布置周密的地下排水系统着实不够实惠。然而，该排水系统在永久牧场应是可取的。1894 年，人 100
们对该现象进行了解释："附近土地在需要重新排水前所预留的时间，不足以赚得排水支出的费用。"[28] 最终在 1875—1940 年，沼泽田地有了一定程度的退化。毫无疑问，这有利于鹬、红脚鹬、野鸭、水鸭、青蛙和兰科植物的生长，也是小型湿地的特征。几乎所有此类土地加之更多周边地，都在“二战”之时，尤其在“二战”后得到开垦；可观的补助一方面来自英国政府，另一方面来自（欧洲共同体的）共同农业政策（Common Agricultural Policy）。这使农民们得以再度排干田地，并将维多利亚时代遗留下来的未开垦湿地排干，彼时民众虽精力旺盛，却缺乏现代拉铲挖土机和塑料管道。

（以往）保留池塘的一个原因在于供养牛群。许多这种小水池都被填平或因植物演替而消失，因为动物们现已通过水槽获得自来水，所以池塘在最近半个世纪变得多余。现今，在生物多样性受损的同时，动物福利却获得了提升。

当然，农场动物多样性（减少）的负面影响已变得愈发严重，直观的事实是涉水禽鸟数量的下降。该情况在英格兰南部地区尤为严重。而在苏格兰，鹬鸟的数量从当地鸟类总量的 18% 下降为零；且红脚鹬的数量也在它们至迟于 20 世纪 70 年代的繁殖地从鸟类总量的 24% 下降为零，但绝大多数红脚鹬的消失必然早于该时期。[29] 对湿地植物群、昆虫和两栖动物而言，这种负面影响同样十分显著。约克大学的克劳奇博士（Dr Croucher）正在研究水蜘蛛的生存困境，那是许多生物都面临的典型生存困境。水蜘蛛是一种广泛分布于浅滩淡水水域的昆虫，从基因角度来看没有近亲。或许其生物遗传性征的一致性是基于以往水域分布的广泛性而言，即种群扩散十分简单。现今，水蜘蛛仅能分散地生存于更干燥的环境中，其互联互通必定十分困难。因此在现代分散而居的状况下，水蜘蛛基因的存续力已不再稳定。

现代农场的千篇一律与 1850 年以前评论员口中干湿交替的田地状况大相径庭。另一方面，野心勃勃且代价高昂的农田排水计划最终被叫停，它们本想改造北方尚存的重要沼泽和水边湿地。例如 1950 年，邓肯委员会（Duncan Committee）申请国家资助以彻底排干邓弗里斯郡洛哈尔沼泽（Lochar Moss）和斯特拉斯佩北部地区，该建议遭到英国政府的拒绝。[30] 但这并没有阻止 J. M. 班纳曼（J. M. Bannerman）作为自由党政客和苏格兰泥炭沼泽及土地开发协会（Scottish Peat and Land Development Association）的代表人，他（于 1962 年前后）呼吁在如斯特拉斯佩那样的平底河谷安装抽水机，因为那里有
101 “数千英亩”土地等待开垦；并且呼吁清理河口处的淤积沙坝，以全面降低湖水水位。由此罗蒙湖（Loch Lomond）的水位可能下降了 4 英尺。[31]

此后，态度明显出现了转变。在 20 世纪 70 年代，（英国）皇家鸟类保护协会购买了斯特拉斯佩部分排干的英什沼泽（Insh marshes），继而堵住排水渠，并让该地开始复归原始生态，成为名贵鸟类、珍稀脊椎动物和奇异植物的生态栖息地。但是当地农民仍迷惑不解，并对此种处置极富农业潜力之土地的举措表示愤怒。在 1988—1989 年冬季和接下来的一年中，下游洪水使人们再度呼吁开启斯佩地区的重大工程，但该工程很可能危害沼泽并摧毁未经开发的费希河（Feshie）的地貌价值。因为费

希河拥有不同于阿尔卑斯山以北任何地方的湍急支流体系。国务大臣在一场公开调查后反对上述工程方案，原因在于排除潜在的环境伤害后，该工程的预期效益较低。似乎这是“怡情”对“利用”取得的一次意义重大的小胜利。现今，相较于诺福克开阔地，费希河沼泽抚育了更多的涉水鸟。

目前为止，我们虽在谈论排干水域（湿地）的问题，但仍有兴趣继续探讨过去两个世纪新水域形成的特点问题。现今，在不列颠南部地区，或许人们最常碰到的新水域皆诞生于砾石采掘坑，那是人们在挖取筑路原料和混凝土原料时开掘的矿坑，正如牛津附近托马斯山谷（valley of the Thomas）中绵延数英里的矿坑那样。不列颠北部地区鲜有此类矿坑，尽管在例如法夫郡豪威（Howe）那样的地区也分布了一些。然而，北方拥有另一类“矿坑”——煤炭采集后的地表塌陷坑。它们形成了全新的湿地，正如在汉密尔顿（Hamilton）的克莱德山谷（Clyde Valley）、法夫郡的奥雷湖（Loch Ore）和约克郡的英格斯（Ings）。甚至波特里克沼泽地也恢复了一小片湿地，尽管那里不再具有像原来黄油块状般的地表突起。不过上述矿坑由此形成了重要的新水域栖息地，（要是没有它们）当地有时会成为极为干燥的地区。

但在不列颠北部地区，所有大型及部分小型新湿地皆是由工程人员精心建造的。其中，第一批主要建设者是维多利亚时代的工程师，他们旨在为大型工业城市修筑提供洁净饮用水的水库。这些大型城市位于兰开夏郡、约克郡、英格兰东北部、苏格兰中部以及威尔士。埃德温·查德威克（Edwin Chadwick）和其他人曾说服整个（英国）社会相信，人们对充足的洁净水保有绝对需求，而视其缺失为工业时代的一桩丑闻。每个人都知道工业革命中大运河、桥梁、道路及铁路建设者们的名字，从约翰·劳登·麦克阿丹（John Loudon McAdam）和托马斯·特尔福德（Thomas Telford）到伊桑巴德·金德姆·布鲁内尔（Isambard Kingdom Brunel）和罗伯特·史蒂芬森（Robert Stephenson），但谁能同样记得J. F. 拉·特洛比·贝特曼（J. F. La Trobe Bateman）、托马斯·霍克斯利（Thomas Hawksley）、詹
102 姆斯·莱斯利（James Leslie）和乔治·莱泽（George Leather）？尽管他们在建设英国蓄水和引水工程时所覆盖的地域广度确实与前者相当。上述四位水利工程师及其公司负责建设了88项工程，其规模之大足以被列入国际大坝登记册（International Register of Large Dams），贝特曼公司单独承办了其中43项工程。[32] 伤寒和霍乱死亡率的骤降，恰是他们所建造的这些宏伟大坝的功绩。

图4.2　一条获得保护的河流：1987年英什沼泽斯佩河（Spey，特殊科学价值地点）。（彼得·韦克利，《英格兰自然》）

小乡镇修筑小水塘，大市镇修筑令人惊叹的水利工程。但一种极端情况出现在法夫郡的中小型自治市中，从丹弗姆林（Dunfermline）、寇克卡迪（Kirkcaldy）和圣安德鲁斯延伸至西安斯特鲁瑟（Anstruther Wester）小镇（居民人数少于1000人）。当重力水供应的潮流席卷而来时，每个小镇都修筑了一座距离本镇不到10英里的独立水库；就连一开始拒绝修筑水库的西安斯特鲁瑟，也跟随东安斯特鲁瑟（Anstruther Easter）和塞拉戴克（Cellardyke）的步伐参与其中。[33] 晚至1968年，18个不同的水利管理机构共同服务于法夫郡和金罗斯（Kinross），彼时它们尚未整合成一个水务局（Water Board）。[34] 那些现今仍在使用的水库，造就了十几个中小型湿地（否则当地只能是干旱的田野），这也稍微补偿了（排干湿地的）历史 103
活动。

此外，另一种极端情况出现在曼彻斯特、利物浦和格拉斯哥的大型引水工程中，即分别从遥远且未受污染的湖区高地、威尔士北部韦尔努伊湖（Lake Vyrnwy）和特罗萨克斯（Trossachs）通过引水隧洞和高架渠将水流引至利用地。以曼彻斯特为例，引水距离长达100英里。如此巨大的工程，充斥着技术层面和政治层面的多种问题。首先在技术上，工程实验规模之巨大令人惊叹，彼时最伟大的传统工程师也对引水过程知之甚少。例如，布鲁内尔建议称“管渠的形式实际上与清除沉积物的一般性问题无关”，但事实恰好相反。罗伯特·史蒂芬森曾反对釉面自净管，“谈及（此种）管道，他不会触碰任何一根；他厌恶这种管道的名字，绝不想重提它们的名字”。但结果表明，这种管道是极其成功的发明物。[35]

更为糟糕的是，最初人们关于大型堤坝的建筑知识极为有限。曾有两场严重的事故发生，其一为1852年哈德斯菲尔德

图 4.3　一条遭到污染的河流：1989 年兰开夏郡伯里（Bury）艾尔韦尔河（Irwell），河水中漂浮着从上游造纸厂冲下的泡沫废料。（彼得·韦克利，《英格兰自然》）

（Huddersfield）附近的乔治·莱泽越桔大坝（George Leather's
104 Bilberry Dam）断裂，该事故共造成 81 人死亡；其二为 1864 年谢菲尔德附近莱泽侄子所建的约翰·托勒顿·莱泽戴尔堤坝（John Towlerton Leather's Dale Dyke）断裂，该事故使 250 余人丧生。1852 年，当曼彻斯特以北 15 英里尚未竣工的伍德黑德水坝及托赛德水坝（Woodhead and Torside dams）被山洪冲毁时，拉·特洛比·贝特曼及时避开了一场本应更为严重的灾难。较之泰铁路桥（Tay Rail Bridge）坍塌，越桔大坝和戴尔堤坝事故皆使更多人罹难，但水利工程史的特色就在于，前者会被人们清晰地记得，而后者则会被人们彻底遗忘。即使在戴尔堤坝事故发生后，作为英国当时的首席水库工程师，贝特曼仍继续使用贯穿坝墙的排水涵洞；整体来看这种设计并不安全。好在贝特曼的工程技术标准极高，终其一生未造成严重事故。[36]

工程师们遭遇的政治难题具体表现为格拉斯哥市政委员会（Glasgow Corporation）提出的工程计划遭到反对；工程计划将卡特琳湖（Loch Katrine）的湖水引至34英里外的格拉斯哥（见地图4.3）。当该计划在1852年被提出时，反对方就受到当时地方水利公司的鼓动，因为那些公司经营着从克莱德河抽水供应格拉斯哥的事业。他们首先说服了福斯的政府委员们（Forth Commissioners），并通过他们说服了英国海军部（Admiralty），表明会将河水从原生流域引入其他流域，以减少福斯河的水流冲刷作用，并最终淤塞罗塞斯（Rosyth）的皇家海军基地。这种异想天开的意见或许凸显了时人对水利科学的无知。尽管布鲁内尔和斯蒂芬森这次给出了更准确的独立评估意见——淤塞不可能发生，但在英国海军部撤销反对意见前，（格拉斯哥市政委员会）还需与格拉斯哥市长及帕默斯顿勋爵（Lord Palmerston）进行一次会面；同时在福斯的政府委员们撤销反对意见前，须交予其7000英镑的好处费。或许更糟糕的是，受当地杰出化学家彭尼教授（Professor Penny）支持的水利公司提出了另一项指控——山泉软水（soft mountain water）能够溶解水管中的铅，而这些水管连接着主管道和民宅。[37]该指控被格拉斯哥市政委员会留用的其他化学家们以复杂的论证过程反驳。当一个世纪后格拉斯哥儿童们的铅中毒现象愈发明显时，彭尼教授观点的正确性才得以显现；但较之由铅元素引发的最终伤害，在将克莱德河的不洁净河水替换为特罗萨克斯的洁净水后，格拉斯哥城中水源性传染病死亡率的下降则更为明显且迅速。

再者，将卡特琳湖之水引至格拉斯哥是颇具维多利亚时代特色的气派之举。湖面被抬高了四英尺，且湖水从自然水位下

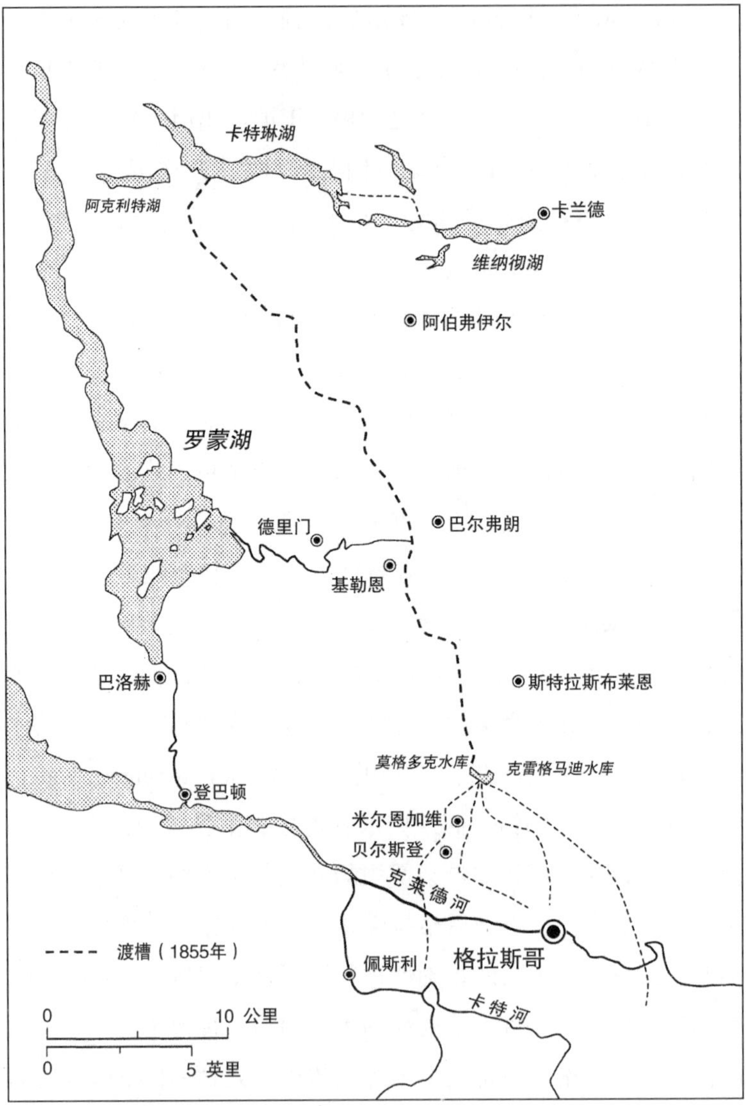

地图 4.3 1855 年卡特琳湖至格拉斯哥的引水线路图

三英尺的位置被抽取，因此湖中的上层蓄水区深约七英尺。后
来，一座建造于韦纳查尔湖（Loch Venachar）的下游水库填充
了福斯流失的水源。人们还打通了川湖（Loch Chon）与卡特 105
琳湖之间的山脊隧道，将其水源引入不同流域，并在川湖尽头
最遥远的地方修建了一座临时村庄。该村庄能容纳 3000 名雇工 106
及其家属，建有食品店、阅读室、校舍和教堂，并配备了医生
和教师。由于在开凿隧道时火药的爆炸声不绝于耳，劳工们便
将当地称作（战斗之地）塞巴斯托波（Sebastopol）。该引水线
路铺设有将近四英里的铁管，其余部分则以拱形渡槽连接；全
程开设有 70 处独立隧道、44 处通风井和 26 处重要的渡槽（均 107
以铁质及砖石建材构筑）。[38] 贝特曼在水利工程的揭幕仪式上
宣称：

> 我给你们留下一处工程……恰如其所洞穿的山峦那般坚不可摧，这是一处真正的“罗马工程”……其伟大胜过罗马城中九座著名的渡槽；而在你们城市现今所有著名的装饰性或实用性建筑中，没有哪处工程比卡特琳湖引水工程更凸显人们的智慧，更值得你们尊重，或就其结果而言更有益于人类。[39]

一切进展顺利，直至格拉斯哥居民家中旋开的水龙头不断漏水。1860 年，格拉斯哥市政委员会的首席民用水工程师詹姆斯·盖尔（James Gale）声称，由于水龙头和水塞的（质量）问题，每位居民平均每日会泄漏 30 加仑水，“大大超过了当前克莱德河以北每位居民 25 加仑的平均日用水量”。四年后，盖尔公布了修正后的数据，即格拉斯哥居民（平均每人每日）浪费 15 加仑水，并使用 42.5 加仑水。我们要正确看待此事，在卡特

琳湖引水计划实施以前，格拉斯哥居民的人均用水量就已达到36加仑（尽管当时取用的是克莱德河里受污染的河水）；1864年，曼彻斯特平均每人每日用水22加仑，桑德兰则为每人15加仑（相当于格拉斯哥民宅水龙头彼时的泄水量）。[40] 显然，水资源浪费是格拉斯哥居民长久以来的生活习惯。但在其他地区，水的可用性才是人们日常生活里最为重要的考量因素，而非其纯度。1845年，盖茨黑德（Gateshead）遭遇了同非洲一样的问题，即当地大多数人开始习惯在公共水井处排队三小时来打一桶水。卡洛林·戴维森（Caroline Davidson）曾称家用自来水的广泛供给“毫无疑问是在1650—1950年英国家庭发生的影响最为深远的改变”。[41]

至1895年，人们建造了一处从卡特琳湖至格拉斯哥的新渡槽，并致使湖面进一步上升了5英尺。这一方面是因为贝特曼工程的收效低于预期，另一方面则是因为扩大的工业及人口规模（提高了用水需求）。尽管浴室、户外喷泉、（男用）小便器和抽水马桶的数量大幅增加，但由于彼时自来水配件已经达标，故人均家庭用水量实际下降至每日32加仑。[42] 该数值接近（但稍高于）英国人均家庭用水量在1985年的现代数值——29加仑。[43]

20世纪，苏格兰和英格兰北部地区持续兴建水库并开展引水工程，但最近三十年却鲜有新水库和新引水计划得到实施。1971年，苏格兰拥有380处正在运营的饮用水水库及（供水）
108 湖泊。然而，谈及苏格兰水力发电项目之建设，我们必须探讨那些由20世纪水利工程师们所建效果最为显著的工程。此类工业计划最先是为满足英国铝业公司（British Aluminium Company）之需，于1896年在福耶斯（Foyers）地区开展并完成，但它旋即相形见绌于该公司1909年在金洛列芬（Kinlochleven）促成的（水利）计划。因为新计划致使不列颠群岛的蓄水规模达到新量级——黑水大坝（Blackwater Dam）高 86 英尺，长 0.5 英里，并能容纳 2400 万加仑水。据称，它是“传统劳工所建造的最后一处重要工程”；其中一名劳工以自传体小说的形式记录下他们恶劣的工作环境，该小说即帕特里克·麦克吉尔（Patrick MacGill）撰写的《绝境之子》（*Children of the Dead End*）。[44]

在两次世界大战间的数年里，其他私人计划纷纷实施，尤以在洛哈伯、埃里希特湖（Loch Ericht）、塔姆尔河和加洛韦的工程最为有名。但（彻底）改变高地自然流域特征之事，还须由英国政府创建于 1943 年的苏格兰北方水电局（North of Scotland Hydro-Electric Board）落实。在接下来的二十年里，它们建造了 53 座大坝和水电站，其发电容量（generating capacity）超过了百万千瓦。[45] 截至它们竣工时，除了未被纳入蓄水或引水计划的马里湖（Loch Maree），苏格兰高地已鲜有一处真正意义上的大型自然水域，也鲜有一条未受影响的高地河流。原本自然注入北海的降水，现已通过隧道和涡轮机被人们轻易地引入了其他流域，并最终汇入大西洋。这一切皆表明，拉·特洛比·贝特曼在辖制水域的工程艺术面前不过是一个新手。

现今，水利工程技术的有效性毋庸置疑，尽管此种判断是基于精明的成本收益分析得出的；但于 20 世纪 60 年代的苏格兰，成本收益分析却最终限制了水电局的繁盛事业，同时导致英格兰水利资源部（Water Resources Board）历经了一场“施工狂欢”，并在援建了基尔德水库（Kielder Reservoir）来为一座东北地区从未建成的钢铁厂供水后，走向衰落。[46] 相较之下，对垂钓者、博物学家和漫步者而言，水域是欢乐之源。至于浪漫主义者，他们中的某人或是所有人会利用受过华兹华斯或司各特（诗文）熏陶的双眼找寻美景，（并发现）那些蕴藏着古典景观的水域。当利用与怡情产生冲突时，事态会有怎样的发展？

不难预料，答案会因水资源问题的不同而各异。譬如，河流污染问题完全不同于水库建设问题，并得以激发更为广泛的（社会）回应，这主要因为前者对公共健康和实际效用的损害显露得更快，而后者所带来的损害则需要过段时间才能显现。对河流污染的抗议在19世纪中期随处可见，且令人愈发苦恼，例如愤怒的约克郡制造商以科尔德河（River Calder）的污水为墨，写信给政府称："（污水的）气味只能附着于纸面吗？它会增加
109 这份备忘录对相关问题的担忧。"[47]然而，工厂和市政当局认为拥有一条能迅速倾倒污水的河流是一种便利，并认为这比抗议者的抱怨更重要；在当地官员的判断中，尤其当绝大多数城镇停止饮用河水，而选择高地的水库水时，他们便愈发肆无忌惮地向河中倾倒污水，而不考虑后果。即便是当地那些最富裕且最有势力的个体也难以获得赔偿。巴克卢公爵（Duke of Buccleuch）强烈抵制其领地内中洛锡安郡（Midlothian）埃斯克河（Esk）上游的造纸厂，并耗费了一代人的时间才获得法院的拆除判决；而约克郡的法律如此低效，以致（英国）皇家河流污染委员会（Royal Commission on River Pollution）在1867年声称，任何审视约克郡西区恶臭河流之人"都会断定那里一定存在一份通用许可证，以准许所有滥用河流的行径"。[48]1875年和1876年的英格兰立法（以及1867年的苏格兰立法）皆承认，河流污染是一个严重问题，却又无法将其一举解决。这倒也不足为奇。[49]

结果，尽管采取了大量的临时性措施，人们在20世纪中

期的数十年里，仍可见记忆中19世纪的场景。由此，肯普斯特（Kempster）在1948年写道："像泰恩河、蒂斯河与威尔河那样的工业化河流在一些地方不过是开放的下水道而已。"他表示，就泰恩河的纽卡斯尔河段而言，在1933年6月的数日里，人们发觉河水的含氧量已下降为零；他还表示"(附近)几个城镇的污水未经处理就排入了河中"。总体来说，苏格兰的情况较好。110
然而，肯普斯特观察到，"尽管人们很难找到借口去污染水质如此优良的高地溪流，比如说德夫隆河（Deveron），但亨特利镇（Huntley）和基思镇（Keith）依然向其中排放未经处理的污水"。[50]对此，一个问题在于，排污管理机构的数量过多，它们在工作目标互相冲突的情况下又不具备充分的事权。例如，在两次世界大战间的数年里，曼彻斯特市政厅（Manchester Town Hall）方圆15英里的区域内就有100个排污管理机构。[51]因此，在经历工业发展时，河流水质的迅速退化不足为奇。20世纪40年代，达灵顿每日仍向蒂斯河排放300万加仑的污水；此外，蒂斯河还要接受来自达灵顿上游焦炉厂和下游化工厂的污水，而该河曾是一条汇集了众多鲑鱼的特殊河流。由于河口地区受到氰化物的污染，在1923—1937年，过去得以在哈特尔普尔（Hartlepool）市场上出售的鲑鱼总量从180400磅降至700磅。[52]

城市在可行的情况下会将污水径直排入海洋。1935年，默西河（Mersey）河口每日须接收4000万加仑未经处理的污水；此外，爱丁堡持续通过短距离排水口向福斯湾倾倒未经处理的污水，此举直至20世纪80年代才终止。当城市改变了污水处理方法，以污染水域为生的多毛类蠕虫种群就被以洁净沙滩为生的其他蠕虫种群取代。[53]但对野生鸟类观察者而言，在福斯的一处著名景区，1万只斑背潜鸭和几乎同等数量的红头潜鸭于一夜之间销声匿迹。因为野鸭们以第一类蠕虫为食，而非第二类。这对现代环保科学而言是一种讽刺。

自 1948 年以来，尤其在 1951 年和 1974 年里，一系列议会法令有助于缓解河流污染，尽管新问题仍在不断产生，例如集约化畜牧业的污物排放及耕作中的农药和化肥流失问题；而老问题也依然存在，例如城市污水处理厂的超负荷运转，该问题自约克郡西区河流委员会于 19 世纪 90 年代建立起便一直存在，它同样困扰着该河流委员会的后继者，即现今的约克郡水务公司（Yorkshire Water）。[54] 在英格兰，污染治理成效最为显著。其治理首先针对重度污染的河流（以能否供养鱼类生存为标准）展开，其次针对潮汐河流展开，其污染程度在 1970 年以前高于非潮汐河流，但在此后低于非潮汐河流。1985 年，苏格兰有 95% 的河段获评优质水资源；相较之下，英格兰和威尔士仅有 69% 的河段获评优质水资源。在当时的欧洲共同体内部，英国的河流状况是最好的；但这反映的却是（英国）除核心地带外所有地区的非工业化进程，不是苏格兰式保持河水洁净的基本美德。[55] 然而，英国更擅长处理点源污染（spot pollution），即从一座城市或一处工厂着手管治，但不太擅长解决农业残留试剂流散这样的面源污染（diffuse pollution）。譬如，阿伯丁郡乡村的伊坦河（River Ythan）在 20 世纪 80 年代晚期遭到了严重的农用氮肥污染，金罗斯的利文湖也在同期因相似的原因关
111 停了远近闻名的鳟鱼渔场。至于在法律及有效行动方面的突破性进展，则出现在第二次世界大战结束后并凸显于 20 世纪 70 年代。考虑到传统及反污染说客的潜在力量，怡情在反对利用时的缓慢进展乍一看似乎十分惊人。

当一个人以类似的方式思考社会对大规模蓄水活动的批评时，（不难发现）19 世纪末以前几乎没有什么可供言说的情况。

自 1810 年起，沃尔特·司各特就在史诗《湖女》(*Lady of the Lake*) 中将卡特琳湖描绘成苏格兰浪漫之旅中最神圣的（观光）地点。统计学家约翰·辛克莱爵士（Sir John Sinclair）在当年秋天前往湖边参观时，发现自己所乘坐的马车已是秋季第 297 辆开赴那里的车辆；至 19 世纪中期，成千上万的参观者聚集在湖边，且数以千计的蒸汽船航行于湖中。[56] 但没有人对贝特曼于 1856 年开启的蓄水工程和《1885 年法案》(*Act of 1885*) 进一步提出的抬升湖面计划表示抗议，尽管（这部分因为）水泵站和大坝作为男爵式（华丽且）纯朴的装饰恰到好处地装扮了当地景观，缓和了批评。晚在 1958 年，附近几乎同样著名的格伦-芬格拉斯（Glen Finglas）也开始在全无批评的情况下成为集水地。 112

或许我们可以预见，华兹华斯潜在的灵魂之力致使湖区最早爆发了争论。1876 年，拉·特洛比·贝特曼提议开发瑟尔米尔湖（Thirlmere），并将其湖水引至 100 英里外的曼彻斯特。市政当局先是派出三名乔装成牲口贩子的人员探听情况，随后决定购买整个流域以保证水质。曼彻斯特主教阐述了一种与湖区通行神学观念相悖的看法，即如果“万能之神创造瑟尔米尔湖就是为了向曼彻斯特的人口稠密区提供洁净之水，那么为此目的就再没有比瑟尔米尔更精巧的自然设计了”。然而，本地业主和居民却极为愤怒。他们建立了瑟尔米尔保护协会（Thirlmere Defence Association）以抗议湖区中大规模的施工计划；且（英国）议会特别设立的专责委员会听取了 33 次（民众）请愿。此类专责委员会首度在权衡财产利益之外，考虑到景观影响及其娱乐价值，此举为现代的公开调查（问询）埋下伏笔。水库建设提议在 1879 年获得许可，但由于商贸条件限制，建设工作直至 1890 年才展开，大坝最终竣工于 1894 年。[57]

在竣工的同一年，罗恩斯利教士震惊于景观破坏的事实，他与湖区保护协会的同盟者们（包括令人敬畏且精力充沛的奥克塔维亚·希尔）组建了“（英国）历史遗迹与自然景观之国民信托组织”，并担任守卫者之职，以保护为国家购置的（历史遗迹和自然景观）财产。其工作在很大程度上是为了保护湖区免受此类开发的进一步破坏。然而，这没能阻止霍斯沃特（Haweswater）的工程交易，以及 1916 年确定的曼彻斯特引水计划，尽管直至 1941 年霍斯沃特的水源才真正流向曼彻斯特。此外，在两次世界大战间的数年里，湖区大部分的争议是关于造林活动，而非水库建设。[58]

在第二次世界大战后，曼彻斯特市政当局（Manchester Corporation）的工程师们不仅狂妄自大，还立足于他们在湖区开发史上的不败战绩，将注意力转向阿尔斯沃特湖（Ullswater）。1961 年，他们试图获批一份私人议案以在阿尔斯沃特湖蓄水，但老练的审判员及律师伯基特勋爵（Lord Birkett）作为反
113 对方的发言人，发表了尖锐且富有技巧性的批评，议会上院最终否决了该议案，并不再复议。1964 年，曼彻斯特再次试图通过一项水利法令，以获准抽取阿尔斯沃特湖和温德米尔湖的湖水；随后在肯德尔镇（Kendal）举行了公开调查会，而当地居民拒绝为该计划的支持者提供住宿或食物。尽管政府大臣最终批准了诸多的湖泊开发计划，但工程建设要在无比严格的条件下进行：首先，泵站必须建于地下；其次，阿尔斯沃特湖周围不许兴建拦河坝。此外，巴里斯代尔（Barrisdale）的水库建设提议也遭到否决。所有上述决议皆增加了开发成本。怡情诉求展现了自身威力。[59]

对水电站大坝的抗议沿着基本相同的思路发展。1896 年的福耶斯计划损害了曾激励过伯恩斯的一处著名景观和一道瀑布，

但该计划在一场公开会议上受到了热烈支持，“仅有两名女士表示反对”。这是因为“高地西部贫穷的佃农和渔民”欢迎“该计划所支持的工业进入他们的生活”。在两次世界大战间，倡导“美化村容市貌”的游说团体逐渐壮大，结合鲑鱼渔业和煤矿业的利益，他们试图在1929—1941年阻止五项开发苏格兰高地的议案。尽管呼声大多来自英格兰地区，但苏格兰乡村保护协会（Association for the Preservation of Rural Scotland）在1936年要求发起一场调查，以探求水电计划所谓的好处是否真能超过它们对乡野景观造成的损害。[60]群情激昂，哪怕是在战时。1941年，下议院关于格兰屏山区电力供应议案（Grampian Electricity Supply Order）的辩论非常激烈。一位权势颇高的英国工党议员及未来的部长级大臣诺埃尔·贝克（Noel Baker），在谈到关于格伦-阿弗里克和格伦-坎尼奇（Glen Cannich）的蓄水议案时表示：

> 这不仅是高地民众的事务，还是英国民族的事务……这并非一个关于次要或暂时性目标的议题。高地是全英民众的精神遗产，而议会有责任去保护它。[61]

在这次辩论后，苏格兰事务大臣（Secretary of State for Scotland）汤姆·约翰斯顿（Tom Johnston）委任专人撰写了库珀报告（Cooper Report），考察苏格兰高地水力发电的前景。针对利用与怡情的斗争，报告人并未闪烁其词：

> 我们必须一劳永逸且实事求是地面对该项事务所蕴含的终极难题。如果我们渴望保护高地的自然特色并使其永恒不变，且此举是为了那些度假者的利

> 益——他们希望在自然状态下沉思并经历由气候条件所致的相对短暂却迷人的季节，那么对一项基于美学诉求的政策而言，其符合逻辑的结果是，将当地绝大部分区域划归国家公园永久封存，并提供一些居留地；随着土地人口的逐渐减少，余下人口得以继续居住于当地直至死去。[62]

114 继库珀报告发布后，水电局（Hydro Board）于 1943 年成立。在意识到情感的持恒力量后，该机构确信自己应不遗余力地通过提供免费鱼梯（fish ladder）（帮助鱼类回游）的方式，实现公众的渔猎利益；同时满足“美化村容市貌”之需求，即审慎设计大坝和水电站。其中一些大坝和水电站（例如在格伦-阿弗里克的那些）荣登战后杰出建筑物榜单。

然而在 1945 年，水电局未能避免一场同苏格兰国民信托组织和其他组织的全面论战，其矛盾焦点在于水电局提议在皮特洛赫里（Pitlochry）的法斯卡利湖（Loch Faskally）新建一座水库。当地社群同样拒绝向与会支持者们提供酒店房间和食物。随后的公开调查显示，该建设提议得到支持；而苏格兰国民信托组织则承担了巨额的法律诉讼费，并在未来十多年的时间里独自舔舐伤口。工程人员放水淹没了格伦-坎尼奇和格伦-阿弗里克，大坝建于高地之上，但这并未遭到苏格兰信托组织的正式反对。1958 年，一项水电计划开始将格伦-尼维斯（Glen Nevis）地区纳入考量。信托组织做好了投入另一场战斗的准备，并促使其主席以强硬的姿态去拯救“峡谷正上方的迷人悬谷和谷顶飞流直下 400 英尺的瀑布”；其秘书记录道：“此事毫无妥协的余地。”[63] 他们时刻准备在一场公开调查中投入战斗；但就此事而言，他们没有这样做的必要。作为替代方案，他们向组建于1961年的麦肯齐委员会（Machenzie Committee）提供证据，以探讨苏格兰的发电前景。在一份重要的递交文件中，信托组织重申了在讨论苏格兰国家公园事务时的传统观点，即很有必要设置一个有权指定特殊保护地的景观委员会（Landscape Commission）——这为苏格兰乡村委员会（Countryside Commission for Scotland）的建立做了铺垫。[64] 格伦-尼维斯议案最终在1965年遭到了否决，尽管这在一定程度上是由经济因素所致——气候条件的变化影响了水电项目的评估结果，但这同样可以被视作“美化村容市貌”之游说团体所获得的胜利。

至20世纪60年代，曾经不证自明的蓄水、发电和引水计划（也）开始不再能够轻松地通过（议会裁定）。从随后的一场激烈辩论可见，尽管英国议会最终于1967年通过了一份议案，其（授权的工程）会淹没蒂斯河谷考格伦极具植物学研究价值的糖晶质石灰岩地区，但这仅表明了英国化学工业公司合成氨厂的新项目诉求艰难战胜了自然保护协会、英国生态学会和其他广泛志愿组织的联合反对意见。约翰·希尔评价称：“令抗议者稍感欣慰的是，事情不会再像以前那样了；在未来，此类项目的支持者们要想避免高昂的辩论成本和负面评论，就必须更加谨慎地考量生态影响。”[65]

这是一个历史转折点。就约克郡而言，地方工党议员道格拉斯·霍顿（Douglas Houghton）指出，如果在赫勃登山谷（Hebden valley）建造水库，那它将成为其选区内的第18座水 115
库，但他呼吁议会“在一片充斥着丑陋工程遗产的地方，选择站在自然之美的立场上”，由此英国下议院于1969年否决了当地的蓄水议案。事实上，早在二十年前，下议院就曾出于对美观及舒适度的考量否决了一个紧邻赫勃登山谷之地的蓄水议案。[66]

在接下来的一年里，一项要求在北约克郡莫尔湿地国家公园（North York Moors National Park）法恩代尔（Farndale）建造水库的议案也被戏剧化地推翻了。[67] 在峰区（Peak District），400万人得以从“一片多湖泊的地区”获得水源，“但该地仅是一处独特的人工供水区”；对此，人们在1962年议论道：“绝大多数的当地人都会认同水库美化了风景的事实。”[68] 这还让人回想起，水电局曾称，公众认为蓄水一举“几乎百分百”地提升了格伦-阿弗里克之美。[69] 但十年后，要求在峰区国家公园（Peak National Park）内建设另一项大型蓄水工程的议案，却引发了三次代价高昂的公共调查；此事发生在1978年卡林顿计划通过以前。[70] 自此以后，鲜有大型水库得以建造。更不用说到了20世纪70年代，怡情的支持者们已经谙熟如何彻底搞砸那些他们无法接受的利用计划了。在我们选定的区域外，拉特兰湖（Rutland Water）是一个尤为有趣的案例：1969年的法律条款使其不仅被建成一处能够提供大量娱乐设施的地点，还被划定为可增添当地生物多样性的大型自然保护区，故该法律条款获得了极大的成功。

由此做出最后的观察判断是切合时宜的。令我印象深刻的是，与环境状况，进而与公众健康息息相关的河流污染问题应被有效解决，并被给予同（怡情者）不可接受之蓄水工程等量的重视，而后者主要与审美体验（和极个别情况下的自然保护）密切相关。据悉，大约在20世纪60年代和70年代，一种真正的范式转变出现在我们对自然的建构与理解之中，这足以触动政治家们和法律制度，而不仅是时尚趋势或行业影响力的转变——这能使一个或另一个具体的游说团体暂时获利。不过，这将是留待日后探讨的问题。

第五章　脆弱的山丘

对绝大多数人而言，如果你问及他们大不列颠群岛何处最富野性，他们大概会提到英格兰北部和苏格兰地区占地面积一半以上的山峦和漠泽。如果野性意味着徒步数小时，除了零星几处可见已被废弃的农场，且看不见任何一条道路或住所的话，那便没错了。但在高地上，没有哪寸土地是人类不曾驻足的。最富有自然气息的地方是山峦之巅、山间小湖和冰斗湖以及广阔的覆被沼泽；在那里，我们能获得与生活在后冰期时代旷野中的先祖们最相近的体验视角——但正如我们所见，这些景观同样嵌入了我们作为污染者的活动经历里。 116

高地上自然色彩最少的地方就是那些连绵开阔的漠泽，它们的出现通常源自人类活动，也会因人类活动的终止而大量消失。从典型意义上来说，漠泽起源于一千年以前。例如考古挖掘表明，湖区在青铜时代具有双重特性的气候——更为潮湿且多风，家畜活动所带来的生态压力致使原生橡木林无法再生，故森林最终被青草丛生的牧场替代。此后，由于土地不再受林冠的遮蔽和落叶的养护，它们日渐贫瘠，逐渐酸化并灰壤化，结果导致牧草被石南、越桔和其他杜鹃科的灌木取代。[1] 这种石南（帚石南）漠泽一直延续下来，其产生一方面是由绵羊、山羊、矮马、牛和鹿的啃咬所致，另一方面则是由定期烧荒以促植物生长的农耕习俗所致。如果家畜和火源能够撤离，那么绝大多数地区的森林覆盖率就会自然回弹，正如长期的农业衰退会导致的情况。彼时复生的树木可能不再会是橡木，而是耐受酸性土壤的桦木、苏格兰松以及其他外来的针叶树种，譬如遍布附近种植园区的北美云杉和洛奇波尔松。

无论如何，在最近 50 年里，欧洲北部绝大多数地区的石南都已快速衰退，这并不是植被的自然演替，而是由进一步的人类干预所致，包括在漠泽上种植新型针叶松林、未能提升牧场
117 边区的地力、过度牧羊以及促成酸雨等。在 20 世纪 40—80 年代，苏格兰丧失了约四分之一的石南沼泽和覆被沼泽（同样以石南属植物为主要植被）。我们应当剖析产生上述现象的诸多原因。并非所有高沼地在一开始都以石南属植物为主要植被。在高地最湿润的地区，即位于西部降水最充沛或拥有非透水性土壤的地区，其（往往）以席草、酸沼草、棉草和泥炭藓为主要植被，但当地的原始森林在人类活动、气候变迁或二者合力的作用下不复存在。在这里，如果人类停止干预活动，那么森林植被的后续恢复将不会如此自然或迅速，因为杂草遍生或潮湿的沼地无法成为林木再生的温床。

在最近的两个世纪，无论出于什么原因，杂草和莎草以石南和泥炭藓的衰退为代价，长满了不列颠北部高地。在 1813 年奔宁山脉的南部地区，一名评论员谈到德比郡（Derbyshire）荒野已“披盖了大量的灰色泥炭藓沼泽”；1835 年，另一位博物学家将泥炭藓的生态关联物——美丽的沼泽迷迭香，描述为“约克郡与兰开夏郡交界山脉中遍地生长的植物”。[2] 现今，泥炭藓和沼泽迷迭香已从其曾经自由生长的地区消失，取而代之的是棉草。这种持续的（植被）变化正在成为或已经成为漠泽的一大特色。

20世纪已有大量关于高地“生态退化”的科学探讨，最令人印象深刻的是弗雷泽·达林将森林采伐和过度开发与荒漠化的概念相关联；而荒漠化是在两次世界大战间的数年里由美国尘暴事件所唤起的流行概念。1956年，他写道，自己在阿拉斯加突然萌生了一个重要想法：

> 过度放牧和过度烧荒曾发生在世界大多数地区，进而制造了大量的荒漠化土地。我证实了苏格兰高地上的潮湿荒漠就产生于此。[3]

生态学家可能会采纳上述观点，并观察一处土壤肥沃且“长期处于稳定状态”的林地环境是如何在以采伐为主要破坏手段的影响下转变为另一种生态环境的。例如，皮索尔（Pearsall）解释了湖区土壤中积累了千年之久的叶霉和腐殖质如何在短期内遭到氧化和破坏，继而形成了可溶性盐（该化学物质能与土壤自身蕴含的石灰质和钾盐化合，并流入湖中，成为湖底沉积物）并最终导致山地土壤贫瘠和酸化。[4]

但所有变化通常发生在很久之前，比弗雷泽·达林认为的 118
还要久远。例如，伯克斯（Birks）就最早期广泛存在的毁林开荒现象总结了花粉化石的证据；证据显示，在3700年前苏格兰高地的西北部地区，距今3900—1700年的天空岛、距今2500—2300年的北约克莫尔（North York Moors）和奔宁山脉，以及距今1700—1400年的加罗韦和阿盖尔郡，开荒活动皆广泛存在。[5]在伯克斯看来，只有格兰屏山区（Grampians）和凯恩戈姆山区的开荒活动能够追溯到距今三四百年的时候；但其他孢粉学的证据表明，在这里，甚至在其他许多地区，开荒活动都能被追溯到史前更早的时期。[6]

图 5.1　20 世纪 50 年代，自然保护协会管理员波尔森（Polson）正在韦斯特罗斯贝恩-艾赫国家自然保护区（Beinn Eighe National Nature Reserve）观测鹿群（《英格兰自然》）

所以情况就是，历经漫长生态变迁的高地已形成独一无二且适应于贫瘠土壤的生态系统——其生态价值很高。例如，人们发现全英四分之一的无脊椎动物都生活在石南沼泽。当地至少有 67 类高地种禽，其中四分之一皆能被视作珍稀或濒危物种，且 61 类种禽要么生存于石南荒野和草原漠泽，要么生存于酸性沼泽。[7] 此外，较之欧洲所有规模相当的地区，不列颠高地可能保有品种更多的鸟类；它们皆是生活在不同气候区的典型禽鸟。[8] 但近来，人们也对高沼地和山区栖息地表现出普遍担忧，
119 因其生物多样性不断减少，这意味着这些生态栖息地能供养的生物数量越来越少，且物种越来越贫乏。正是基于这种意义，而非在林地基本转化为漠泽的意义上，我们继而探讨过去四百年发生的事情。

山区生物多样性衰退的证据往往是不够精确但引人关注的。鸟类史（比其他物种史更为人所知）提供了一些事例。麦翁之类的鸣禽是典型的高地鸟类，尽管于现今夏日，你很可能在高地徒步一小时却看不见一对。这是因为它们向南迁徙了。18 世纪，吉尔伯特·怀特称，在苏塞克斯郡的南唐斯丘陵（South Downs）

> 于秋季时，麦翁鸟为数众多。对于猎杀它们的牧羊人而言，这是一项可观的临时性收入……到了麦收的季节，麦翁鸟就开始遭到捕杀……并出现在所有优雅的上流人士款待其宾客的餐桌上……在捕杀季的高峰期，成百上千只麦翁鸟遭到猎杀。[9]

其他人记录称，一个牧羊人一天能捕捉一千只麦翁鸟；且在伊斯特本（Eastbourne）附近，每年约有 2.2 万只麦翁鸟遭到捕杀。[10] 然而在 1850 年后，捕鸟数量的下降已使铺设 120
陷阱的成本过高，因此许多牧羊人停止了这项活动。很难想象，在唐斯（Downs），同那些狩猎牧羊人所用陷阱相似却更为温和的现代捕鸟器械——鸟套环——可以在一个季度里捕到多少禽鸟。其中，绝大多数的麦翁鸟应从北方迁徙而来；其他禽鸟毫无疑问地来自南部荒野，例如东安格利亚-布雷克斯（East Anglian Brecks），尽管当地生物多样性的衰退比山区更为严重。

吉尔伯特·怀特同样最先描述了一类名为环鸟（ring ousel）的种鸟，它们在不列颠北部与南部地区之间定期迁移。在秋季的汉普郡（Hampshire），他曾记录过二三十只环鸟；又曾在春季观测到两只环鸟，他捕捉并食用了一只，发现其肉质“多汁且鲜美”。如今，环鸟在当地是珍稀物种（仅1996年《汉普郡鸟类报告》[*Hampshire Bird Report*]记载了于秋季陆上发现的四只）。但那时，环鸟在其繁殖区域内十分常见。怀特报告称："它们大量繁殖并遍布德比峰（Peak of Derby），因此那里被称为环鸟突岩（Tor Ousels）。”在北约克莫尔，丹比（Danby）的老牧师1907年回忆称，自己曾于之前9月碰到了“数以百计”的环鸟，而一旦人们吃光了漠泽上的越橘，教区长花园就会遭到环鸟入侵，每次约有50只；至1969年，环鸟于当地的生存状态，仅可谓“非常地方化”。在苏格兰，詹姆斯·罗伯逊（James Robertson）于1771年6月发现它们大量出现在上迪赛德“雪山中的村落里”，以杜松果为食，并“大量聚集在这些浆果最丰富的地区”。[11]

如今在苏格兰或英格兰北部地区，环鸟确实不再以这样的方式广泛存活于这些地区。一位研究鸟类分布的历史学家认为，环鸟的数量“在19世纪仍十分稳定……但于20世纪早期开始长期且稳步地降低”。[12]其部分原因在于漫游者的侵扰，但18世纪的人类活动同样具有较强的干扰性。干扰来自牧羊人和夏季茅屋中的其他当地人。一些栖息地的退化似乎更有可能成为环鸟衰退的原因。

小嘴鸻是我们探讨的第三种北方鸟类，它们是彼时最受人们欢迎的鸟类，但其衰退确实早于20世纪。它们也曾成群结队地迁徙，这足以吸引猎人和美食家的注意。1611年，艾萨克·卡苏本（Isaac Casaubon）称：“大人物和国王们皆热衷于追捕这种鸟类；如果大厨充分关照我的餐盘，那这种鸟将成为鲜美肉食的供应者。”[13]在18世纪和19世纪早期，数百只成群结队的小嘴鸻，在春季从阿伯丁郡迁往剑桥郡的途中被人们观测到。苏格兰南部地区的“猎手们纷纷出动，大量捕杀了它们；

而初次抵达当地的小嘴鸻极其温顺”。[14]1850 年前后，约克郡 121
内仍有数以百计的小嘴鸻在其春季迁徙途中于霍尔德内斯海岸（Holderness Coast）及内陆丘陵、漠泽和公地上被捕杀。斯特里克兰（Strickland）一家特意于里顿（Reighton）修建了小嘴鸻旅馆（Dotterel Inn），“安顿从四面八方赶来的狩猎者们”，他们要在旅馆周边地区开展春季猎鸟活动。小嘴鸻的羽毛深受维多利亚时代渔民们的追捧；在 19 世纪中期的数十年里，其数量开始迅速下降。[15]

自此以后，它们变得越来越稀有。如今在不列颠北部地区，仅有不到 1000 对小嘴鸻繁衍生息（几乎全在苏格兰境内）——尽管其数量近来有所上涨。“一战”后，人们在英国可能已很难见到数以百计的小嘴鸻鸟群，后来这种规模的小嘴鸻鸟群愈发罕见了。现在，一位稀有鸟类观察者若能看到一只迁徙途中的小嘴鸻，就像获得了某种奖励那般；而就小嘴鸻的“旅迁小队”而言，鸟群的规模总是很小的。

大约在 1870 年以前，文字大都描绘了高地的勃勃生机，并与今日的高地体验形成鲜明对比。18 世纪 60 年代，在上迪赛德旅行的托马斯·彭南特描述了松林之上的地区，这让人回想起第一批到达西部的美洲旅行者们：

> 整片地区保有大量的野生动物。该时节牡鹿遍布山间，小雄獐总在我们面前跑跳，且黑色雄松鸡时常在我们脚边跳跃。山顶上布满了松鸡和雷鸟。青鸟、杓鹬和雪斑鸠都在那里繁衍生息……[16]

（其生态）状况大致如此。一个世纪后，在苏格兰另一边的盖尔洛赫（Gairloch），奥斯古德·麦肯齐（Osgood Mackenzie）

于1868年写作了一本狩猎手册，并称：

> 当年我总共捕捉了1314只松鸡、33只黑色雄松鸡、49只鹧鸪、110只金鸻、35只野鸭、53只鹬鸟、91只岩鸽和184只野兔，其余未被提及的猎物，包括鹅、水鸭、雷鸟和獐等野生动物，共计1900只。在其他季节，我有时能猎到多达96只鹧鸪、106只鹬鸟和95只丘鹬。现在（1921年），对这些肉质优良的野兽和禽鸟而言，许多已完全灭绝，或已濒临灭绝。[17]

乍一看，因果关系似乎显而易见；但对麦肯齐来说，猎杀活动造成的生物衰退并非一目了然，我们也不该将个体的猎杀活动视作对上述现象理所应当的原因。

猎获物之所以重要，是因为它们可以被量化。彼得·哈德逊（Peter Hudson）关于红松鸡（1890—1990年）的研究，涵盖了高沼地单一物种繁殖力下降的最周密的统计学数据。从1890—1990年，不列颠北部地区每平方公里的猎获物平均下降了约40%，尽管其具体数值因时因地有所差异。在20世纪
122 10年代，红松鸡（猎获数量）的下降最为明显；而在1935—1945年以及20世纪70年代，其数量有所提升。较之英格兰北部地区，这种情况在苏格兰更为明显。例如1910—1985年前后，苏格兰东部地区的红松鸡猎获数量降幅超过了70%，而苏格兰西部地区（通常为漠泽低产区）的降幅则超过了90%。但在北约克郡山谷（North Yorkshire Dales）和坎布里亚郡，20世纪70年代的猎获物数量实际上高于本世纪早期的任何时段。相较于苏格兰漠泽，英格兰漠泽总保有更多的松鸡，且其南部和东部地区的（松鸡生存）状况通常要好过北部和西部

地区。[18]

红松鸡被当作“指示型生物”，因此用麦克韦恩（McVean）和洛基（Lockie）的话来说，其猎获物数量的下降“可以部分被视作栖息地破坏程度的指标，且此种破坏发生于上世纪前后”。[19] 该观点基本正确，但除了栖息地衰退致使红松鸡猎取数量中短期变化的各类因素还包括猎场看管人的数量、食肉动物的数量（明显相关）、投入捕猎和管理的精力以及疫病周期等。该生态系统内部时空的复杂性，警示我们在解释红松鸡捕获数量下降，或其他高地产出物数量下降的现象时，要避免单一原因论。同样重要的是，我们须指出哈德逊的研究仅始于 1890 年，且对许多地区而言，其鲜少保留“一战”后的数据。而早于 1890 年，或至少在 1860 年后的数十年间，红松鸡猎获数量的迅速上涨，是因为人们对犬科动物开展了取代性射杀，且通过烧荒来改善松鸡栖息地的做法被系统化。

由此，另一批得以留存且引人关注的狩猎手册，是 1834 年以来（在少数情况下记录了更早时期的状况）苏格兰南部广袤的巴克卢公爵领的年度猎获物清单，这些材料非常有助于研究。表 5.1 揭示，在 1850 年以前，拉姆兰里格（Drumlanrig）和桑克尔（Sanquhar）的红松鸡猎获量从低于 1000 只的水平开始上涨，并在“一战”前夕上涨至令人吃惊且明显不可持续的巅峰数值——近 1.5 万只，此后到了 20 世纪 80 年代又稳步下降至 19 世纪早期的水平。兰厄姆（Langholm）和纽兰兹（Newlands）地区的数值则具有相同的发展趋势，但其数值的变化幅度更大。在 19 世纪 70 年代末以前，其猎获量每年总计数百只，在 20 世纪 40 年代末，猎获量再度回落至上述水平，而其短暂的猎获量峰值则为 1911 年的 2.9 万只。

表 5.1　1834 年以来拉姆兰里格松鸡猎获量记录表

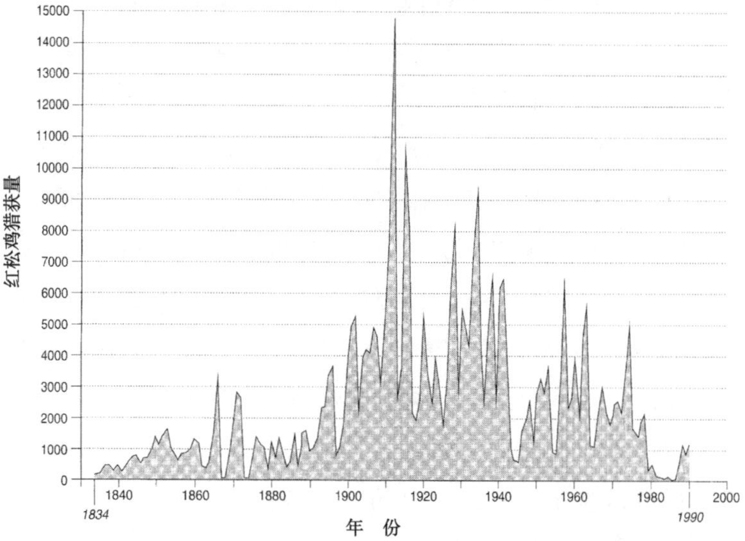

来源：拉姆兰里格狩猎手册所载巴克卢公爵领自行统计的猎获量数据

另一些物种的记录数据相应增强了巴克卢公爵领内红松鸡猎获量的统计学意义。黑色雄松鸡（Blackcock）是巴克卢公爵领内尤为著名的猎物。在 19 世纪的某几年里，它们几乎等同甚至偶尔超过了红松鸡的猎获量。1915 年，巴克卢公爵所有领
123 地内的黑色雄松鸡猎获量为 4300 只。在拉姆兰里格和桑克尔，黑色雄松鸡的猎获量于 1901 年达到峰值，即 2100 只左右；但于 20 世纪 30 年代迅速跌落至 100 只左右。到了 20 世纪 60 年代和 70 年代，其猎获量进一步降至 30 年代的半数左右；至 20 世纪 90 年代，黑色雄松鸡不再被猎取。如今，全英大概仅存 6500 只黑松鸡（black grouse）。人们认为其数量缩减的主要原因是，过度牧羊损毁了黑色雄松鸡赖以为生的越桔及其近缘灌木。

拉姆兰里格和桑克尔涵盖了从低地河谷至高地漠泽的广阔

土地，其中一些地区的狩猎活动在“二战”后不断减少，这或许反映了发生在平底河谷的改变，也同样出现在了高地上。野兔猎获量从最初稳定的1000只以上（包括20世纪50年代的峰值）暴跌至20世纪90年代早期的200只以内；鹧鸪的猎获量也从数百只跌到数十只（见表5.2）。另一方面，人们通过养殖山鸡填补上了野猎衰落的经济缺口；从19世纪上半叶至20世纪90年代，山鸡的猎获量从数百只增长到了8000多只。

表5.2　1834—1992年拉姆兰里格和桑克尔的特定物种猎获量统计表（每四年）

	野兔	鹧鸪	雉鸡
1834—1838	1175	372	283
1845—1849	1972	925	452
1859—1863	3537	505	1144
1918—1922	1842	561	3235
1930—1934	2633	599	5125
1988—1992	186	34	8507

来源：巴克卢公爵拉姆兰里格城堡地契

在19世纪中期，兔子作为另一类外来物种，初抵上述地区 124
时被视作有害动物，其数量增长得非常迅猛。1834—1838年，其年猎获量平均为5只，但在1888年的拉姆兰里格和桑克尔，其猎获量高达8.7万只——诚然这是一个极为特殊的数值，但彼时五年期的平均年猎获量已逾5万只。此后在20世纪50年代黏液瘤病的冲击下，狩猎活动经历了为期数年的低潮期。目前（20世纪90年代）其猎获量似乎又回弹至一个世纪以前的峰值。

在巴克卢公爵领的不同地区，狩猎活动衰退的原因各有不同，而现代农耕模式大概要为平底河谷的野猎衰退承担大部分责任，过度放牧则可能是高地野猎衰退最主要的原因。但就巴克卢公爵在邓弗里斯郡的土地而言，较之维多利亚时代和爱德华七世时代，整个农业生态系统明显丧失了更多的本土野生动植物。

回到更宽泛的问题上来——就整个不列颠北部漠泽的（生态）价值而言，其中一个普遍现象就是土地利用方式的改变带来了长久性威胁。1950—1975 年，北约克郡莫尔湿地国家公园内近 60 平方英里的土地被圈占，并被转化成农业或工业用地；这种规模的土地损失同样出现在高地各处。20 世纪 40—80 年代，苏格兰石南漠泽的占地面积下降了 23%；绝大部分的损失是由人工林和草地的扩展带来的。[20]

然而留待解决的核心问题是，在仍为漠泽的地区，其土地生产力及特性发生了哪些变化？自 18 世纪中期以来，当地便受到三种主要因素的影响，即大型牧羊场的兴起取代了农户牧牛经济、狩猎庄园的兴起以及空气污染的扩大。我们逐一分析这三种因素。

125 18 世纪晚期，除了高地各处，商业化大型牧羊场并非什么新生事物。在约克郡和苏格兰边界地，大规模出产羊毛的修道院事业可追溯至 13 世纪和 14 世纪，毫无疑问这伴随着土地利用方式和当地生态的改变。世俗贵族和佃农效仿教会产业，并在中世纪结束前产出了比教会更多的羊毛。宗教改革后，羊毛业继续维持较大规模的生产，但相比于行销海外，彼时产品则更多供应给新兴的家庭手工业。此事值得强调，因其表明了羊群引入本身并不能为过去两个半世纪整个不列颠北部高地的退化和改变负责；但当然，其可为苏格兰高地的退化和变迁负责。或者说，自 1750 年引入不列颠北部地区的羊群管理新方式整体上能为更大范围的环境衰退负责。

将商业化牧羊业引入北方的故事和与此相关的高地开荒故

事，已被诉说了太多遍，我不必在此重提。[21] 只需言及，上述举措始于 1760 年前后的佩思郡，并于 1793—1815 年拓展至罗斯郡、克罗默蒂（Cromarty）和萨瑟兰郡，到 1850 年进一步扩展至当地群岛和其他地区（最后一次佃农开荒发生在 1855 年左右），再到 1880 年从业者的内驱力和财富均开始减损；尽管牧羊仍是苏格兰高地最基本的土地利用方式，且最终于 20 世纪遍及整个不列颠高地。

自 18 世纪末以来，现代牧羊业的兴起对群山产生了哪些影响？批评者通常指出两种影响：其一，绵羊（的活动）改变了植被状况，使当地（逐渐）丧失了植物多样性，并由此减损了脊椎动物和无脊椎动物的多样性；其二，绵羊汲取了大量的土壤养分——储存在其骨肉之中，它们被驱赶至何处，何处的土地就被消耗，或者说伴随牧羊管理而来的密集烧荒加剧了地力损耗。这便是弗雷泽·达林所称："两世纪之久的消耗型牧羊产业，将资源丰富之地转变成荒芜之地。"[22]

相比之下，（批评者的）第二项指控尤为严重，因其预期该损害在很大程度上是不可逆转的。换言之，通过重新引入牛群的方式，或许能逆转（牧羊业）对植被造成的改变，但没有哪些修复性放牧举措能迅速补充（土壤流失的）矿物质。尽管事实证明，这种土壤退化之假说很难得到科学（数据的）确认。尝试计算高沼地养分收支状况后，通常会得出如下结论，即流失于（烧荒）烟雾和被牲畜吸收的化学物质，多于现代条件下雨水沉积所补充的化学物质。不过仍需说明：一方面，磷元素（在高地本已非常稀有）很有可能因过度放牧而继续减少；另 126
一方面，放牧和烧荒对高地西部漠泽的影响可能比对东部的更为严重。[23] 如果在现代牲畜饲养津贴的鼓励下出现了过度放牧，那么畜蹄的大量踩踏就会导致土壤侵蚀，从而加剧上述问题。

因为踩踏会将土壤中的营养物质暴露出来，进而在雨水的冲刷下流入江河。[24]

此外，不得不说，开展该领域的实验十分困难，而且并非所有实验都能得出一致结论。一组科学家发现，就奔宁山脉的莫尔豪斯（Moor House）而言，其放牧地区和非放牧地区没有出现明显的土壤肥力上的差异，因此（这组对照实验）无法支撑如下假说，即羊群会在11—30年的时间跨度中损耗漠泽的土壤肥力。[25]而另一组科学家研究了三块高地草甸，其土壤状态经推测类似于1859年的状况。其中一块承载轻度牧羊活动的土地，其距离地表六英尺的泥土中的氮肥总量要比同期被重度放牧，甚至是被轻度施肥的一块土地的氮肥总量高出70%。[26]因此，人们仍未获得该问题的答案。

不过，毋庸置疑的是，科学家们相信牧羊业确实改变了植被状况。换言之，在一些环境下，牧羊业会使土地生产力下降，譬如会把营养物质固着在甘松茅草垫下，而此类草垫本就比其他草垫更为贫瘠。[27]绵羊是非常挑食的动物。它们因选食酸壤上的石南嫩枝而高度聚集在一起，这有助于甘松茅和酸沼草的扩散。人们很容易在设得兰群岛至湖区一线的围栏处观察到，在绵羊无法触及的路边生有石南，越过牧场的山间长有丛生禾草。但在英格兰白垩岩或石灰岩地区以及那些地质密度更低的地区，上述现象并不存在。换言之，在基层土壤中，由于放牧绵羊会破坏侵入型荆棘灌木或高大草本植物，所以植物多样性增加了。放牧活动产生了类似割草机的效果，绵羊在靠近根部的地方咬断植物，比起草甸，这更容易损害石南。相反，一头牛会啃咬上端枝桠并撕碎植物；再者，一只重型动物会在草甸上踏出坑洞，而一只绵羊只会走过草甸；此外，土壤通常更易吸收一头牛排泄的汁状粪便，而绵羊块小且质坚的排泄物却易于氧化，其粪便中的营养物质也消解于空气中。

但对上述两种动物，乃至对鹿和兔子而言，其对植物的实际影响还取决于其出现时的数量，轻度放牧常有利于石南生长，而重度放牧则有利于草甸发育。[28] 遭受太多食草动物踩踏（即过度放牧）的土地会显现出与承受轻度放牧的土地截然不同的面貌。对前者而言，除了一些能耐受踩踏（且几乎被踏平于地面）的坚韧植物，其他植物无一幸存。18 世纪的放牧活动较之后和缓很多，詹姆斯·罗伯逊于 1771 年在迪赛德旅行时完美阐释了其原因：

> 那些仅能在山谷中见到的小块耕地，还配有一块人们赖以放牧的丘陵区和未开垦区荒地……在夏秋两季，牧草得以供养比平时多三倍的动物，并在冬春两 127

图 5.2 1993 年坎布里亚郡斯基道群山（skiddaw group，特殊科学价值地点）：图中道路左侧是管理良善的松鸡漠泽；道路右侧则是人们过度牧羊后形成的植被地貌（彼得·韦克利，《英格兰自然》）

季消亡。即便是农民圈养起来的少量牲畜，也很难存活下去，其中一些常因饲料匮乏而亡。在过于严厉地指责农人怠惰前……我们必须考虑他们劳动时所面临的困难。[29]

通过引进芜菁和后期的人工饲料，该问题得到了解决；新型饲料要么被用来喂养高地河谷的绵羊，要么被用来喂养驱赶至别处过冬的动物。诚然在19世纪30年代后，人们因能在越冬时保有更多种畜，故能在夏季山地间放养更多牲畜。众多牲畜啃咬林木的破坏性作用，与（烧荒）火的广泛利用——为了清除土地上的老石南并促进新石南的萌芽——紧密结合。故那些在18世纪尤为常见的特定类型栖息地或许会遭受重击，例如生有匍匐柳的山区灌丛地、矮桦和杜松的生长地以及更多花楸树、冬青树和其他桦树的栖息地，同样遭受重击的还有供养环鸟的浆果植物和昆虫。

128 19世纪，对许多观察者而言有一点似乎是显而易见的——根据高地北部山区所能承载的绵羊数量来看，其（牧场）生产力正在下降。1877年，《苏格兰人报》（*The Scotsman*）的特别记者詹姆斯·麦克唐纳（James Macdonald）在谈论罗斯和克罗默蒂的变化时声称：

相当一部分牧草被（湿漉漉的）苔藓覆盖并变得粗糙，它们已失去作为绵羊牧场牧草的价值。可以指出的是，大约二十年前，一两片草场在越冬时能负担1000—1100头牲畜，但现在冬季仅能负担800头牲畜。[30]

19世纪70年代和80年代，此类评论流传甚广且变为老生常谈，[31]但最细心的观察者注意到，牧场退化在很大程度上局限于“绿地”（green places）——以往可耕种的地区和农场房舍附近的地区。对那些农舍附近的土地而言，遭到驱逐的高地农民（在某些情况下）曾花费数世纪的努力将山间的营养土转移至定居点附近，以其增强地力。绵羊现在却“忙于”将地里的营养物质消耗掉。麦克唐纳在另一篇关于萨瑟兰郡的文章中指出：

> “绿地”……被数以百计的小户佃农翻垦施肥，这些佃农长期占据着萨瑟兰郡腹里的平底河谷。自佃农们将其土地“留给”那些“毛茸茸的（绵羊）部族”后，60 年左右的时间过去了。在此期间，土地（因佃农的撤离）处于良好状态并生有大量的绿色牧草；数量庞大且饥肠辘辘的羊群持续在此进食。它们整日游荡，夜晚则在牧场内海拔更高且土质更黑的地方度过，故那里储有数量最为庞大的羊粪。[32]

正因如此，又因佃农的放牧方式影响了当地植被，故实际结果是在特定的（牧羊）管理体系下，每个饲养周期所承载的绵羊数量不断降低。但对那些由过去销声匿迹的佃农们所创造的“绿地”而言，其衰退仅造成了一次性影响，并不会使牧羊业难以为继。1875—1966 年，据政府的统计数据显示，在不列颠北方的大部分地区（包括北部高地），绵羊的密集度提升了 50% 以上；1945 年后，家畜津贴为家庭饲养的每只动物提供补助，这在很大程度上促成了上述结果。此外，高地农民能够饲养更多绵羊，是因其一方面将漠泽的边缘地改造成了人工牧场，另一方面又增加了牧区的季节性补饲。绵羊数量的上涨给漠泽本身带来了更大的生态压力。然而在高地的其他区域，如佩思郡和阿盖尔郡，绵羊畜养量在整个世纪中都没有变化。[33]

129 亚历山大·马瑟（Alexander Mather）在近来的总结中表明了农业科学家们如何秉持19世纪的观念，即直至1950年前后，绵羊正在摧毁山区牧场的生产力，尽管他们鲜少掌握确凿证据。马瑟的研究表明，（绵羊）产羔期的繁殖力部分依赖于母羊
130 自身的营养水平，而在1890—1980年苏格兰北部的一些地区，（绵羊）产羔期的繁殖力下降得尤为明显，譬如在格伦内尔格（Glenelg）的西海岸教区，其繁殖力每四年下降一个百分点。[34] 但除了土壤化学养分的流失，还有其他原因导致了上述现象，例如牧羊人的技能及其旨于获得畜牧津贴而采纳的不合理放羊数。但人们不得不承认，在此类地区，集约化牧羊的内在不稳定性尚未得到证实；至少就狭义理解而言，尚未有广泛传播或无可争议的证据表明，此举已对草皮下的土壤造成了不可逆转的伤害。

此外，在过去两百年，绵羊放牧对高地植物区系造成了毋庸置疑的负面影响。部分科学论文以量化方式研究了在石南植被区高密度牧羊所造成的长期后果。例如，一项开展于达勒姆郡（Co. Durham）的研究表明，夏季每公顷三只羊的放牧密集度，就足以抑制石南生长；而至20世纪70年代，漠泽绝大部分地区的放牧密集度皆高于上述水平。[35] 另一项开展于安特里姆郡的研究发现，每公顷的牧羊率超出区间值1.0—1.6就会降低石南植被的覆盖率，并减损覆被沼泽的昆虫多样性。在兰开夏郡保有重要覆被泥沼的博兰德森林（Forest of Bowland）里，牧羊的密集度远超上述水平；1957—1990年，每公顷牧羊数从3只升至16只。湖区的沃斯代尔（Wasdale）地区经历了绵羊数量的上涨以及从季节性到全年期放牧的转变（因当地牧羊主要

以羊肉供应而非羊毛生产为目的），继而当地石南开始于1850年后出现“真正的衰退”。[36] 史蒂文森（Stevenson）和汤普森（Thompson）曾在高地沼泽的花粉研究中得出更普遍的结论，即不同地区绵羊放牧对石南漠泽所产生的广泛影响得以追溯至17世纪或18世纪，且这种影响在1850—1900年更为普遍。人们明确证实，负面影响在那些具有最长久的集约化放牧史的地区不断累积。[37]

当地牧羊人和农民的观察通常与科学家的观测相吻合。经验丰富的牧羊人雷伊·克拉克（Reay Clarke）将1774年勘测员约翰·休姆（John Hume）所描绘的桑德兰郡的环境图景与今天的情况进行了对比：

> 休姆曾写过，阿辛特教区（parish of Assynt）中阿赫莫尔（Achmore）的牧场“使所有品种的香草都充分生长”。而如今，自阿赫莫尔一路攀升至亚辛湖（Loch Assynt）北部地区的坡地，已是遍布石南和鹿草的荒野；其陡峭的坡面上还显露出遭到侵蚀的迹象；那里根本没有香草，更不用说多种多样的香草了。[38]

任何具有敏锐目光的观察者皆可确认上述观察的正确性。奥斯古德·麦肯齐对照其叔父1820年前后所撰论文中描绘的盖尔洛赫景象，叙说了该地一百年后的面貌：

> 高地最完美的自然峡谷……他说从未有绵羊踏足 131
> 过那里；只有家牛被允许在那里咬食草叶。因此，山坡和林岗成为报春花、蓝铃花、金银花和各种兰花交

> 相呼应的绝美丛林。兰花又细分为香兰（Habenarias）和现已绝迹的火烧兰（Epipactis），它们将大地彻底染白。

奥斯古德·麦肯齐自己只在那片地区见过火烧兰两次。[39]

你只需看看本-劳尔斯或卡恩洛坎（Caenlochan）山间绵羊无法触及的岩脊，那里长有丰富的高山草本植物；也可以造访因奇纳丹夫国家自然保护区（National Nature Reserve of Inchnadamph）的禁牧区，矮柳在那里经历了缓慢却充分的复生；进而将上述地区的丰饶景象与外界土地的贫瘠面貌相对比，就能感知到啃食草地的绵羊如何改变了当地景观。

高地农业的现实危机使事情变得更糟，因为农民们现在唯一的收入来源就是畜牧业，这不断促使农民在山坡上尽可能多地饲养家畜。但如今苏格兰仅剩下不到1000位牧羊人，如果补助金能以牧羊人（为标准）发放，而非以绵羊（为标准），再如果农户须为牧场英亩数付费，而非为牲畜数量付费，那么一种收效更佳且愈发传统的畜牧体系便生成了，同时畜牧者会将数量适中的优质牲畜从一地赶至另一地，确保过度放牧永远不会发生。

在过去的两个世纪，新兴的狩猎庄园成为第二种改变高地（生态）特色的因素。19世纪以前，尽管狩猎活动可追溯至人类的起源时期，但狩猎庄园这个概念本身仍不为人知。贵族、修道院院长和国王曾带领成群的侍从在漠泽狩猎，他们围成一个大圈向鹿群靠拢，或将鹿群驱赶至封闭区域内，再利用猎犬、长矛和弓箭展开一场嗜血狂欢。在萨瑟兰郡的一些地区，狩猎者甚至将鹿群赶入海中，并在船上捕杀它们。从狩猎者的角度看，这一切都是非常愉快的。1549年，利斯莫尔的主持牧师（Dean of Lismore，尽管他是神职人员）第一次系统地描述赫布里底群岛，赞扬各地发生的狩猎活动：在艾雷岛（Islay）的“许多林地里，大型的狩猎游戏发生在各个角落里”；马尔岛（Mull）“充斥着许多令人向往且规模超大的狩猎活动”；天空岛拥有“许多林木、猎场和宜人的山峦，同时会有许多大型狩猎活动”；哈里斯（Harris）则“充满了诱惑力……超大型的狩猎活动会发生在没有任何林木遮蔽的地方，且狩猎者会无限地捕杀水獭和松貂”。[40]

彼时，最接近狩猎庄园的地方是狩猎预留地，或称“猎场”；至少在苏格兰，“森林”一词从未意指过去或现在的林 132
木植被（而是指“［皇家］猎苑”）。就皇家猎苑和那些名义上归属于皇室，实际却在近代早期受控于贵族的猎场而言——例如受制于历代马里伯爵（Earls of Moray）的格伦-芬格拉斯（Glen Finglas）以及受控于历代布瑞达班伯爵的马姆洛恩（Mamlorne），其农牧业会受到（相应）调整，以适应围猎寻乐之目的。马里伯爵不时苦恼于领民牧养的家畜应如何与自己在林中养护的鹿群和谐共生的问题；布瑞达班伯爵与夏季在棚屋中饲养家牛的佃户有着无止境的矛盾。但在 1800 年以前，领主们对狩猎权的管控相当宽松。18 世纪末，对那些碰巧携带枪支或鱼竿的英格兰游客而言，他们只要提出请求并获得许可，便通常会在选取猎物时受到欢迎。1804 年，约克郡绅士科洛内尔·桑顿（Colonel Thornton）出版了《游猎之旅》（*Sporting Tour*）一书，该书讲述了他将猎物装满巨大的猎物袋，以及在斯特拉斯佩和其他地方捕猎的故事；该书的出版在英国南部地区引起轰动。这也在很大程度上开拓了不同阶层的英格兰人的视野——从浪漫主义诗人和颇具美学功底的旅行者到在苏格兰寻求（狩猎）欢愉的机会主义者。

然而，那种主要旨于满足到访绅士狩猎需求的庄园设计理念，则是在维多利亚时代借助三次发展契机才得以出现的。第一次发展契机是指山区的通达性在马车和汽船的帮助下获得了提升；最终于 1863 年，铁路实现了仅凭一夜车程，就能将伦敦的狩猎者带往因弗尼斯的目标。

第二次发展契机体现在一系列渔猎活动的技术创新上，例如出现了 18 英尺长拼竹和绿心木制成的鲑鱼鱼竿，[41] 其中绿心木是从殖民地进口而来的；再有专业化猎枪、后膛装弹火枪以及出现更早且最为重要的弹药筒。最终在 1807 年，亚历山大·福赛斯（Alexander Forsyth）创新了一项赫赫有名的猎枪技术。他是阿伯丁郡的一名教士，对坐卧的鸭子们在被击中前习惯于一看见前膛枪闪烁的火光就四散而飞这一事实很苦恼。必须额外强调的是，福赛斯先生并不是那么超凡脱俗，他意识到了自己这一发明的军事意义，并与设置在伦敦塔的军械库合作发展了该项目。这应被视作自火药发明以来最重要的火器革新。[42]

第三次发展契机出现在高地活跃的地产市场上，这使那些在英国北部和南部充满想象的富裕精英们得以购买或租赁一处漠泽或河段来满足自身的娱乐需求。在苏格兰高地，这种情况的出现则要等到 19 世纪中期旧（贵族）家庭的破产浪潮过后；其破产浪潮以马铃薯饥荒为终结。此外，牧羊业开始在 19 世纪最后三十年受到海外竞争的冲击，并成为主要用地方式中利润较少的一种。[43]

133 至 1884 年，苏格兰高地近 200 万英亩的土地已成为鹿林。到了 1912 年，该数值达到 360 万英亩左右。在此期间，罗斯、克罗默蒂和因弗内斯郡内五分之二甚至更多的土地都被用于狩猎。[44] 在更往南且往东的地方——佩思郡与阿伯丁郡，其发展重点是松鸡荒原而非鹿林；这些荒原还承载着大量绵羊。在英格兰北部地区——通常指兰开夏郡、约克郡以及奔宁山区，尽管当地也饲养一些绵羊，但仍专事松鸡产业。人们通常会把兴修狩猎庄园以及宏大狩猎旅馆的热情归功于维多利亚女王和阿尔伯特亲王在巴尔莫拉（Balmoral）起到的示范性作用。他们的（建设）热情当然起了作用，但在巴尔莫拉开工以前，（别处的）建设行动就已开始加速；于约克郡漠泽和苏格兰边境两侧郡县的建设行动恰如于阿伯丁郡峡谷的建设行动那般显而易见。

在这些地区之间，松鸡荒野和鹿林将用地之景——大量的农民奔忙在山坡田地和棚屋间——转变为杳无人烟的怡情之景，但这仅是极少数富有的土地所有者及其朋友的欢愉。我们将适时地看到，他们会积极抵御公地畜群的侵扰。

人们很容易形成这样一种印象，即对狩猎活动的崇拜会使一些信徒陷入轻微的神经错乱。例如 1872 年，在约克郡的韦默吉尔沼泽（Wemmergill moor），当季有 17074 只红松鸡被射杀，但土地所有者弗雷德里克·米尔班克爵士（Sir Frederick Millbank）却声称仅有 5568 只被捕杀。人们并非为纪念这些死去的禽鸟，而是为纪念这场狩猎成果而建起了一座花岗岩石碑。[45] 此外，人们鲜少为狩猎活动举行简短的忏悔仪式并撰写简明的讣文。1898 年，哈尔伍德勋爵（Lord Harewood）在其狩猎手 134
册中写道："对于 12713 只死去的兔子而言，这真是悲惨的一年。"[46] 就单人单天捕杀松鸡的数量而言，马哈拉贾·杜莱·辛格（Maharajah Dulee Singh）借助猎犬在佩思郡漠泽上保持着（单日）射杀 440 只松鸡的共有记录；但当 1860 年前后驱赶禽鸟至藏身于大木桶的射手旁已成为时尚之举时，该记录就黯然失色了。1888 年，沃尔辛厄姆勋爵（Lord Walsingham）在约克郡创下了单枪射击的世界纪录，彼时他在 2 个装弹手和 40 个驱猎夫的协助下，用 4 支猎枪和 1510 发子弹以平均每分钟 2.3 只的速度射杀了 1070 只松鸡。这既是人员组织方面又是弹道射击方面的一项壮举。难怪一位专家认为，志愿步兵团成员谙熟军事训练规则，所以他们成了最好的驱猎夫。[47]

为使漠泽保有数量庞大的猎物，也为了让维多利亚和爱德华七世时代的狩猎者们在每年数周的捕猎活动中有（充足的）猎物可以捕杀，这便需要技艺娴熟且残酷无情的管理手段。就松鸡荒原而言，人们的管理技巧是指恰当地焚烧掉小范围的石南，以确保松鸡能在盘根错节的老植被下藏身和筑巢，并能在藤蔓短嫩的新植被下觅食。人们的残酷手段则体现在控制捕食者的数量上。在 1937 年，陆军中校乔治·斯科特勋爵（Lieut-Col Lord George Scott）简洁明了地指出：

> 人们在荒原上培育松鸡，若想达到最佳效果，那么有两件事是绝对必要的：其一，保有大面积的优质石南花；其二，完全规避捕食者……捕食者必须被定期消灭。乌鸦就是一种“害鸟”。当白嘴鸦数量过多时，它们就会形成一种威胁……当然人尽皆知的是，白鼬、黄鼠狼、渡鸦、大雕、老鹰和狐狸等动物皆会抑制松鸡和黑琴鸡的数量。此外，兔子也总是不利于狩猎活动的动物。[48]

在此，历史学家面临一个取证难题。毫无疑问，猎场看守人在 19 世纪捕杀了为数众多的捕食者，且其数据经常被援引。但绝大多数信息皆来自詹姆斯·瑞奇（James Ritchie）所著《苏格兰人对动物生命之影响》（*Influence of Man on Animal Life in Scotland*）一书。瑞奇是一位优秀的学者，但他没有提供脚注信息，因此我们无法追踪其数据来源。一份 19 世纪中期的报纸上刊登了有关虫害书籍的内容，但其原始数据同样无法追踪。具体而言，瑞奇提供的一些数据可供参考：1776—1786 年，在聚集于布雷马尔附近的五个阿伯丁郡教区内，70 只雕和 2520 只鹰和鸢遭到捕杀；1819—1826 年，在萨瑟兰郡的朗威尔（Langwell）和桑德赛德（Sandside）庄园内，295 只成年大雕被捕杀；此外，在邓弗里斯郡的皮毛市场上，1829 年售出了 400 张臭鼬毛皮，1831 年售出了 600 张，故其成为“市场上的抢手货”；但在 1866 年的市场上，臭鼬毛皮的数量跌至 12 张，1869 年后，市集上不再有多余的臭鼬毛皮供人挑选。那份报纸报道 135
了因弗内斯郡格伦-加里（Glen Garry）的相关状况，并称在 1837—1840 年，1000 只以上的茶隼和秃鹰、275 只鸢、98 只游隼、78 只灰背隼、92 只白尾鹞、63 只苍鹰、106 只猫头鹰、18 只鹗、42 只大雕和其他种类的老鹰，加之约 650 只松貂、野猫、臭鼬、獾和水獭遭到捕杀。另一则报告称，1850 年 6 月—1854 年 11 月，310 只白尾鹞在埃尔郡的艾尔萨勋爵田庄（Lord Ailsa’s estates）被猎杀。[49] 这些数字是如此不可思议，我真想亲手找到其原始材料。

我得以在苏格兰档案馆（Scottish Record Office）和其他地方亲自查阅此类详述“害兽”的狩猎笔记手稿，尽管其所载信息足以令人吃惊，但这些手稿鲜少记载上述那种“别开生面”的杀戮。1782—1796 年，布瑞达班庄园的一位看守人在 14 年里消灭了 131 只臭鼬、50 只松貂、37 只獾、45 只黄鼠狼和 15 只野猫。不同物种在死亡动物中的占比是一个很有意思的问题。[50] 或许更引人注目的是，手稿记载：自 1829 年以来的三年，弹药筒的优势体现在，于拉姆兰里格和鲍希尔（Bowhill），至少有 688 只老鹰和 132 只臭鼬死于枪弹（见表 5.3）。

表 5.3 1829—1831 年鲍希尔和拉姆兰里格的害兽捕杀量统计表

	1829—1830 年 4 月		1930—1931 年		1931—1932 年		总计
	鲍希尔	拉姆兰里格	鲍希尔	拉姆兰里格	鲍希尔	拉姆兰里格	
老鹰	381	41	96	16	[?]55*	15	688+
乌鸦	199	119	240	98	122	85	863
喜鹊	5	51	20	59	12	61	208
黄鼠狼 **	791	130	149	37	99	16	1222
臭鼬	49	19	19	11	15	19	132
野猫	69	34	46	33	29	44	255
狐狸	–	3	–	8	–	–	11
刺猬	–	–	–	103	–	103	

* 第一位数字已难以辨识。

** 黄鼠狼这个类别可能包括白鼬。

来源：巴克卢公爵领地契（苏格兰档案馆档案编号：GD 224/519/366/2）

19 世纪晚期，当原本为数众多的捕食者已明显减少时，人们仍能在 1874—1902 年的格伦希尔代格御猎场（Glenshieldaig Forest）捕杀到（除其他物种外）208 只水獭、12 只臭鼬、33 只秃鹰、63 只茶隼、17 只金雕、1 只海鹰、6 只游隼和 14 只灰背隼。而于 1904—1912 年，渔业管理员们在格林亚德庄园（Gruinard
136 estate）内枪杀了 63 只“水鸟”或河鸟，那是一种现在已知的对所有鱼类都基本无害的鸟类。[51]

在 19 世纪末的最后七年里（1894—1900 年），在巴克卢公爵领内的广阔地产，包括达尔基思（Dalkeith）、鲍希尔、康蒙塞德（Commonside）、纽兰兹、兰厄姆、拉姆兰里格和桑克尔等地，“害兽猎杀活动普遍恢复”（见表 5.4）。

表 5.4 1894—1900 年巴克卢公爵领的害兽捕杀量

	狐狸	黄鼠狼	野猫	老鹰	乌鸦	喜鹊
总计（只）	427	6383	4327	1341	7596	764
平均每年（只）	61	991	618	192	1085	109

来源：巴克卢公爵拉姆兰里格城堡地契

与 20 世纪初相比，黄鼠狼与白鼬的数量较之野猫的数量有所下降，臭鼬彻底消失。作为幸存的捕食者，鸦科动物（乌鸦和喜鹊）的数量彼时要比老鹰多得多。的确，这所带来的一个意想不到的后果是，兔子获得了安全的生存环境。

尽管有人怀疑，赏金的支付方式会使猎场看守人偶尔夸大某些害兽的捕获量，但毫无疑问，装备猎枪和齿夹式捕捉器的猎场看守人确实带来了破坏性影响。至第一次世界大战爆发时，苏格兰和英格兰北部地区的白尾鹰、鱼鹰、红鸢和苍鹰（所有这些物种都曾普遍存在）业已灭绝，白尾鹞仅幸存于一些岛屿上；臭鼬也灭绝了，于是一些博物学家开始担心野猫和松貂的生存状况。事实上，除了乌鸦（或许还有狐狸），其他捕食者的数量都比原来减少了许多。20 世纪，在对自然保护更为有利的舆论氛围中，部分上述物种的数量开始回升。其中一些物种，例如鱼鹰、白尾鹞和松貂的族群数量自主回升，而另一些例如白尾鹰、苍鹰和红鸢，则在其（人类）朋友的帮助后，数量也有所提升。但松鸡荒原的土地所有者们对白尾鹞和游隼继续流露出明显的敌意；因上述两种和其他的保护类猛禽被大量非法猎杀，故这些猛禽的数量仍难以全面恢复至之前水平。基于荒原生态系统的广泛变化，猛禽能否在该范围内彻底恢复至之前的数量，仍是一个值得充分怀疑的问题。以往猛禽普遍存在的状况使这一事实——其捕食的鸟类及小型哺乳动物必然广泛存在于其生活范围内——不言而喻；我们不难想象，如今上述猎物在同一区域内极为稀少。 137

因此，从历史上看，就（动物）捕食者而言，狩猎庄园曾严重消耗了高地的生物资源。但事实上，如此之多的土地被用于发展狩猎业而非牧羊业，这可能减少了（人类活动）对高地生态的破坏。虽然绵羊没有被驱逐出松鸡荒原，但优秀的管理者会核查数量，因为它们有可能损耗石南属植物。乔治·斯科特勋爵认为，如果土地所有者“能将绵羊饲养业控制在自己手中，那么他们就能更加轻松地经营自己的松鸡荒原；因为他们会在烧荒和排干石南漠泽的问题上考虑自身利益”。[52] 虽然大部分的鹿林也不禁绝绵羊，但人们认为，绝大多数的牧草应供给鹿群而非家畜食用；对一些林地而言，如罗西墨丘斯，绵羊是完全不被容忍的。

诚然，凭借焚烧清理小块土地的传统做法，一处经营良善的松鸡荒原仍得以保留较之密集型绵羊牧场更为优良的高地种鸟栖息地（此种状况对绝大多数鸟类而言皆是如此）。不过自“二战”以来，许多松鸡荒原的所有者，皆能容忍较以往数量更多的绵羊在土地上食草。

此外，传统的鹿林也得以保有更大量的野生动物。例如，金雕就十分受欢迎。这是因为在猎人靠近林鹿时，松鸡的叫声会惊扰林鹿，而金雕恰能捕杀松鸡。但即使是在维多利亚时期，也并非所有鹿林都能保持原生面貌。19 世纪晚期，专家们对土地所有者的鹿林经营方式予以谴责，因为他们要么毁坏了石南丛生的土地和原生林地，以铺设鹿群所需的草场，最终却发现动物们无法在雪后触及那些草料；要么排干了沼泽以于早春时节种植棉草——“这或许是鹿群在（每年的）某几周内唯一能获取的新鲜食物”。专家们还警告经营者慎用干草或芜菁喂鹿，并称：“这是一个巨大的错误，除非在绝对必要时使用。”[53]

但不幸的是，20 世纪末的鹿林通常不再拥有优良的环境，因其像绵羊牧场那般承受了过度放养动物的压力。（早在）18 世纪，随着人口和家畜数量的上涨，马鹿面临着生存压力；游客们已很少见到马鹿，农民们却经常追捕它们。继而于 19 世纪，在狩猎庄园的庇护下，马鹿的数量开始回升。据时人估计，在

1900 年前后至 1940 年，其数量增长了一倍，达到了约 25 万头。在战时疏于照看和战后非法偷猎的压力下，其数量下降了约 40%，直至 1991 年再创历史新高——有 27 万头马鹿生活在开阔的漠泽上，另有数量不详的马鹿生活在人工林里。近来，人们估计马鹿已多达 35 万头。[54] 人们没能（有效）捕杀雌鹿，是因为错误地相信了更多雌鹿能引来更多雄鹿，而后者意味着猎人的战利品；但这导致冬季鹿群的繁殖活动增多（尽管早有聪 138
明的维多利亚时代居民发出警告），继而导致（单位面积内的）动物密度迅速增加，由此对植被产生与过度牧羊相同的影响。在苏格兰东北地区，每平方公里四或五头鹿的密度，被认为是允许林木自然再生的极限密度值。1996 年，苏格兰国民信托组织秉持重建古老马尔森林内卡列登松木林的态度接管了马尔洛奇庄园（Mar Lodge estate），但要面对当地至少三倍于最高密度值的马鹿数量。1955 年，据弗雷泽・达林测算，6 万只马鹿在当地生活将会是最优数量。[55] 但现在我们得知，马鹿的数量已高过最优数值的五倍或六倍；与生态科学家相比，这凸显了苏格兰土地所有者的影响力。

我们要更简短地概述一下影响高地环境的第三个因素——不断加剧的空气污染。这个问题并非不够重要。因为受强降雨和（当地的）降水模式的影响，高地的空气污染通常会更为严重。其生态或许也比许多低海拔栖息地更为脆弱。

习惯于同文献资料打交道的历史学家或许会对重构过去 400 年高地污染史之科学方法的多样、巧妙和显而易见的确切感到惊讶；其研究范围从对博物馆馆藏修复植物标本之化学物质的研究，到对古老树木年轮所含碳同位素的测定，再到针对 3000 139
年前发现于湖底沉积物中各种摇蚊（不叮咬人）幼虫头囊的研究，对硅藻化石遗骸的相似研究，以及对同在泥沼沉积物中所见飞灰颗粒和微量金属的研究。[56]

洛赫纳加山（Lochnagar）位于高耸的凯恩戈姆群山之间，它存留的证据令人印象颇深，因为人们很难于英国本土再找到一处与工业化城市之视听样貌差异更大的地方；如果说英国拥有完全纯粹的野生环境，那么它们一定存在于这些高海拔的山腰湖泊间；而且在英国境内，它们具有独一无二的北极高山特色。其沉积物中铅颗粒（的含量）大概从 1650 年的水平开始显著上升；这或许是由 100 英里外利德希尔斯（Leadhills）附近的冶炼活动所致，但更有可能是由 150 英里外且位置更南的奔宁山脉（冶炼厂）所致。1900 年前后，铅污染（数值）翻了四倍并达到顶点，此后多少有些下降。锌颗粒（浓度）从 1800 年前后也开始以相似的比例上升。作为煤烟和其他工业排放物主要指标的碳颗粒，其（浓度）于 1850 年前后开始上升；20 世纪，其浓度加速上升直至 1970 年前后，此后下降了约 40%；这体现出 1952 年作为烟雾管制令出台的清洁空气立法在数十年传播中所具有的效力。人们得以从小型内湖硅藻沉积物的成分
140 变化中测量酸化度，其数值从 19 世纪 50 年代前后开始变动，但直至 1890 年前后未有明显改变。此后，酸化程度迅速加深，这有利于耐酸型物种的生存，现在它们已成为水域中的优势物种。当然，这项研究的意义远超湖泊自身所受影响之范畴。很明显，凯恩戈姆山脉长存的雪床已比之前具有更高的酸度和氮含量；但我们还不能说明，这会对雪床的生态群落产生哪些影响。[57]

另一项有趣的调查研究是关于砂藓含氮量的变化。砂藓是一种生长于不列颠西北山地荒原的重要植物；但在最近数十年里，其生长范围明显缩小，且植物品质明显降低。科学家发现，现今，生长于靠近英格兰北部城市中心的山峰地区的苔藓已比生长于苏格兰高地西北偏远地区的蕴含了高出 6 倍的氮元素；

但植物标本集所藏19世纪的苔藓，不仅含氮量明显更低，而且当时上述两地的区域间数值仅相差两倍。[58]公平而言，所有地区都受到了污染，但有些地区会比另一些地区受到更严重的污染。

人们还进行了大量的科学研究，以调查污染之于过去的影响，并预测污染之于未来的影响。我们之前注意到，自1800年以来，奔宁山脉的植物区系已发生重大变化。18世纪时所称的“炼铅厂的恶臭浓烟”导致家畜和牧草减损，这引起了人们的抱怨；当兰开夏郡的大城市开始在其煤烟（废气）中倾注二氧化硫时，博物学家们（至19世纪60年代）注意到，当地某些地衣类植物和苔藓的消失与空气污染有关。到了1913年，人们将奔宁山脉南部地区植物多样性的严重匮乏与18世纪记录的植物丰富性相比，不禁问及该现象的产生原因。1964年，人们发现，（数量曾占绝对优势的）泥炭藓的消失与融入泥炭剖面的煤烟有关；尽管二氧化硫的浓度在过去数十年间有所下降，但硝酸盐的沉积量却在过去120年里增长了4倍，实验表明，这阻碍了原生苔藓植物的恢复。事实上，奔宁山脉南部地区确实在至少150年里遭到了严重的污染破坏。[59]

近来，科学研究聚焦于空气污染与石南衰退的关系。在20世纪，英国平均氮沉降量增长了四倍，其中苏格兰高地的绝大部分区域，现在每年每公顷土地的氮沉降量已逾25公斤，而坎布里亚郡和奔宁山脉绝大部分区域的氮沉降量已逾30公斤。[60]
荷兰研究人员认为，氮沉降量在当前指标半数以上的任意数值 141
区间内皆会对石南漠泽造成威胁；尽管有人指出在苏格兰的环境下，上述推断不一定为真；实验表明，如果漠泽在承载牧羊压力的同时，还需承受较高的氮沉降量所带来的影响，那么甘松茅确实会代替漠泽上的石南植物。因此，在20世纪晚期空气污染与过度放牧的合力下，石南漠泽很可能遭受了极其致命的打击。[61]

最后谈及那些鸟类。在 19 世纪以来所有灾难性的生态衰退中，高地鸟类的减损最为显著，例如麦翁鸟、小嘴鸻、环鸟和红松鸡。的确，栖息地环境的变化可能是罪魁祸首；这伴随着石南漠泽的衰退以及山地石南和矮树的减损。但最近发布的调查显示，可能还有一项原因。自 19 世纪 50 年代以来，整个不列颠群岛皆显现出乌鸫和画眉鸟蛋外壳明显变薄的迹象，即使在 20 世纪 60 年代有机氯农药的影响已获得认知，薄壳鸟蛋仍然无法使其种族延续下去。而另一项开展于荷兰的研究表明，如果缺乏钙元素，雏鸟便很难离窝；有证据表明，约在 1960—1988 年，由于持续的酸化作用，苏格兰高沼地土壤中的钙含量正逐渐降低。如果把此项研究同上述蛋壳厚度的研究相联系，那么研究者有可能提出如下假说，即由于空气污染，漠泽鸟类已在一个半世纪中处于濒危状态。[62] 但关于这点，正如许多学者喜欢说的那样，研究有待进一步展开。

第六章　乡村问题之争

20 世纪晚期，乡村的含义、功能和管控问题皆属于备受争议的话题。伦敦始终是一座充斥着示威游行的城市，尤以海德公园的集会活动最为典型，其斗争人群从 19 世纪 30 年代的宪章派人士扩展到 20 世纪 50 年代的（英国）反核运动组织成员。但在海德公园内，鲜有比 1997 年和 1998 年乡村联盟（Countryside Alliance）集会更大规模的活动，且根本没有比这两场集会立场更为保守的示威活动了。首先于 1997 年 7 月，英国《每日电讯报》的记者观察称，如果在那个夏日午后，一场灾难席卷了整个海德公园，那么（英国）上流社会的"基因库"——金发碧眼的男人们和女人们——将会荡然无存。那场抗议活动旨在控诉"城市不再理解乡村"，直接目的是反对一项非公开议员条例草案有关禁用猎犬狩猎野生动物的提议。继而在六个月后的第二场抗议活动中，情况变得更加明朗——（示威者）展现了最初的焦虑，这是由其对乡村空前萧条的恐惧所致，也是由前政府处理疯牛病危机失当以致似乎扩大了（萧条）危险所致，更是由凭借城市选票压倒性优势上台的现政府似乎忽视了其潜在威胁所致。 142

人们很难回想起，在以压倒性优势获胜后，托尼·布莱尔政府是如何继续保持残酷无情的作态的。政府考虑为自己争取时间，以通过令人厌恶的反狩猎议案；暂要废除议会上院世袭贵族的政治特权，并在苏格兰推行尚未明确但想必十分激进的土地改革；还威胁要通过立法赋予城市漫步者长期寻求的乡村“漫游权”；更考虑通过一部全新的《野生动物和乡村保护法案》，加强对自然保护区之卫护，并承诺停止捕杀可能携带牛结核病菌的獾。芭芭拉·扬（Barbara Young）当时任独断专行且不受信任的（英国）皇家鸟类保护协会的首席执行官，并成为布莱尔政府的工作伙伴。新工党（New Labour）确实带来了新危险。

两场示威活动的规模令所有人感到吃惊，但并非每个人都像政府那样被打动。因为政府在第一场示威活动结束后便迅速收回对狩猎议案的支持，并重新提出对选择性猎獾的认可——此举颇有几分保守党的姿态，因为这并非工党的一贯做法。但（布莱尔）政府在上述所有事务的处理上都显得苍白无力且谨小
143 慎微。在苏格兰，《先驱报》（*Herald*）指出，尽管从广义上来说，现今25%的人居于乡村，但总人口中却仅有2%的人从事农业，而他们之中关心猎狐且认同乡村联盟其他价值观的人更是少之又少。该报道表明，由于诸如提前退休和家庭办公（没有什么地方比高地更能说明问题）等因素，土地所有者和农民们在一定程度上反对那些具有城市文化背景的人生活在他们当中。

更显著的情况是，城镇居民开始以游客身份和史无前例的规模前往乡村，他们注册并加入了一些组织，而那些组织都要求在乡村管理问题上获得部分参与权。（英国）皇家鸟类保护协会预计每周约有1.8万人去观鸟，而它已有100万付费成员。野生生物信托组织（Wildlife Trusts）则有25万会员，漫步者协会

（Rambler's Association）也有 13 万会员。此外，林地信托组织（Woodland Trust）已有 6 万会员。据悉，峰区每年一日游人数多达 2200 万人，是除富士山外全球访问量最大的国家公园。

这些活动具有极大的经济价值。旅游业为苏格兰创造的财富每年预计高达 25 亿英镑，高于农业或林业产生的经济效益；行业拥有 18 万员工，每年接待 1320 万短途旅行者，以及 7000 万寄宿游客。据游客调查显示，苏格兰最主要的吸引力在于（自然）“风景”；其旅游标签词为“广袤的开阔地”和“崎岖的风景地”，加之“自由、空旷、荒僻、宁静、孤独、多变和纯净的乡野之地”。具体而言，据估算，1991 年苏格兰非正式乡村休闲活动创造了 3 亿英镑以上的收入，这相当于创造了 2.9 万份全职工作。1996 年，苏格兰人可能在乡村一日游中花费了超过 10 亿英镑，而英国居民则在苏格兰度假活动中花费了超过 2.5 亿英镑。1995 年，仅山地徒步者和登山爱好者就为高地经济贡献了超过 1.5 亿英镑。[1]

尽管这些数据中的部分数值出自令人怀疑的统计方法，但在很大程度上（追逐）欢愉已与利用（自然）的结果趋同。从大规模的观鸟活动到辗转一家又一家旅店参与长途大巴旅行，所有这些形式的乡村观光对自然世界的潜在破坏几乎都与更为传统的那些行业相当。然而，自然保护协会前主席马克斯·尼克尔森（Max Nicholson）在 1970 年大胆声称，旅游业的真正意义在于“其同自然环境欣赏具有直接且密切的关联，同时在于其本身使大量关切环境的人得以出现，而这些人不再把环境仅
仅视作开发对象”。他坚称，目前（当局）所需做的全部事情仅 144
在于教导民众理解他们所欣赏的事物。[2] 通常而言，乡村联盟会用另一种更为简洁的表达方式指出：城市居民将乡村视为游乐场，而非工作地。正如威廉·考伯（William Cowper）在 18 世

纪优雅地表述的那样：

> 他热爱乡村，但事实是，
> 他只有在城里学习时，才最热爱乡村。

145 海德公园的抗议者们戴着粗花呢帽，牵着拉布拉多犬，他们抱怨城市的批评者是无知的好事者，他们还干涉农民和土地所有者的事务，无论是农业用地、林业用地还是狩猎用地。然而，双方都没有对干预的必要性提出异议。一方面，农业面临着极其严重的危机，在此期间，农民要求（政府的）解决方案至少可以确保其收入，避免他们被赶出土地。（英国）全国农民联合会（National Farmer's Union）的现行口号是："让英国继续
146 耕种。"另一方面，关于公众能从（农业）社团中获取哪些回报的问题被不断抛出，因为社团 50 年的收入及生活方式皆有赖于（公众税款提供的）补助金和农产品限价措施。因此，争论在于何种（政府）干预是恰当的，而其干预限度又该在何处。此外，还有一个关于产权问题的基本争论。越来越多的城市人口期望农村管理能兼及他们的利益；但在面对这种期望时，土地所有者和农民的愤懑与日俱增，因为这会限制他们依照自身愿望管理地产的能力，并减少他们的收益。

这种争论起源于工业革命时期。1810 年，在华兹华斯受到热捧且《湖区指南》一书不断再版时，他将自己热爱的湖区描绘为"一种国家财产，具体而言，每个拥有眼睛去观赏和拥有心灵去享受的人，都对这份财产保有权利和利益"。[3]"一种国家财产"这类话语，乍闻颇有法国大革命和 20 年来（雅各宾派）恐怖统治之狂热和危险气息。然而，除了这句话激进的表面含义，华兹华斯实际上是在谈论一群精英鉴赏家的趣味，"那些有

品位的人”通过遵循浪漫主义之美学观察准则（华兹华斯是该领域的专家）来训练自己获得“赏析之眼”和“享受之心”。恰如华兹华斯于1844年反铁路建设运动中的态度——同样反对那些铁路建设者所称预期受惠之（平民）旅行者，他当然不愿也无法想象诸如劳工、职员和商人等普通民众对这种（审美）权利提出要求。恰如华兹华斯所言，对普通人来说，能有“一片生着毛茛的绿地”就够了。

但是在华兹华斯的时代就已经有了一种强烈的欣赏乡村美景之平民传统。从这种传统中逐渐开始出现产权的问题。我们已经注意到，高地猎场看守人邓肯·班恩·麦金泰尔诗中蕴藏着人们对群山和山鹿的强烈喜悦；在低地，罗伯特·彭斯的眼光可与之相匹敌，他善于发现鼠穴、河岸边的积雪和凋零的罂粟花花瓣。此外，雷蒙·威廉斯（Raymond Williams）已向我们展示了乔治·克拉布（George Crabbe，海关官员之子）和约翰·克莱尔（John Clare，农场工人、园丁及烧石灰工）在英格兰南部地区写作的诗歌是如何与受到充分研究之阿卡迪亚式田园诗传统相抗衡的。在阿卡迪亚式的写作中，收获永远呈现着金灿灿的色彩，乡绅总是仁慈的；而克莱尔却以极其现实的目光，描绘着乡村的美丽和苦难。[4]这些人都是普通人，其唯一不普通之处便是具备将自身生活经验转化为文字的表述能力。通过垂钓、捕捉动物和鸟类、收集鸡蛋、采集植物、各种运动、徒步和简单地观察自然所获得的自然乐趣，在同一个社会群体内蔓延，而这些人都是议会改革的鼓吹者。

18世纪90年代，再没有比佩斯利（Paisley）纺织工们更激进的团体了，他们拥有自己的植物学协会，推崇和阅读自然诗人的作品，诸如同为工人阶层的罗伯特·坦纳希尔 147
（Robert Tannahill）写作的诗歌。出自该群体的亚历山大·威尔逊（Alexander Wilson），为躲避政治迫害出走美国，并成为奥杜邦（Audubon）时代之前最伟大的鸟类学家，他描绘了美国东海岸的绝大多数鸟类。[5]佩斯利博物馆珍藏着其九卷本巨著的精美副本。

再如纽卡斯尔的雕刻师托马斯·比威克（Thomas Bewick），其在英国动物、鸟类和乡村游猎方面的艺术作品无与伦比，而这些创作皆出自比威克的直接观察。其自传体《回忆录》（*Memoir*）令人联想到蕴藏于自然的欢乐。他忆起自己孩童时期在父亲农场牛棚门口观鸟的情形，那时他了解到一群“亲密伙伴”——知更鸟、鹪鹩、画眉、麻雀和乌鸦；但当降雪带来丘鹬、沙锥鸟、红翼鸫和田鸫时，比威克的“无限乐趣与好奇”又转移到了“新伙伴”身上。然而，他毕生所爱的活动是垂钓，并且和绝大多数垂钓者相同，他热爱垂钓的原因，既在于收获鱼儿，又在于享受环境。他在描述溪流时称：

> 溪水潺潺作响，从一方池塘流向另一方，冲刷着池底的鹅卵石层；此番景象又被覆满常春藤的古老空心橡树、榆树、柳树和桦树包裹着。因此，受绿植遮盖的树木好似隐藏起了自己的树龄，或旨于为林下灌丛提供庇护，譬如榛子、荆豆、金雀花、刺柏和石南，加之野玫瑰、忍冬花和荆棘；四周丛生着蕨类植物和毛地黄，而披盖苔藓的坡地边缘却开满了野花，它们要么被“吹拂得隐于环境，只在暗处悄悄泛红”，要么在匍匐于地面的植物丛中若隐若现，那些植物包括蓝莓、野草莓、风信子和紫罗兰等……就我的垂钓之旅而言，我曾多少次闲荡于阳光明媚的山坡上，又迷失在留恋美景的心绪间。

比威克或许挖苦了华兹华斯一番，他继续写道："如果一个人适当地转变了心态，并倾向于找寻这样的美景，那么他是不需要诗人来帮助自己激发热情的。"[6]

诚然，比威克质疑地产权，因为像许多人那样，他触怒于地主阶层在拓展狩猎法（Game Laws）方面所采取的极为成功的做法；比威克称，一系列狩猎法是"苛刻甚至残忍"的，因为它们禁止穷人按照传统（的公地习俗）猎获一只兔子、一只飞鸟或一条鱼。在垂钓方面，他坚称："永远不会有一则合理的辩护能证明，河中之鱼应属私有财产。"至于狩猎，"要想说服聪明的穷人相信天上的飞禽是专为富裕阶层而生的，这种想法不仅在当前不可能实现，在未来也永远不会实现"。[7]高地人的传统信念是，山间的鹿、河里的鱼及林间的树是生活中可以免费获取的三样东西，而这完全与比威克的想法一致。

比威克还远非一名革命者。他深信社会共识的美德，并强 148
烈反对他的朋友、同乡及书商托马斯·斯宾塞（Thomas Spence）支持的土地国有化的观点。比威克认为"财产权应是神圣的"。但在考虑到狩猎法和高地圈地运动的共同影响时，他发出了如下警告：

> 财产权在每个国家都应是神圣的，但它同样应具有边界。在我看来，地产权应于一定程度上以信托形式共有，这既为保障其所有人之利益，又为保障其构筑的部分社会公益。超过该限度，（地产权）即可被视作专权——贵族傲慢气质不合时宜的衍生物。[8]

该观点不仅在当时比威克的社会阶层中尤为典型，而且也代表了现今绝大多数人对地产权的态度。诚然，其困难在于划定“所有者权益”和“社会公益”的范畴。

第一批宣称自己反对乡村地产权观念的人，绝对是居于周边工业城市中的徒步者；哈维·泰勒博士（Dr Harvey Taylor）曾尤为清楚地讲述了他们的故事。[9]18 世纪晚期，城市居民充分养成了漫步于乡野以愉悦身心的习惯。格拉斯哥的干货商亚当·鲍尔德（Adam Bald）在其著名的日志中向我们讲述了 1790—1830 年他与好友漫游乡野的经历：他们有时会从克莱德河的一处渡口出发，开始为期 5—14 日的沿岸徒步之旅；他们有时又会徒步于斯特灵附近的地区，或行走在登巴顿（Dumbarton）至因弗雷里（Inveraray）的开阔山塬。他的记述表现出了健康者自鸣得意的心境和充沛的精力。他在 1791 年写道，海滨曾是病患的专属疗养地，现在却变成了“那些丰腴快乐之人的度假胜地，他们体格强健且精力充沛，或漫步于岩质海岸，或攀援于石南丛生的山崖，而那些体弱多病之人却被限制在光线昏暗的病房里”。[10]

值得注意的是，徒步者与地产者最早的冲突就爆发于格拉斯哥、约克和曼彻斯特附近。其冲突建立在 1815 年颁布的臭名昭著的《拦路法案》（Stopping-up Act）之上，该法案拓展了 1773 年的早期立法，进一步规定：当两名地方法官联合签署命令并宣布（某处）通行权“无必要”时，就能终止既定的道路通行权。菲舍·帕尔默（Fysche Palmer）作为该法案的批评者指出：“听到一位地方法官对另一位地方法官说：‘我们一起去吃晚餐吧，我会提前一小时等你，因为我想取消一条道路的通行权’，这将成为一件平常事。”如此赤裸裸的阶级立法引起了城市激进派人士的抗议。曼彻斯特的报业经营者阿奇博尔德·普伦蒂斯（Archibald Prentice）是其中的代表之一，他宣称：“成千上万把呼吸新鲜空气和锻炼身体视作生命之必需之人

皆认为，自己具有穿行草甸、麦田和附近公园之道路的权利。”[11] 149

1822 年，骚乱爆发了，起初发生于格拉斯哥附近的达尔马诺克桥（Dalmarnock bridge）。骚乱的起因是，一名土地所有者在那里修筑了一道尖刺墙，以堵塞道路。而当地一位书商精心策划了抗议活动。在随后（抗议者）试图移除路障的骚乱中，当局召集了一支军队并逮捕了其中 43 人。虽然仅有 4 人受到指控（包括 1 名矿工和 3 名纺织工），但漫长的诉讼程序由此开启。此事终结于 1829 年，是时上议院做出了支持抗议者的裁决，并宣布（抗议者所称）整条道路的通行权受到法律保护。[12]

在约克附近发生的类似事件促使公共人行道保护协会（Association for the Protection of Public Footpaths）——该协会旨在保护约克周围的道路通行权——于 1824 年成立；然而最重要的骚乱事件是发生于 1824—1830 年的阻止兰开夏郡人行道关停的抗议事件。正是这场骚乱促使激进且成功的曼彻斯特人行道保护协会（Manchester Footpath Preservation Society）建立；该协会由普伦蒂斯（Prentice）精心筹划，同时由他亲自带人铲除阻塞性堤岸、栅栏和铁栏。用泰勒博士（Dr Taylor）的话说，其成员“绝大多数来自那些开创并发展了以商业化和专业化为基础的曼彻斯特自由激进势力之群体”，并且该组织由那些“年轻、成功且大部分不遵奉圣公会的基督教徒所领导”。一些激进分子早期曾在彼得卢（Peterloo）参与反抗当局的活动，或曾支持“毛毯党”（Blanketeers），并在当时参与了反谷物法同盟（Anti-Corn Law League）的煽动性活动。[13]

随后的骚乱事件促使公众步行道路专责委员会（Select Committee on Public Walks）于 1833 年（彼时辉格党已上台组阁并提出了第一项改革议案［First Reform Bill］）建立，并促成了两年后《普通公路法案》（General Highways Act）的颁布，该法案令土地所有者更难于阻断人行道，尽管并非完全不能阻断。[14]

当然，冲突并未就此结束，旨在争取公众乡村准入权的斗争持续发生于19世纪，并一直延续至今。1844年，苏格兰路权协会（Scottish Rights of Way Society）的前身机构成立于爱丁堡，其建设者与曼彻斯特相关事业的支持者相似，皆属城市居民，只不过前者囊括了具有独特贡献的律师群体。市政领导人在就职演讲中抱怨称，城市福祉受周边土地所有者阻路行为之威胁，并声称重开道路将是比埃德温·查德威克（Edwin Chadwick）所提重建城市排水系统更实惠的恢复公共健康之方式。1847年，该路权协会从关注市政事务的（地方性）机构演变为全国机构。彼时阿索尔公爵的猎场看守人，与进行“植物采集”郊游的一名爱丁堡大学教授及其学生，在格伦-蒂尔特（Glen Tilt）的旧车道上发生了冲突，路权协会（在佩思市议
150 会［Perth Town Council］的支持下）与猎场看守人一路斗争至上议院。[15]

次年，约翰·斯图尔特·密尔出版了《政治经济学原理》（*Principles of Political Economy*），提出土地所有权应以尊重公共利益为前提，并特别否定了公地之上的财产权，包括拒绝他人进入公地之权利。他继续称：

> 两位公爵借口避免惊扰野生动物而封闭了部分高地，并制止其他人进入绵延数英里的山地风景区。此举超越了地产权的合法界限。通常而言，当人们不打算开垦一片土地时，他们就根本没有恰当理由，以证明该土地是自己的私有财产。[16]

该观点为（彼时的）流行观念提供了重要支持。

从此以后，在不列颠北部地区，人们的斗争焦点转向了保卫高地准入权及通行权；而在南部，人们更关注维持公地开放状态的事务，例如汉普斯特德荒野（Hampstead Heath）和艾坪森林（Epping Forest）（所显现的问题）；同时关注侵占人行道和公路的问题。苏格兰路权协会（于 19 世纪的最后 25 年里还处理了许多其他案例），在苏格兰通过抵制曾于澳大利亚大发横财的新地主邓肯·麦克弗森（Duncan Macpherson），成功保护了乔克路（Jock's Road）以北的格伦-多尔（Glen Doll）。期间，诉讼费用超过了 5000 英镑，尽管该协会在获得上议院的支 151
持后，很大程度上收回了这笔款项，但这对一个志愿团体而言，仍意味着承担了较大风险。他们同样通过对抗罗西墨丘斯的古老地产者——格兰特家族——保护了斯特拉斯佩和布雷马尔间的莱里格-古鲁（Lairig Ghru）；还通过对抗那些新兴的地产者家庭，保护了迪赛德其他道路（的通行权）。[17]

1880 年前后，狩猎庄园的重要性与日俱增，由狩猎租户释放出的焦虑感不断增加——因租户们尤其想避免狩猎活动被徒步者有意或无意地打扰，准入权的斗争愈演愈烈。其中最著名且荒谬的斗争发生于一场诉讼中：一位美国百万富翁及狩猎租户 W. L. 怀南斯（W. L. Winans）控告一位佃农——默多克·麦克雷（Murdoch Macrae）——的宠物羊非法“入侵”了他占地 20 万英亩的鹿林，并啃食了那里的草场。该诉讼被（苏格兰）最高民事法院驳回，并要求怀南斯承担诉讼费用；这场辩护由从事法律职业的激进自由主义人士组织，并由一位移居国外的高地人赞助。[18]

在这种背景下，自由党议员及此后的政府大臣詹姆斯·布莱斯于 1884—1909 年连续八次提出（苏格兰）山区准入权议案（Access to Mountains [Scotland] bills），并借此宣称所有地产者皆无权禁止以娱乐、科研和艺术探索为目的之人，于其占有却未开垦的山区或高沼地内通行，但这一系列尝试均以失败告终。上述议案的设计最初只针对苏格兰地区，但在 1908 年，
152 查尔斯·屈威廉（Charles Trevelyan）提出了一项类似的议案，并旨于将相关条款拓展至英国其他地方。[19]（与前期议案）几乎毫无差别，它们共同构建了所谓“漫游权”的基础和精神；直至今日，漫步者协会仍在敦促历届怀有畏难情绪的政府确立“漫游权”。

19 世纪的乡村准入权斗争，尚有许多值得强调的地方。首先，在不列颠北部地区，大量的城市居民（既有工人阶级，又有中产阶级）都参与了这场斗争，他们中的许多人还参与了激进运动。1877 年，据估计在一场游行活动中，2 万—4 万名示威者强行拆除了一家矿业公司建设于利兹附近亨斯莱特莫尔（Hunslet Moor）的铁路。结果，亨斯莱特莫尔在庄严的法条中被确认为公地，即被“保留为满足公众利用或娱乐之需的开放空间”。维多利亚时代诸多的博物学家俱乐部曾举办过一些远足活动，这些活动吸引的参与者人数堪比今日的观鸟活动。曼彻斯特田野博物学家协会（Manchester Field-Naturalists Society）记录了一场参与者多达 550 人的郊游。1873 年的一项调查发现英国已有 104 家田野俱乐部，而 19 世纪末的另一项调查显示，英国彼时所有博物学学会的总成员数已接近 5 万人。[20]

当人们意识到自己能在离家更近的地方享受阿式攀登（alpine climbing）的愉悦时，登山运动越来越受到人们的喜爱。19 世纪 90 年代，苏格兰登山俱乐部（Scottish Mountaineering Club）秉持着和解态度，努力与土地所有者合作，以获得登山许可（鲜少遭到拒绝）。但凯恩戈姆山俱乐部（Cairngorm Club）却是好斗且激进的；面对潜行狩猎者、地产者及其仆役，他们

故意寻衅，并将对抗过程公布于其杂志中。[21] 此外，克莱兹代尔越野竞走团（Clydesdale Harriers）是一个拥有 700 名成员的典型地方组织。该组织会举行山地越野跑，跑步团则由 50 名青年男子组成；他们通常会获得许可，但有时也会在无意间打扰一位（猎物）追踪者或破坏一场狩猎活动。[22]《苏格兰骑行者》（*Scottish Cyclist*）杂志首期出版于 1888 年，《苏格兰垂钓者》（*Scots Angler*）于 1896 年，而《苏格兰滑雪俱乐部杂志》（*Scottish Ski Club Magazine*）首期出版于 1909 年。该滑雪俱乐部成立于 1907 年，并拥有一笔旨在为邮差和牧人派发滑雪板以协助其工作的基金。他们声称，英格兰北部地区的矿工早在一百多年前，就已使用某种类似于滑雪板的出行装备了。[23]

然而，比起那些俱乐部的正式会员，更多的必定是仅将乡野视为散步和骑行之地的大众。早在 19 世纪 90 年代，苏格兰长老会（Church of Scotland）便抱怨称，骑行者在每个周日踩着他们的车子路过教堂，而非赶赴教堂；他们在乡野获得的欢愉使安息日黯然失色。[24] 登山者和漫步者也常是观光列车和游船上引人注目的存在，他们享有的欢乐有时会被社会上流人士形容为“受施者”的欢乐。故于 1883 年前后，一位旅行者搭乘了罗蒙湖上的一艘游船，他在描述一群混杂着办事员和仓库管 153
理员的游人时，写道：

> 当他们出现在观光列车的车厢里，并享受着来之不易的假期时，他们身着的灯笼裤和短褶裙套装使其形象大变，可能连生养他们的母亲都无法辨认他们。在那里，他们穿着闪闪发光的钉靴，戴着宽顶无檐圆帽或苏格兰船形便帽，背着肩包，手握结实的短棒，准备去“攀援山峰”，或前往特罗萨克斯；还有可能从

湖泊的一端出发，以格伦科峡谷为终点，进行一场徒步之旅。[25]

在上流人士的眼里，他们和印度教徒一样古怪。

其次，利用开放山地是不列颠北部居民典型的生活方式。兰开夏郡和约克郡的工业市镇以及苏格兰的中部地带皆是徒步、漫游和攀岩俱乐部的中心活动区。由于漠泽距离伦敦、伯明翰、布里斯托和诺威奇都太远了，因此当地工人很难对漠泽产生兴趣，但他们仍认为，公地利用以及垂钓俱乐部保有对道路、河岸和运河堤岸的通行权十分重要。

第三，值得强调的是，我们经常能看到这类斗争于城市与乡村、民众与地主以及自由党与托利党之间爆发，同时看到关于财产意义的思考也被纳入其中。斗争一方不断附和由托马斯·比威克清晰阐述以及由密尔背书的公地观点。例如1892年，詹姆斯·布莱斯在关于“准入权”议案的辩论中，几乎照搬了密尔的话：

> 土地财产与其他所有种类的财产相比具有明显不同的特质，因土地不是供我们无限及无条件使用的财产。土地之必要性在于，它是我们居住和赖以谋生的基础，人们也可以凭借各种方式在土地上获得欢乐。因此我不承认，土地上存在着，或我们的法律及自然正义会认定土地上存在着一种不受限制的排他性权力（power of exclusion）。[26]

不过，布莱斯对J. 帕克·史密斯（J. Parker Smith，一位议会反对派代表，而他自己支持苏格兰路权协会）提出的批评意见持开放态度，即“准入权”议案完全忽视了本地农村居民的诉求，而他们才是最需要道路通行权以便于上班或出差的群体。那些假日出行的人、艺术家和科学家——他们皆被认为是城市外来者——几乎或根本不会对乡村的本地经济做出贡献。[27]因此，“准入权”是城市居民对乡村的索取，也会使反对该议案的人加倍厌恶这种权利诉求。

值得注意的是，自 19 世纪末以来，辩论双方的宗旨和论点 154
几乎毫无改变。马里昂·肖德（Marion Shoard）两部著作的标题——《这片土地是我们的土地》（*This Land is Our Land*，出版于 1988 年）以及《乡村盗窃》（*The Theft of the Countryside*，出版于 1980 年）——皆恰如其分地揭示出在“漫游者公案”上传统的信念基础。而“准入权”的支持者则寻求实现詹姆斯·布莱斯的目标——通过立法，从而不受限制地进入开放及未垦荒地，并认为这与公共正义和社会福利问题息息相关。在“二战”前，布莱斯的后继者们又提出了十项后续议案，但随后出台的 1939 年《山区准入法案》（Access to Mountains Act）以及 1949 年颁布的《国家公园及乡村准入法》都未能确立一般性的“准入权”；其支持者们仍感不满，故分别于 1978 年、1980 年和 1982 年提出新的后续议案。期间，他们唯一令人耳目一新的表述便是援引欧洲法律——挪威和瑞典著名的“公众访问权”法——并对其进行了对照说明。

同样，反对者仍认为，现有的“准入权”法律已赋予民众足够多的自由，若将其扩展为一般性的“准入权”法律，则会令那些无知或粗鲁的城市居民扰乱乡村秩序。而“漫游者”仍依其在维多利亚时期的所作所为，拆除人行道上的非法障碍物，20 世纪最著名的游行示威便是 1932 年被称作“集体入侵金德-斯考特峰”（mass trespass on Kinder Scout）的活动（实际上，该抗议活动并没有发生在靠近金德-斯考特峰的地方；期间，8名看守者与来自英国工人联合会［British Workers Federation］多达200名的激进漫游者，在距离一条人行道约100码的地方发生了打斗），该活动具备19世纪（相关斗争）的鲜明特色。[28]

但事情正在发生改变。最初，旨在将漫步者和地产者召集于同一个谈判桌前的倡议，更多受到地产者而非漫游者的热烈欢迎，譬如引人注目的1994年苏格兰自然遗产协会“准入权”论坛（Scottish Natural Heritage's Access Forum），以及1996年由10个与会团体共同签署的《苏格兰丘陵及山地准入权协定》（Concordat on Access to Scotland's Hills and Mountains）。因地产者视其为一种延缓立法的方案，而漫游者却认为这是促使他们在权利问题上达成妥协的方式。然而现今，不论是在苏格兰还是在英格兰，政府议案皆趋于将（一般性的）“准入权”合法化。在苏格兰，“准入权”不再被地产者和农民过分惧怕，也不再被漫步者和登山爱好者过分怀疑，这恰是五年来围坐在谈判桌前的沟通改变了双方的态度。在英格兰，虽然议会的辩论基调一如既往地充斥着对抗色彩，但政府议案很可能趋于满足漫游者的诉求。

另一种能够为民众保有土地却不太具有对抗性的方式，就是以他们之名购买一部分土地。这就是华兹华斯的强硬后继者们——哈德威克·罗恩斯利教士及其盟友罗伯特·亨特（Robert
155 Hunter）、奥克塔维亚·希尔（Octavia Hill）和威斯敏斯特公爵（Duke of Westminster）——捍卫湖区的策略。他们发起运动以保护那些即将上市拍卖的隽美之地，例如凯斯维克（Keswick）南部的洛多瀑布（Lodore Falls），并于1895年促使“（英国）历史名胜或自然美景之国民信托组织”（National Trust for Places of Historic Interest or Natural Beauty）成立。在此后的12年里，受议会法案影响，上述机构正式转变为现代的国民信托组织——代表国民毫无争议地持有土地的法人团体，该组织继而于 1931 年被苏格兰国民信托组织效仿。[29]

除罗恩斯利教士外，其他三位创始人的关注点并没有局限于湖区保护问题。像奥克塔维亚·希尔那样，他们还关注伦敦和其他大都市内城市贫民对涉足开放空间和享受自然美景的需求。但国民信托组织的主要目的从不在于无限度地提高“准入范围”，而在于为公共利益确保那些精选且特殊的优良建筑和景观得到保护。国民信托组织（对保护地）的选择标准，不可思议地折射出比威克不同于华兹华斯的世界观。尽管如此，信托组织创始人所秉持的财产观念，与彼时詹姆斯·布莱斯清晰阐述的观念颇为相似。1886 年，罗恩斯利教士在《当代评论》（*Contemporary Review*）中抱怨称：据悉，仅就过去 15 年间安布塞德（Ambleside）附近的情况而言，21 处传统路权被取消，其目的在于阻挡游客和附近居民。他随后引用了罗斯金的观点——“在所有地主能做的卑鄙与邪恶之事中，关闭（其地产上的）人行道是最恶劣的行径”，进而补充道：

> （地产者对）土地财产本身保有权利、责任以及（权责的）限度，尽管没人会在此时否认这点，但直至它被所有人都充分认识到，我们才能最终停止讶异于威斯敏斯特公爵所称“各处（地产者）狂热地将公众拒之门外”的情景。在此之前，我们可能仍倾向于将一块地产视作同一件瓷器和一批与棉花极为相似的财物。[30]

一个世纪后，对上述观点的重申再次引发关注。1998 年秋季，一篇关于苏格兰土地改革的文章开篇写道："地产者声称土地是其私产，他们的语气就好像你我在说这把椅子或这座房子是归自己所有的那样。"[31]

用罗恩斯利教士的话来说，这两种传统观念的分歧在于，该由谁来定义"权利、责任以及（权责的）限度"。无论在过去还是现今，许多地产者都愿意承认拥有一块土地并非像拥有一件瓷器或一把椅子那样；并且同意土地财产会附带有一定程度的公共责任。概括起来就是（公共）管理职责，即一种将良善管理所带来的福利分享给更多社区成员的责任。毕竟，这是传统的托利党观念，它被用来对抗激进的自由党的主张——"土地为民"（the land for the people）。像威斯敏斯特公爵这样的地产者，自他们作为主席或委员会成员创立了两个国民信托组织
156 以来，便在组织中发挥着重要作用，但他们从来没有可能成为漫步者们的领袖。

当然，这并非因为漫步者开始猛烈攻击地主阶级时国民信托组织恰好停止了对该群体的批评，而是因为国民信托组织的传统信念。信托组织强调就它们所持有的全部地产及古堡豪宅而言，公众从中获取的利益，过去来自地产者以其自身方式对"权利、责任以及（权责的）限度"之定义，当前则来自管理委员会对"权利、责任以及（权责的）限度"之现代定义。* 但委员会通常仍由那些拥有爵位的人领导。如今，信托组织经营下的田宅，总被当作展现过去和现在良善管理之纪念物。信托组

* 作者在这里强调，公众过去只能根据土地所有者的用地意愿来调整自己的行为方式，但如今可以根据国民信托组织的运营原则来重新使用这些地产，例如获得参观权和通行权。但这种进步是有限的，因为作者认为国民信托组织仍由贵族阶层，即以往拥有大量土地田产的土地所有者们领导。——译者

织良好地维护它们，并使其作为一面公众得以从中辨别地主阶级的透镜。此外，两个信托组织都在会员资格限制上比漫游者组织更成功，因为它们开放了向公众“讨价还价”的机会——家庭一日游应具有合理的价格。而城市公众坐在他们的观光车里，也并不反感“镜中景象”；他们认同那些对他们报以仁慈微笑的（地产者）塑像；每当地产者短暂现身时，他们总会流露出一阵强烈的兴奋感。再者，两个信托组织还在城乡差异问题上平息了不少风波。鉴于20世纪初期，在秉持改革主义的自由党政府治下，反对上议院的呼声渐大，彼时国民信托组织才刚获法律许可。但可以推测出的是，它们将废除世袭贵族投票权的举措推迟了近一百年。

如果说“准入权”游说团体自19世纪以来就再没能提出什么新论断，且国民信托组织又在城乡矛盾中扮演了调和者而非鼓动者的角色，那么到底是什么因素促使城乡斗争在20世纪中期愈演愈烈了呢？

第一个相关因素便是城乡规划运动，该运动始于两次世界大战之间的那些年，并在1945年工党政府的任期内达到顶峰；其活动实质令人捉摸不透。最初，它作为捍卫约翰·罗斯金（John Ruskin）和威廉·莫里斯（William Morris）传统信条的十字军，保护农村和本地精神免遭现代城市主义的冲击，并认为这对城市和乡村都有好处。1926年，英格兰乡村保护协会成立；两年后，建筑师克拉夫·威廉姆斯-埃利斯（Clough Williams-Ellis）发表了他对乡村衰退的控诉书——《英格兰与章鱼》（*England and the Octopus*）*。G. K. 切斯特顿（G. K. Chesterton）

---

* 著作标题中的“章鱼”象征着20世纪上半叶伦敦通过城市主干道向周边乡村的扩张。——译者

欣喜若狂地评论称："在我们这个时代，没有比这更有价值的警告得以用文字的形式表现出来了。"他继而观察称，当前时代正处于忽视古典观念的危险中，此种观念指"城市与乡村是两种完全不同的事物——它们应各自保有完全不同的尊严感"。[32] 最终，城乡规划运动确实重申了城乡"二分法"，它于延缓乡村美丽与品格衰退的举措中带来各种各样的好处，但此种做法未来
157 可能会通过乡村"特殊性"论断的合法化，来抵制城市居民对乡村提出的要求。

威廉姆斯-埃利斯后来声称，《英格兰与章鱼》是"一本由一位愤怒的年轻人写作的、充满愤怒情绪的书籍"（事实上，在该书出版时，他已经44岁了）。该书的确很有说服力：

> 体面、虔诚却该死的英国人，心满意足地住在那些粉红色的石棉建材小屋里；如果他们侥幸（定居下来）……在数英里外能看到自己（屋舍）的地方，他们会备感满足。

他反对那种"带状"发展模式，即沿着从城镇拓展至乡村的新建公路，"丑陋的小型建筑物（在路旁）纷纷出现，其数量迅速攀升，就像沿排水沟繁衍的荨麻那样，又像绦虫身上生长的虱子那样"。他反对在乡村进行广告宣传，反对设置不当的无线电桅杆和架线塔，还反对水电公司"在山坡上随意铺设做工粗糙的大型管道"（工程方丝毫没有掩藏或伪装它们的意思）。他赞成国家公园项目，赞成新规划的城镇和建筑规划方面的限
158 制，还赞成以减免税收的方式保护大型住宅——他的确是位梦想家。[33]

《英格兰与章鱼》的续篇是《英国与野兽》（*Britain and the*

Beast)，该书由威廉姆斯-埃利斯在九年后（1937 年）编订，并囊括了 26 位杰出的贡献者——J. M. 凯恩斯（J. M. Keynes）、E. M. 福斯特（E. M. Forster）、G. M. 屈威廉（G. M. Trevelyan）、A. G. 斯特里特（A. G. Street）、帕特里克·艾伯克隆比（Patrick Abercrombie）等，还获得了拉姆齐·麦克唐纳（Ramsay Macdonald）、巴登-鲍威尔勋爵（Lord Baden-Powell）、斯塔福·克里普斯爵士（Sir Stafford Cripps）、朱利安·赫胥黎（Julian Huxley）和 J. B. 普里斯特利（J. B. Priestly）等人的支持——一个伟大、善良并在未来颇具影响力的杰出小团体。他们反对并支持那些威廉姆斯-埃利斯曾反对和支持的事，不过明显更担忧农田转化为砖瓦混凝土建筑的速度和规模，和必然与汽车相伴而生的"油黑锃亮且冰冷无情的车道"，后者逐步取代了传统中没有铺设柏油的乡间小道。乔德教授（Professor Joad）倒是希望公路畅通，如此一来汽车便不会再"逃窜"出城镇间的主干道了。尤为有趣的是，乔德教授就（自身）观察公开表明：

> 民众对英国乡村提出的要求是神圣不可侵犯的……（但）民众尚未准备好在不破坏承载其要求之乡村环境的前提下，实现他们的诉求……（因此）英国乡村必须作为信托财产而存在，以免受伤害，直至民众做好准备为止。[34]

尽管该看法流露出全面的家长式作风，但它附和了比威克的传统观念，并指出并非所有乐于规划之人都希望将城乡彻底分割开来，由此使乡村不受任何打扰。

在关于上述一切问题的辩论中，我们很难揭示出普通乡村居民的看法。为尝试找到答案，我翻看了 1926—1933 年间约克郡妇女联合会（Yorkshire Federation of Women's Institutes）的会议记录。该妇女联合会是英国此类联合会中规模最大的一个，并在彼时代表了广泛的农村意见。1928 年，该联合会向郡议会控诉，称“丑陋的锡废料堆破坏了村容村貌；此外，许多焦油罐被可怕地堆放一旁”。她们提议开展一项锡废物回收计划；并声称在部分已经实施此项计划的城镇中，它被证明是“财政收入的有益补充”。1931 年，她们抱怨架线塔的铺设，横穿漠泽并致使“自然之美被彻底摧毁”。在 1930 年和 1933 年，她们担忧儿童及其他步行上学者对乡村公路上人行道的需求无法得到满足。一位联合会代表提议称，应争取通过立法，以确保司机在乡间行驶时不超过最高限速；但英格比－阿恩克利夫（Ingleby Arncliffe）的约翰逊夫人却为汽车驾驶者辩护：

159 太多女性在公路上推着婴儿车行走。因此，她知道在驾车时，尤其在驶于困难的转弯处时，碰到这群人会有多么不愉快。[35]

当然，见到约翰逊夫人一定会更不愉快。这是蟾蜍先生（Mr Toad）* 的时代；当公路被用于其他用途，并成为一位湖区观察者所称的“疾驰的汽车和长途大客车之梦魇”时，“除非法律能规范假日交通，否则当前就必须采取某种（其他）措施来解决这些问题”。[36]

---

* 这是肯尼斯·格雷厄姆 1908 年小说《柳林风声》中的主人公；蟾蜍先生喻指那些追求新奇事物、“喜新厌旧”的顽皮之人。——译者

至第二次世界大战，跨党派共识——国家用地规划需要更有效的（精确）打击，而非像20世纪30年代试验性及分散性立法所提供的保障那样——已经形成；达德利·施坦普（Dudley Stamp）一类的乡村用地专家和如帕特里克·艾伯克隆比一类的区域规划师均持有这种观念。1940年巴洛委员会（Barlow Commission）关于工业人口分布的系列报告、1942年斯科特委员会（Scott Committee）关于乡村区域规划的系列报告、1945年约翰·道尔关于国家公园区域的系列报告以及1947年霍布豪斯委员会（Hobhouse Committee）关于国家公园和准入权的系列报告，共同勾勒了英格兰的未来图景。乡村斗争的主要后果既在于1947年《城乡规划法案》（Town and Country Planning Act）引入了发展规划综合体系之概念，又在于1949年《国家公园及乡村准入法》准许在英格兰和威尔士开设国家公园，并在英格兰、威尔士和苏格兰提供自然保护服务。[37]

该时期的话语基本遵循着熟悉的传统信念。斯科特报告言及“乡村是整个国家的遗产……故国家具有妥善保护其信托组织所持地产之义不容辞的责任”。霍布豪斯委员会提出，“信托组织应秉持如下原则，即我们美丽的乡村遗产应以民众福祉为名被托管”。或许，“遗产”一词（即上一代话语中的“财产”）的出现，是为了缓解民众的疑虑——对国家公园可能暗含的“强制性购买”和“土地国有化”意味的担忧。最后，城乡规划政府大臣（Minister of Town and Country Planning）希尔金勋爵（Lord Silkin）在针对1949年法案的辩论中提出：“一则人民宪章……（意味着）拥有该宪章，人民便能以自身之名去保护、珍视、享受并依据自身意图打造乡村。”[38]

当然，现实远非如此。首先，战后立法并未像布莱斯及其后继者所追求的那样，更接近实现一般性的“准入权”。其次，

由于战后最主要的需求被认为是提升国内食物和木材产能之需求，因此农业和工业得以从 1947 年法案的发展限制中豁免。正
160 如斯科特报告明确指出的那样，人们普遍认为利用与怡情之间不存在矛盾；换言之，"利用与审美之间不存在对立关系"，景观（landscape）"就是一个显著的例子"，"它在满足人们物质需求和缔造美丽之间存在相互依存的关系"。因此，即便没有经济、社会或发展战略上的考虑，"保护乡村传统风貌（即任何具有传统乡村特色的方面）的唯一方法仍是农耕"。1940 年，传统、有机且主要依靠马力驱动的劳动密集型农业遭到了质疑，但由于社会原因，感知到农业变革的斯科特报告却指出希望这种传统农业维持下去。即便在当时，《经济学人》（*The Economist*）亦将这种雄心壮志斥为"语义含混且具有浪漫主义特色的空话"。[39]

第三，尽管在道格拉斯·拉姆齐（Douglas Ramsay）的领导下，苏格兰事务部（Scottish Office）也建立了类似的委员会，但最终没有提议建成一处国家公园。这部分是由于地产者的反对，他们在那些为国家公园购置土地的雄心勃勃的计划中嗅到了一丝猖獗的社会主义气息；又部分由于水电利益集团的反对，他们不得不怀疑国家公园会阻碍其于高地野心勃勃的扩张计划；还部分由于地方当局在（权力）边界问题上争论不休，它们担心国家公园管理局（National Park Authority）会（以某种方式）践踏其利益；更部分由于林业委员会自最初阅读道尔报告，（以其委员会主席的话来说）便担心，"道尔先生完全忽视了一点，那就是，徒步穿越森林比翻越光秃秃的山坡更有趣"，但其联想到的后果是"使大部分乡村地区变成不毛之地"。[40] 诚然，还有部分原因在于苏格兰国民信托组织的态度，该组织对"昂贵的征地活动与运营成本颇高且人浮于事的管理机构"的必要

性提出了质疑。[41]

在促进自身经营且作为国家公园替代物的森林公园和山区地产（例如格伦科峡谷）时，林业委员会和苏格兰国民信托组织皆具既得利益，尤其是在当地城市人口对乡村造成的可感知压力远不及英格兰大的情况下。但苏格兰国民信托组织还有另一个反对理由。彼时，道格拉斯·拉姆齐委员会试图反对“贫瘠化乡村”的论断，于是在其1947年的报告中，过分强调国家公园将如何吸引游客，并对林业和农业“在自然蛮荒之处”的扩张如何有利。[42]委员会中的主要规划师罗伯特·格里夫（Robert Grieve）敦促委员们思考：

> 在发展方面而非保护方面，鉴于高地环境及其过去经历，此种情形将是不可避免的。我们最大的渴望，即是见证国家公园内的生机与繁荣；其生命力不是仅依赖于旅游业，而是基于农业、旅游业、本地工业、林业和水电业的综合发展。[43] 161

此后，格里夫成为高地和岛屿发展委员会（Highlands and Islands Development Board）的首任主席，这是合乎情理的，其任职也是尤为恰当的。道格拉斯·拉姆齐委员会并未完全同意（格里夫的主张），但他们允许格里夫在其报告后发布一份关于国家公园规划事项的附录，并以格伦-阿弗里克的未来发展为例。该地是苏格兰众多极富盛名的峡谷中一处尤为支持水电事业的峡谷，“大坝和发电站会引起游客们的极大兴趣”。[44]

因此，苏格兰国民信托组织的成员合理地表达了他们对道格拉斯·拉姆齐委员会立场的怀疑，同时指出该委员会部分成员“构思创建的发展区域，并非大多数人指称的国家公园”，并

图 6.1　1935 年邓迪大学（University of Dundee）教授皮科克（Peacock）在多尔幽谷衡量（人们）步行途中可能遭遇的风险："鹿林是私有地产，公众被禁止穿行具有明确标记的道路；如若穿行，加之扰乱当日的狩猎活动，其处境将十分危险——毕竟狩猎者会持续使用远程高速步枪。"（邓迪大学档案馆藏）

想知道委员会成员对旅游业的热情是否会促使他们建立高尔夫球场和网球场。[45] 由于树敌众多却没有支持者，国家公园的提议被搁置了半个世纪。但毫无疑问的是，国家公园作为工党在苏格兰议会中提议建设的对象，于 21 世纪初进驻苏格兰。或
162 许，人们现在对国家公园的特性和目标有了截然不同的看法，但格里夫引发的争论仍未被遗忘。在其给予政府的建议中，苏格兰自然遗产协会指出，国家公园应在拥有"社会与经济发展目标"的同时，拥有保护和自我提升的目标，并"在利益平衡的前提下，支持长期保护自然资源"。但别处的经验表明，平衡不易达成。[46]

当然，英格兰在 1949 年就建成了自己的国家公园。至 1980 年，现存的十座国家公园全是高沼地公园，这向执掌权

柄的政治活跃分子彰显了英格兰北部地区古老传统的留存状况。约翰·道尔本人出生在伊尔克利（Ilkley），并居住于诺森伯兰郡；他警告称："当心我对北方乡村的偏见"。道尔妻子的叔叔——著名历史学家 G. M. 屈威廉，曾是他那一代人中谈及乡村保护问题时最具影响力的辩论家之一。他相信，比起低地，山地会给予人们更多利好，它们拥有"更多坚毅的力量和真诚（的品质）"；据此，比起南方贫瘠的林地和平坦的坡地，"我们更能与北方的山地交谈"。漫游者领袖汤姆·斯蒂芬森（Tom Stephenson）也有这种浪漫且崇高的偏好，他试图让霍布豪斯委员会将诺福克湖区（Norfolk Broads）和南唐斯丘陵移出国家公园的候选名单，其理由在于，尽管上述两地很受欢迎，但它们野性不足。[47]

道尔报告宣称，英格兰国家公园有两个"主要目标"，一是"保留景观的特色之美"；二是保障游客"充分享有'准入权'并可以利用园内充足的设施，开展户外活动并获得美之体验"。彼时虽未谈及社会和经济发展目标，但这并非说（国家公园）会给农业改良设置任何障碍。在战时及战后食物短缺的情况下，这也是不能想象的。道尔报告提到，"高效农业是国家公园园区内的核心要求"，园内必须留有广阔的空间以容纳耕作、种植及饲养方式和强度的变化；事实上，更充分地种植会"增强而非削弱景观效果"。[48]

结果，发展程度远超道尔和霍布豪斯的预期。国家公园的经营状况从未导致（恰如普遍预期的那样）土地国有化，即便导致了土地国有化，事态也不会有所不同。譬如，国家公园无法阻止斯诺登尼亚（Snowdonia）于 1958 年遭到采铜业的破坏与核电站的辐射；亦无法阻止彭布罗克同样在 1958 年受到原油码头的影响；还无法阻止北约克莫尔受到 60 平方英里针叶林和牧草复种之影响，以及 1960 年费令代尔斯（Fylingdales）预警雷达和伯毕（Boulby）大型钾盐矿的影响；更无法阻止峰区遭到石灰石广泛开采的破坏，以及达特莫尔和诺森伯兰郡遭
163 到军事训练的破坏。此外，埃克斯莫尔（Exmoor）在 1958—1976 年的垦荒活动中，丧失了 9500 英亩（相当于公园面积的 16%）的石南荒原。或许，苏格兰也遭受了上述大部分的损失。[49]

1949 年法案还建立了自然保护协会；在这种情况下，保护协会的令状也得以在苏格兰运行。早年，该协会秉持一种整体观点——意欲将科学用作“生物管理技术”，以同时助益于野生动物和土地利用者。在这方面，该协会最令人难忘的成就是 1960 年有毒化学品和野生动物科（Toxic Chemicals and Wildlife Section）的建立，后者通过对游隼和雀鹰的研究，揭示出食物链受农药污染的程度。在“二战”前，该协会的前身机构是自然保护区促进会，这就确使自然保护协会自创建开始便十分重视景观问题。新协会着手建立了一个国家自然保护区体系，而该措施最初却于 1955 年震惊了保守党政府大臣索尔兹伯里勋爵。他指责该行为“像喷溅污渍那般”，把“活体博物馆”（living museums）散布在整个乡村。尽管通过一场部门内部调查，索尔兹伯里勋爵渐渐平息了怒火，但此事仍是对自然保护协会的警告。[50] 事实证明，保护协会只有在那些自己购买的土地上，例如在苏格兰的贝恩艾赫和兰姆（Rum）以及奔宁山脉的莫尔-豪斯（Moor House），才能确定无疑地将保护事业和科学调查置于首位。1955 年后，由于政治压力和最小化财政开支的需要，在与地产所有者达成管理协议后，绝大多数自然保护区并没有被收购。此后十分常见的情况是，（自然保护区内的）生物利益侵损几乎没有受到抑制，就像凯恩戈姆山脉的马尔-洛奇（Mar

Lodge）和格伦-费希（Glen Feshie）那样。

自然保护协会及其后继者——自然保护委员会还开发了一个明确的“特殊科学价值地点”体系，但该体系同样只能为选定的保护地点提供不系统且薄弱的保护。截至 1975 年，全英选定了 3000 多个特殊科学价值地点；但在这一阶段，选定不过意味着给某地打上了（保护区）标签，农民可以随意无视这些标签的存在。彼时 W. M. 亚当斯（W. M. Adams）评论称：“特殊科学价值地点体系确实覆盖广泛，但不幸的是，该体系完全无法发挥作用。”[51]

在 1947 年及 1949 年法案颁布后的 30 年里，乡村的生态特色及物质特征发生了斯科特委员会和约翰·道尔难以想象的变化；这种变化可见于（第三章所述）显著的农业化学革命与机械革命之中。事实上，农村土地所有权现在变得更像人们对一捆棉花和一把椅子所持的物权，而不像城市地产权。鉴于城市开发商不能在未经当地规划委员会批准的情况下破坏乔治王朝时期的梯田（此事对其而言或许很困难，又或许很容易做到），164
但一位农民却可以连根刨出一棵古树（曾是远古时代的部落财产），我们除了归咎于其更朴实的天性外，不会给其设置任何障碍。通常，土地所有者会认为这种归因不够恰当。1967 年，针对民众对埃克斯莫尔国家公园石南荒原受到侵犯的批评，乡村地产者协会（Country Landowners' Association）和全国农民联合会回应称，据观察，农民们憎恶“任何不合理且有可能以某种方式限制其扩大经营和最大化产能之权利的指示——就算此类指示是其（理应承担的）责任”。[52] 基于此，公众变得躁动不安。至 1973 年，就连规划法方面的专家都普遍对农业规划现状表示同情，如 D. A. 比格姆（D. A. Bigham）质问称，“是否允许人们以每年 5000 英里的速度继续拆除古老的灌木篱墙（某些栅篱甚至是史前遗迹）”。[53]

此外，到了20世纪70年代末期，许多人认为城乡之间的力量平衡发生了些许变化。托里峡谷的溢油事件（Torrey Canyon oil spillage）、蕾切尔·卡森创作的《寂静的春天》以及英国国内的农药恐慌，都极大提高了人们对环境问题的认识。随着财富的增长，人们拥有更多，尤其是搭乘家庭汽车探寻乡村的机会。就最主要的环保组织而言，其会员数量迅速激增。1946年，国民信托组织仅有8000名成员；至1970年，其会员数量升至20万人左右；再到1980年，其数量已达100万人。再者,1945年，英国皇家鸟类保护协会仅有5900名会员；至1970年，拥有6.7万名会员；再到1980年，拥有32万名会员。1964年，彼时存在的36个郡博物学家信托组织共有1.7万名会员；至1981年，彼时存在的43个郡信托组织共有14万名会员。相比之下，1981年，漫步者协会仅召集了3.2万名会员，这就很好地解释了为何在接下来的十年中，自然保护运动要远多于维护古老路权的运动。[54]

一个重要问题是，不列颠北部地区与南部地区在多大程度上共享了这种环境趣味的增长。菲利普·洛（Philip Lowe）指出，实际上两地在该问题上存在着巨大差异。以怡情为目的的社群在英格兰北部地区仅保有少量会员，且其于苏格兰地区的会员人数更少（见地图6.1）。[55]其他环境组织也是如此。例如，此种情形令那些高地反抗者们称，英国皇家鸟类保护协会仅为外地人组织，且仅反映那些短暂来访者的观念——将山峦与峡谷视为游乐场。然而，与绝大多数其他志愿组织相比，英国皇家鸟类保护协会现于（苏格兰）高地显然具有了数量可观的会员；就整体而言，尽管（北部）环境组织的发展水平尚低，但它们的数量已有所增加且实力也有所增强，并像南部地区的环

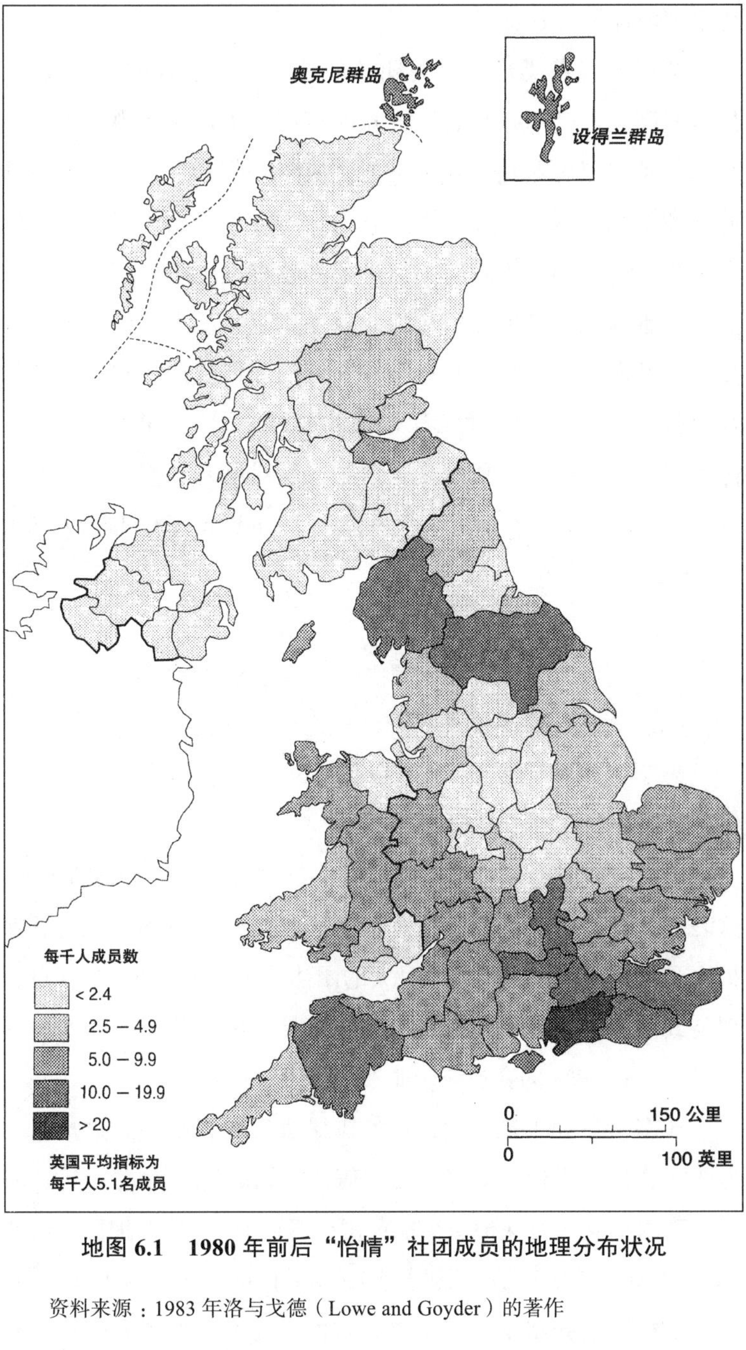

地图 6.1　1980 年前后“怡情”社团成员的地理分布状况

资料来源：1983 年洛与戈德（Lowe and Goyder）的著作

境组织那样保持着发展。

166 英国全境各类环保游说团体的总体规模已远超任何政党，但这些新兴的“绿色猛兽”究竟对英国政治产生了哪些影响？它们与特定议题和地方层面的规划决策相抗衡，并挥动“公开谴责和延期”两种武器，因此它们是不容忽视的力量。[56] 自20世纪70年代以来，（政府）当局越来越难以干涉国家公园的发展，并难以在美丽的山谷中修筑水库，或将凯恩戈姆山脉的更多地方开发成滑雪场。规划师和阁僚们痛恨搅局者对其工作的娴熟打击。对一项水库工程抱憾的彼得·沃克（Peter Walker）谴责“公众希望保留所有现存事物，反对所有新兴事物”的趋势。[57] 其工党伙伴安东尼·克罗斯兰（Anthony Crosland）则更为激烈地指称：

> 环保主义者的游说团体……总是对发展充满敌意，并对普通人的需求漠不关心。这种态度具有明显的阶级偏见，并反映出一系列中上层人士的价值判断。[58]

但比起政党，环境组织的成员不仅数目庞大且在不断增加，这表明其拥有令人羡慕的民意基础；1982年，英国皇家鸟类保护协会作为环境组织中规模最大的团体，仅有1/4的会员来自管理类或专业类团体，而其绝大多数会员从事着科技类和文员类工作，还有14%的会员属于非技术体力劳动者群体。[59]

众多会员和大笔会费，还使志愿机构更容易以通过购买土地的方式保护土地，即基于国家信托组织的传统方式。至1965年，英国皇家鸟类保护协会在英国全境已有25处保护区，占地2800公顷；二十年后，其拥有95处保护区，占地4.7万公顷。郡博物学家信托组织在保护能力方面也有类似的提升，并拥有了占地 5.5 万公顷的保护区。[60]

然而，在环境游说团体影响国家立法方面，尤其在它们涉及农业地位或土地所有权时，情况却大不相同。在这些时候，尽管“绿色猛兽”仍在咆哮，但它们却只长着“橡胶牙”。1968 年，一项新的《乡村保护法案》（Countryside Act）出台，旨在回应公众对乡村美景受到侵扰的担忧。该法案允许地方当局在乡村规划中扮演更为积极的角色，但再次将农业和林业排除在外；同时赋予英格兰和苏格兰乡村委员会保护景观的一般责任，但没有给予它们适当的权力来履行职责。十年后，霍华德·纽比（Howard Newby）观察称，尽管地方获得了胜利，但“农民对其土地自由放任的态度却鲜少受到影响”。这才是问题的症结所在。[61]

继而于 1977 年，在一篇强调当前农业对环境中生物多样 167
性之破坏程度的报告中，自然保护协会试图抢占话语先机。协会通过指出该情况在目前的（农业）补贴体系下难以避免，从而谨慎地避开了对农民的指责；同时认为，资源在国家用地战略下应转予农民，以便支持其守卫保护价值更高的土地。政府大臣们对此充耳不闻。次年，即便就乡村审查委员会（Countryside Review Committee，该机构通常被视为“英格兰及威尔士乡村的清谈俱乐部［talking shop］”）而言，其亦开始裹足不前：

> 在我们的历史上，农业与景观及便利设施保护间的分歧，第一次开始不断扩大；而不再被视为乡村守护者的农民正处于被视作潜在破坏者的危险之中。[62]

除了攥紧双手，乡村审查委员会什么也没做。与此同时，对半天然栖息地的侵蚀仍在加剧。譬如到了 1986 年，坎布里亚郡仅有 3% 的草地未被开垦；约克郡山谷国家公园（Yorkshire Dales National Park）仅有 5% 的干草甸达到“特殊科学价值地点”标准；以及 1940 年尚存的高地白桦林地亦缩减了 40% 的面积。

1981 年的《野生动物和乡村保护法案》标志着自然保护游说团体在立法方面取得的最高成就，但同时也凸显了这些团体的局限性。该法案之所以能够出台，是因为英国政府需要修订立法，以满足欧共体的“禽鸟”指令（EEC Birds Directive）。当英国自然保护委员会的一名官员在《新科学家》（*New Scientist*）发表的文章中主动揭示出旧体系下“特殊科学价值地点”会在多大程度上遭到破坏和蒙受损失时，这成了一个备受关注的争议性问题。经过漫长且激烈的争论，该法案为“特殊科学价值地点”引入了名为“补偿性管理协议”的现代体系，故于事实层面加大了英国自然保护委员会（现由其后继组织承办）所订保护协议管控的土地面积，即从约 1% 的土地（这是国家自然保护区用地）扩展至约 10% 的土地。[63]

然而，对于像马里昂·肖德这样的人来说，该法案仍是失败的产物；他们认为，农业和林业需要像其他活动那样被纳入规划体系之中。就连《泰晤士报》也认同该观点。1985 年，处于报业领先地位的《泰晤士报》评论称：“许多人……相信缺少上述条款的立法将无法（在现实中）发挥作用。”[64]

结果，1981 年法案加剧了关于农村问题的争论。最终，为 1981 年法案设定的财政规划指标在 1984 年底被公布；“补偿性管理协议”就此产生，但这些协议却犹如热气球那般，只能通过烧钱的方式运转。

图 6.2　在斯佩赛德，人工辅助鹗的繁衍：1960 年，罗伊·丹尼斯（Roy Dennis）及其同事在英国皇家鸟类保护协会首个加滕湖（Loch Garten）保护区的一棵树上安装了人工平台，因为原有巢穴在树木遭到破坏时被遮盖住了。（罗伊·丹尼斯）

例如，对特定协议条款的分歧（会引发诉讼和仲裁），会致使一 168
个富裕的苏格兰商人（兼农民）因同意放弃在佩思郡的格伦-洛奇（Glen Lochay）植树造林，而获得超过 100 万英镑（的补偿金）。此外，激烈的争论围绕下述问题展开——因弗内斯郡克里格-米盖德（Creag Meagaidh）地区问题、凯思内斯郡（Caithness）和萨瑟兰郡（Sutherland）"福楼乡野"沼泽（Flow Country）的造林问题以及艾雷岛"特殊科学价值地点"问题。此后，1981 年法案受到修订，且林业减税政策亦得到调整，这使其不再成为公共丑闻；再者，政治及官僚工作的重大转变皆旨于使立法行之有效。鉴于各方不同程度的进攻性和挫败感，英国自然保护委员会最终于 1991 年分裂为三个不同机构。它们分别位于英格兰、威尔士和苏格兰；在环保组织徒劳的抗议声中，乡村斗争的各方面情况仅有轻微变化。

苏格兰自然遗产协会是英国自然保护委员会和苏格兰乡村委员会的后继机构，其（成立后）最初五年的工作经历较好阐
169 释了上述变化。创建该机构的法案提及了“可持续性”这一新概念（首次出现于英国法案中），并运用晦涩婉转的话语，将如下职责赋予该机构，即务必“确保苏格兰自然遗产协会或其他任何人，就苏格兰自然遗产所做的任何事情，均能够遵循可持续原则”。然而，当该机构试图通过对更广阔的环境——“特殊科学价值地点”之外的 90%（英国）土地——表达担忧，以及就运输政策发表观点的方式（提议建设第二个福斯湾路桥［Forth Road Bridge］就是一个例证），来将上述高度激进的方案付诸实践时，该机构（实际）将会接到苏格兰事务部严厉的提醒——听从指令，否则其预算就会遭到削减。作为苏格兰自然遗产协会的创始人，国务大臣马尔科姆·里夫金德（Malcolm Rifkind）曾于该组织成立前，在爱丁堡皇家学会（Royal Society of Edinburgh）声称，如果不像一根刺那样时不时地刺进我的皮肉，苏格兰事务部就好像不会正常工作一样。在此时，没有人会认为提醒其后继者记起这些“慷慨赠言”是件幸事。

苏格兰自然遗产协会信奉一种企业精神——刻意寻求共识与合作而非对抗，该协会取得了一次实质性进展，即促使徒
170 步者、登山者和地产者同处一室并举行了“准入权”论坛（Access Forum）；这场论坛适时地为立法——将布莱斯提议的“漫游权”庄严地载入法典——铺平了道路。但在自然保护方面，该协会不久便发现自己陷入了与 20 世纪 80 年代英国自然保护委员会相同的困境。在一个为践行欧洲义务的英国政府的直接命令下，同时在一种由政府坚持的拒绝协商的氛围下，该协会

图 6.3　在萨瑟兰郡，人类活动对鹗的负面影响：1848 年，查尔斯·圣·约翰计划在巢穴内猎杀一对鹗。

宣布建立了一系列“特殊科学价值地点”；这招致了家庭小农场主和佃农的愤怒（他们将该协会描述成一个由疯狂、神秘且脱离现实的科学家们组成的半官方机构）。与此同时，苏格兰自然遗产协会还没能取悦一些大型环保组织。例如，英国皇家鸟类保护协会和世界自然基金会（World Wildlife Fund）将该协会告上法庭，理由是，其未能严格划定凯恩戈姆山脉指定区域的边界，不过此举未获成功。

所有环保主义者本应尽最大努力推进的主体事业，以及（英国）本应向（欧洲）共同农业政策（Common Agricultural Policy）改革施压的重要事项，皆被围绕“特殊科学价值地点”所进行的全部争论而干扰；这真是一件令人感到悲哀和分裂的事情，因为该政策影响的不是 10% 的土地，而是（仅在苏格兰就）影响到 74% 的土地；就普遍共识而言，其政策越来越具有破坏性。此外，共同渔业政策（Common Fisheries Policy）很可能会对峡湾和海洋生物造成更大的破坏。欧洲（政策）完全是自相矛盾的，因为布鲁塞尔其他部门的一些举措指向了其他方向。其中一项计划旨在帮助被认定为环境敏感的地区发展农业；苏格兰事务部对该计划的利用程度远远小于英格兰的政府大臣们。另一项名为“自然 2000”（Nature 2000）的计划，旨在探寻欧洲全域（珍贵）的自然地点；在英国，其启动将更为有效地保护最重要的“特殊科学价值地点”，但不幸且不可避免地降低了对其他地方的保护水平。或许同样正确的是，乡村联盟在 1997 年本应将路虎汽车和拉布拉多犬出口到布鲁塞尔和斯特拉斯堡（Strasbourg），而不是带到伦敦，但我们都能逐渐发现自撒切尔夫人签署《单一欧洲法案》（Single European Act）以来，真正的主权已经丧失。

最后一章的论述围绕乡村在地产权及其限度方面的问题展开；从 19 世纪关于准入权方面的争论，拓展至 20 世纪关于景观保护和自然保护的争论。该争论变得非常激烈的原因在于，其植根于下述问题：拥有和利用土地（分别）意味着什么？谁能从中获利？利益如何分配？本书的论点在于，就人类对自然的态度而言，“利用”与“怡情”是一组恒常存在却不时冲突的自然观。除非满足下述两个条件，否则我看不到争论的终点。首先，乡村必须认可城镇具有完全合法的乡村利益，包括准入权（不论如何定义）以及发现环境之美和其中充满自然生物的
171 权利。我们需要承认的是，这片土地是我们的土地，而拥有地产实际上并非像拥有一把椅子那样。

其次，城镇——在该语境下，既指广义上的公众，又指狭义上的环境运动——必须尊重农民需要利用土地的事实，承认共同农业政策需要改革，以给予农民在用地方面合理的选

择，并且承认在必要的情况下，农民应获得高于经济回报率的酬劳，以作为其提供公共福利的奖赏。尽管乡村休闲旅游、乡村保护事业和旅游业也能产生利润，且一般来说这些利润对低迷的乡村经济具有重要的支持作用，但这些钱很少进入那些自耕农或佃农的口袋。因此，在欧洲农业生产过剩的历史背景下，我们从可观的利润中哪怕分出一点转移支付给那些农民，都是在促使他们从粮食生产者转变为真正的乡村守卫者。此举正是契合公共利益的常识性做法，但它超出了所有英国政治家的认识，以至始终无法得到落实。然而，尽管政治决心（在落实上述举措时）很重要，但此种历史转变之出现不仅需要政治决心，还需要各方减少自己愤愤不平且自以为是的想法。

观念转变将会经历一个无比艰难的过程。二十年前，杰出的乡村社会学家霍华德·纽比写道：

> 农民在面对任何威胁要控制其自由行动之体系时会作何反应，我们是根本无法弄清的，因为他们热爱自己的土地。同样，鲜有证据表明农民会乐意接受成为人工园林看守者或景观园艺师的机会；事实上，他们也不具备从事上述职业的必要技能……农民们仍对环保主义者持怀疑态度，且此种怀疑根深蒂固。这不仅是排外，还是他们不愿认可任何其他（群体的）“业主权益”（proprietary interest）介入其私有财产，包括环境游说团体的这种权益。任何对所有者排他性权利的侵犯皆会遭到抵制；事实证明，正是由于该原因（若没有其他原因），试图为农业和环境间冲突提供有计划的解决方案将是十分困难的事。[65]

这些话现在至少和它们在 1979 年时一样真实，但（两个时段的）外部压力有所改变。首先，当一只羊被卖到一瓶可乐的价格时，农业就已陷入严重的混乱之中；其次，游客对乡村的利用越来越多，加入环保组织的人也越来越多；第三，政府开始转而拥护更传统的地产观，至少在苏格兰如此。因此，1998 年苏格兰事务部的一篇论文——《人与自然》（People and Na-
172 ture）——探讨了苏格兰“特殊科学价值地点”的未来，这篇文章的表述（流露出的情感）非常不同于 1967 年乡村地产者协会和全国农民联合会就埃克斯莫尔抒发的情感：

> 土地不仅是一种对个体所有者和占有者具有价值的资源，还是一种对普遍社群具有价值的资源，后者能根据特定地区的土地管理方式获得利益或承担损失……组织管理具有高自然保护价值之土地，应体现上述原则。因此在管理此类土地时，人口规模更大的地方及国家社群拥有合法利益，而个体地产者或土地占用者想仅依据其自身私利来管理此类土地是不合理的。[66]

上述文字对私有地产的公共属性及城镇之于乡村的权利，同样做出了肯定，恰如我们在威廉·华兹华斯、托马斯·比威克、约翰·斯图尔特·密尔、约翰·罗斯金、罗恩斯利教士和乔德教授的文字中所见那般。但这并不能解决公共利益之限度的棘手问题，也难以表明如何或由谁来确定和代表这种权利。通过关注具有高自然保护价值的特殊地点，政府此举也暗含着危险，即一方面表明公众无法从中获益，另一方面表明公众不能对这些土地之外的其他地区提出权利要求。这似乎昭示着，在这个小而古老的国度里（人们于各地长期从事农业生产，因此［真正意义上的］荒野不再存在），“利用自然”与“怡情自然”需要完整且迅速地统一起来。如果我们忽视公众对更广阔乡村的要求——发现环境之美和其中充满自然生物之权利——并同时忽视农民的经济困境（农民为环境所迫，或放弃土地，或密集使用土地以致其荒漠化程度提高），那么对我们的子孙后代而言，（自然之）欢愉便所剩无几了。那时，关于乡村的争论将被证实是乏味、徒劳、无尽且悲伤的。

注释

序言

173 1. 这并不是要忽视或贬低如下著作的价值：T. M. Devine, *The Transformation of Rural Scotland: Social Change and the Agrarian Economy, 1660–1815* (Edinburgh, 1994); R. A. Dodgshon, *Land and Society in Early Scotland* (Oxford, 1981) and I. D. Whyte, *Agriculture and Society in Seventeenth Century Scotland* (Edinburgh, 1979)。真正令人惊奇的是 19 世纪和 20 世纪苏格兰农业史的缺失。

2. 关于理查德·格罗夫（Richard Grove）、基思·托马斯（Keith Thomas）和作者所著环境史书写中的“新辉格主义倾向”，参见 J. M. Mackenzie, *Empires of Nature and the Nature of Empires* (Edinburgh, 1997), p. 19。

3. J. S. Mill, *Principles of Political Economy*, ed. W.J. Ashley, 1909, book 4, chapter 6.

第一章

1. M. W. Holdgate, “Standards, sustainability and integrated land use”, *Macaulay Land Use Research Institute 10th Anniversary Lectures* (Aberdeen, 1997), p. 13.

2. T. Burnet, *The Sacred Theory of the Earth* (London edn, 1965), especially book 1, chapters 4 and 5. 关于伯内特的影响力和思想，参见 J. Wyatt, *Wordsworth and the Geologists* (Cambridge, 1995), pp. 47–48; M. H. Nicholson, *Mountain Gloom and Mountain Glory: The Development of the*

Aesthetics of the Infinite (New York, 1959); S.J. Gould, *Ever Since Darwin* (Harmondsworth edn, 1980), pp. 141–146; S. Schama, *Landscape and Memory* (London, 1995), p. 451; K. Olwig, *Nature's Ideological Landscape* (London, 1984), pp. 32–33。

3. D. Defoe, *A Tour through the Whole Island of Great Britain,* eds G. D. H. Cole and D. C. Browning (London, 1974), p. 271.
4. E. Burt, *Letters from the North of Scotland to his Friend in London*, ed. R. Jamieson (Edinburgh, 1876), p. 32.
5. S.Johnson, *A Journey to the Western Islands of Scotland in 1773* (London, 1876), p. 32.
6. R. Noyes, *Wordsworth and the Art of Landscape* (New York, 1973), p. 68.
7. A. Mitchell (ed.), *Geographical Collections Relating to Scotland, Made by Walter Macfarlane* (Scottish History Society, Edinburgh, 1906), vol. 2, pp. 109–110.
8. J. C. Stone, *The Pont Manuscript Maps of Scotland: Sixteenth-century Origins of a Blaeu Atlas* (Tring, 1989), pp. 16–38.
9. *Geographical Collections*, vol. 2, p. 540.
10. Burnet, *Sacred Theory,* pp. 109–111. 174
11. Alexander Pennecuik, *Description of Tweeddale* (1715) in his *Works* (Leith, 1815), p. 44.
12. New Register House, Edinburgh, Parish Register of St Andrews, OPR 453/9, p. 139.
13. G. Murphy (ed.), *Early Irish Lyrics: Eighth to Twelfth Centuries* (Oxford, 1956), p. 161. 另见 D. Thomson, *An Introduction to Gaelic Poetry* (London, 1974) 以及 J. Hunter, *On the Other Side of Sorrow: Nature and People in the Scottish Highlands* (Edinburgh, 1995)。
14. 转引自 D. S. Thomson (ed.), *The Companion to Gaelic Scotland* (Oxford, 1994), p. 212。
15. Thomson (ed.), *Companion*, pp. 212–213.
16. A. Macleod (ed. and trans.), *The Songs of Duncan Ban Macintyre* (Scottish Gaelic Texts Society, Edinburgh, 1952), pp. 165–169.
17. *Geographical Collections*, vol. 2, p. 288.
18. *Geographical Collections*, vol. 3, p. 144; H.J. Cook,'Physicians and natural history', in N. Jardine, J. A. Secord and E. C. Spary (eds), *Cultures of Natu-*

ral History (Cambridge, 1996), p. 99.

19. Sir J. Sinclair (ed.), *The Statistical Account of Scotland 1791–1799* (eds D.J. Withrington and I. R. Grant, Wakefield), vol. 10, Fife (1978), p. 467. 相关教区是法夫的基尔马尼（Kilmany）。
20. T. Carlyle, *Works* (London, 1829), vol. 2, pp. 59–60.
21. *Geographical Collections*, vol. 1, p. 248; R. Rennie, *Essays on the Natural History and Origins of Peat Moss* (Edinburgh, 1807), p. 6; A. Steele, *The Natural and Agricultural History of Peat-moss or Turf-bog* (Edinburgh, 1826).
22. W. Aiton, *A Treatise on the Origin, Qualities and Cultivation of MossEarth, with Directions for Converting it into Manure* (Ayr, 1811), pp. 341–342.
23. Noyes, *Art of Landscape*, pp. 5–8.
24. S. Monk, *The Sublime: A Study of Critical Theories in Eighteenth Century England* (New York, 1935), pp. 84–125.
25. Schama, *Landscape and Memory*, p. 450.
26. W. Gilpin, *Observations Relative Chiefly to Picturesque Beauty, made in the Year 1776 on Several Parts of Great Britain, particularly in the High-lands of Scotland* (London, 1792), vol. l, pp. 119–123.
27. Ibid., pp. 124–125.
28. Monk, *Sublime*, pp. 227–232.
29. W. Wordsworth, *Prose Works*, ed. A. B. Gosart (London, 1876), vol. 3, p. 244.
30. *Lord of the Isles*, Canto 4, lines 3–4, 18–27.
31. P. Womack, *Improvement and Romance: Constructing the Myth of the Highlands* (London, 1985), p. 172.
32. J. Bate, *Romantic Ecology: Wordsworth and the Environmental Tradition* (London, 1991).
33. Noyes, *Art of Landscape*, pp. 96–111.
34. H. Taylor, *A Claim on the Countryside: A History of the British Outdoor Movement* (Edinburgh, 1997), p. 20.
35. J. Garritt,'Politics, knowledge, action: the local implementation of the Convention on Biological Diversity', 1998 年未发表的会议论文，经许可使用。

175 36. L. Koerner, 'Carl Linnaeus in his time and place', in Jardine, Secord and

Spary, *Cultures of Natural History*, p. 157; K. Thomas, *Man and the Natural World: Changing Attitudes in England, 1500–1800* (London, 1983); D. E. Allen, *The Naturalist in Britain: A Social History* (London, 1976), p. 197; B. Harrison, 'Animals and the state in nineteenth-century England', *English Historical Review*, vol. 349 (1973), pp. 786–820.

37. R. Lambert, 'From exploitation to extinction to environmental icon: our images of the Great Auk', in R. Lambert (ed.), *Species History in Scotland: Introductions and Extinctions since the Ice Age* (Edinburgh, 1998), p. 27.
38. In a broadcast on BBC Radio 4, 19 November 1998.
39. 转引自 J. Sheail, *Nature in Trust: The History of Nature Conservation in Britain* (Glasgow, 1976), p. 5。
40. F. O. Morris, *A History of British Butterflies* (6th edn, London, 1891), p. 116.
41. C. Nairne, 'Perthshire', in G. Scott MoncriefF (ed.), *Scottish Country* (n.p., 1935), pp. 242–243.
42. Allen, *Naturalist*, pp. 197–8; Sheail, *Nature in Trust*, pp. 23–24.
43. Sheail, *Nature in Trust*, p. 24.
44. Ibid., p. 35.
45. J. Sheail, *Seventy-five Years in Ecology: the British Ecological Society* (Oxford, 1987), p. 138.
46. W. M. Adams,'Rationalization and conservation: ecology and the management of nature in the United Kingdom', *Transactions of the Institute of British Geographers*, vol. 22 (1997), pp. 277–291.
47. *Geographical Collections*, vol. 2, pp. 24, 181; vol. 3, p. 314.
48. C. St John, *Short Sketches of the Wild Sports and Natural History of the Highlands* (London, 1847), pp. 227–228.
49. J. Sheail, *Nature in Trust*, pp. 37–39; F. Fraser Darling and J. M. Boyd, *The Highlands and Islands* (London, 1964), pp. 253–254; R.J. Berry and J. L.Johnston, *The Natural History of Shetland* (London, 1980), pp. 113–116; *Scottish Natural Heritage, The Natural Heritage of Scotland: An Overview* (Perth, 1995), pp. 145, 152.
50. 转引自 J. W. Kempster, *Our Rivers* (Oxford, 1948)。
51. *The Scotsman*, 15 and 16 January 1999.
52. Fergus Ewing MP, in a broadcast on BBC Radio 4, 19 February, 1999.

53. Lord Sewel, ibid.

54. R. Mabey, *The Common Ground* (London, 1980), p. 25.

55. J. Ruskin, *Works* (eds E. T. Cook and A. Wedderburn, London, 1905), vol. 17, p. lxxxix.

第二章

1. H. Miles and B. Jackman, *The Great Wood of Caledon* (Lanark, 1991), pp. 11–12.

2. R. Tipping, 'The form and fate of Scotland's woodlands', *Proceedings of the Society of Antiquaries of Scotland*, vol. 124 (1994), pp. 1–54.

3. J. Ritchie, *The Influence of Man on Animal Life in Scotland* (Cambridge, 1920); A. C. Kitchener, 'Extinctions, introductions and colonisations of Scottish mammals and birds since the last Ice Age', in R. A. Lambert (ed.),
176 *Species History in Scotland: Introductions and Extinctions since the Ice Age* (Edinburgh, 1998), pp. 63–92.

4. Tipping, 'Form and fate'.

5. D. Breeze, 'The Great Myth of Caledon', in T. C. Smout (ed.), *Scottish Woodland History* (Edinburgh, 1997), pp. 47–51.

6. 一般可见 Smout (ed.), *Scottish Woodland History*, esp. chs 1, 7 and 9。

7. F. Fraser Darling, *Natural History in the Highlands and Islands* (London, 1947), p. 59.

8. *Green Party Manifesto for the Highlands*, 1990. 伯纳德・普兰特罗斯（Bernard Planterose）在撰写宣言时是苏格兰造林组织的领导者。

9. Scottish Council (Development and Industry), *National Resources in Scotland: Symposium at the Royal Society of Edinburgh* (Edinburgh, 1961), p. 338.

10. H. A. Maxwell, 'Coniferous plantations', in J. Tivy (ed.), *The Organic Resources of Scotland: Their Nature and Evaluation* (Edinburgh, 1973), p. 182.

11. Breeze, 'The Great Myth'; A. Birley, *Septimus Severus: The African Emperor* (London, 1971), pp. 255–257.

12. D. Breeze, *Roman Scotland* (Edinburgh, 1996); J. H. Dickson, 'Scottish woodlands: their ancient past and precarious future', *Scottish Forestry*, vol.

47 (1993), pp. 73–78.

13. R. J. Mercer et al., 'The Early Bronze Age cairn at Sketewan, Balnaguard, Perth and Kinross', *Proceedings of the Society of Antiquaries of Scotland*, vol. 127 (1997), pp. 281–338; R. Tipping, A. Davies and E. Tisdall, *West Affric Forest Restoration Initiative, Draft Interim Report, Year 2* (National Trust for Scotland, 1999), pp. 17, 49.
14. Breeze, *Roman Scotland*, p. 97.
15. P. H. Brown (ed.), *Scotland before 1800 from Contemporary Documents* (Edinburgh, 1893), pp. 80–81.
16. R. Sibbald, *Scotia Illustrata* (Edinburgh, 1684).
17. G. Chalmers, *Caledonia, or a Historical and Topographical Account of North Britain from the Most Ancient to the Present Times* (new edn, Paisley, 1887).
18. L. Shaw, *The History of the Province of Moray* (edn Glasgow, 1882), vol. 3, p. 11; T. Pennant, *Tour in Scotland in 1769* (edn Warrington, 1774), pp. 93, 109, 115, 212–213.
19. J. E. Bowman, *The Highlands and Islands, A Nineteenth-Century Tour* (Gloucester, 1986), pp. 161, 163.
20. J. S. Stuart and C. E. Stuart, *Lays of the Deer Forest* (Edinburgh, 1848), vol. 2, pp. 256–257.
21. Ibid., pp. 220–221.
22. J. Radkau, 'The wordy worship of nature and the tacit feeling for nature in the history of German forestry', in M. Teich, R. Porter, B. Gustafsson (eds), *Nature and Society in Historical Context* (Cambridge, 1997), pp. 228–239; S. Schama, *Landscape and Memory* (London, 1995), p. 107.
23. W. F. Skene, *Celtic Scotland* (Edinburgh, 1871), vol. 1, pp. 84–86.
24. D. Nairne, 'Notes on Highland woods, ancient and modern', *Transactions of the Gaelic Society of Inverness*, vol. 17 (1892), pp. 170–221.
25. G.J. Walker and K. J. Kirby, *Inventories of Ancient, Long-established and Seminatural Woodland for Scotland*, Nature Conservancy Council Research and Survey in Nature Conservation, no. 22 (1989); Nairne, '*Notes*', p.191.
26. J. C. Stone, *The Pont Manuscript Maps of Scotland: Sixteenth-century* 177
Origins of a Blaeu Atlas (Tring, 1989); A. Mitchell (ed.), *Macfarlane's Geographical Collections Relating to Scotland, Made by Walter Macfarlane*

(Scottish History Society, Edinburgh, 1906), 3 vols.

27. Kitchener, 'Extinctions'.

28. A.J. L. Winchester, *Landscape and Society in Medieval Cumbria* (Edinburgh, 1987), pp. 100–107.

29. S. Barber,'The history of the Coniston woodlands, Cumbria, UK', in K.J. Kirby and C. Watkins (eds), *The Ecological History of European Forests* (Wallingford, 1998), pp. 167–183.

30. R. Gulliver,'What were woods like in the seventeenth century? Examples from the Helmsley Estate, North-east Yorkshire', in Kirby and Watkins (eds), *Ecological History*, pp. 135–154.

31. A. Fleming, 'Towards a history of wood pasture in Swaledale (North Yorkshire)', *Landscape History*, vol. 19 (1997), pp. 57–74.

32. 本段及下段论述中有关苏格兰林地管理细节的信息皆出自下述两个正在进行的研究项目，其初步成果可参见 C. Smout and E. Watson, 'Exploiting semi-natural woods, 1600–1800', in Smout (ed.), *Scottish Woodland History*, pp. 86–98。另见 J. M. Lindsay, 'The Use of Woodland in Argyllshire and Perthshire between 1650 and 1850'，这是 1974 年爱丁堡大学一篇未发表的博士论文。

33. A. Thomson, 'The Scottish Timber Trade, 1680–1800'，这是 1990 年圣安德鲁斯大学的一篇未发表的博士论文。A. Lillehammer, 'The Scottish-Norwegian timber trade in the Stavanger area in the sixteenth and seventeenth centuries', in T. C. Smout (ed.), *Scotland and Europe, 1200–1850* (Edinburgh, 1986), pp. 97–111.

34. A. Smith, *An Inquiry into the Nature and Causes of the Wealth of Nations*, eds R. H. Campbell and A. S. Skinner (Oxford, 1976), vol. 1, p. 183.

35. *Geographical Collections*, vol. 2, p. 3.

36. Ibid., vol. 2, p. 70.

37. Ibid., vol. 3, p. 242.

38. R. Callander, *History in Birse* (Finzean, 1981–1985), nos 1–4.

39. F. Watson, 'Rights and responsibilities: wood-management as seen through baron court records', in Smout (ed.), *Scottish Woodland History*, pp. 101–114; F. Watson, 'Need versus greed? Attitudes to woodland management on a central Scottish Highland estate, 1630–1740', in C. Watkins (ed.), *European Woods and Forests: Studies in Cultural History* (Wallingford, 1998),

pp. 135–156.

40. C. Innes (ed.), *The Black Book of Taymouth* (Ballantyne Society, Edinburgh, 1855), pp. 352–359.

41. Mitchell (ed.), *Geographical Collections*, vol. 2, pp. 272–273.

42. R. A. Dodgshon, *Land and Society in Early Scotland* (Oxford, 1981), pp. 290–292.

43. Smith, *Wealth of Nations*, vol. 1, p. 183.

44. H. H. Lamb, 'Climate and landscape in the British Isles' in S. R.J. Woodell (ed.), *The English Landscape, Past, Present and Future* (Oxford, 1985), p. 153; J. Grove, *The Little Ice Age* (London, 1988).

45. Lamb, 'Climate and Landscape', p. 155.

46. Stone, *Pont Manuscript Maps*; Mitchell (ed.), *Geographical Collections*, 178
vol. 2, p. 165.

47. G. Mackenzie, Earl of Cromartie, 'An account of the mosses in Scotland', *Philosophical Transactions of the Royal Society*, vol. 27 (1710–1712), pp. 296–301.

48. F. Watson, 'Sustaining a myth: the Irish in the West Highlands', *Scottish Woodland History Discussion Group Notes*, vol. 2 (1997), pp. 7–9.

49. National Library of Scotland MS 1359.100.

50. J. Henderson, *General View of the Agriculture of the County of Sutherland* (London, 1812), pp. 83–86, 1–6, 176.

51. J. M. Lindsay, 'Charcoal iron smelting and its fuel supply; the example of Lorn Furnace, Argyllshire, 1753–1876', *Journal of Historical Geography*, vol. 1 (1975), pp. 283–298.

52. Lindsay, thesis, especially chapters 8 and 9.

53. M. Jones, 'The rise, decline and extinction of spring wood management in south-west Yorkshire', in Watkins (ed.), *European Woods*, pp. 55–71.

54. R. Monteath, *Miscellaneous Reports on Woods and Plantations* (Dundee, 1827), p. 121.

55. C. Dingwall, 'Coppice management in Highland Perthshire', in Smout (ed.), *Scottish Woodland History*, pp. 162–175, citation on p. 171.

56. C. Smout, 'Cutting into the pine: Loch Arkaig and Rothiemurchus in the eighteenth century' and B. M. S. Dunlop, 'The woods of Strathspey in the nineteenth and twentieth centuries', in Smout (ed.), *Scottish Woodland His-*

tory, pp. 115–125, 176–189; C. Smout, ‘The history of the Rothiemurchus woodlands’, in T. C. Smout and R. Lambert (eds), *Rothiemurchus: Nature and People on a Highland Estate, 1500–2000* (Edinburgh, 1999).

57. D. Nairne, ‘Notes on Highland woods’, p. 220.
58. A. Watson, ‘Eighteenth-century deer numbers and pine regeneration near Braemar, Scotland’, *Biological Conservation*, vol. 25 (1983), pp. 289–305.
59. Dunlop, ‘Woods of Strathspey’, pp. 180–188.
60. K. Thomas, *Man and the Natural World: Changing Attitudes in England, 1500–1800* (London, 1984), pp. 192–197.
61. W. Daniels, *The Life of Ailred of Rievaulx*, trans. F. M. Powicke (London, 1950), p. 12.
62. Brown (ed.), *Scotland before 1800 from Contemporary Documents*, p. 142; Mitchell (ed.), Geographical Collections, vol. 2, p. 544.
63. J. Veitch, *Feeling for Nature in Scottish Poetry* (Edinburgh, 1887), vol. 2, pp. 11–13.
64. H. Cheape, ‘Woodlands on the Clanranald estates’, in T.C. Smout (ed.), *Scotland since Prehistory: Natural Change and Human Impact* (Aberdeen, 1993), p. 60.
65. T. C. Smout, ‘Trees as historic landscapes: Wallace’s oak to Reforesting Scotland’, *Scottish Forestry*, vol. 48 (1994), p. 246.
66. Ibid., pp. 247–248.
67. 转引自 Veitch, *Feeling for Nature*, vol. 2, pp. 152–153。
68. H. Cockburn, *Circuit Journeys* (Edinburgh, 1888), pp. 39–40.
69. J. Sheail, *Rural Conservation in Interwar Britain* (Oxford, 1981), pp. 172–175.

179 70. G. Ryle, *Forest Service: The First Forty-five Years of the Forestry Commission of Great Britain* (Newton Abbot, 1969), p. 259.

71. W. H. Murray, *Highland Landscape: A Survey* (Edinburgh, 1962).
72. Sheail, *Rural Conservation*, pp. 172–186.
73. Scottish Record Office: Forestry Commission 9/1. Commission meeting 19 January 1944.
74. J. Tsouvalis-Gerber, ‘Making the invisible visible: ancient woodlands, British forest policy and the social construction of reality’, in Watkins (ed.), *European Woods*, pp. 215–229.

第三章

1. R. Mercer and R. Tipping, 'The prehistory of soil erosion in the northern and eastern Cheviot hills, Anglo-Scottish Borders', in S. Foster and T. C. Smout (eds), *The History of Soils and Field Systems* (Aberdeen, 1994), pp. 14–16.
2. E. I. Newman and P. D. A. Harvey, 'Did soil fertility decline in medieval English farms? Evidence from Cuxham, Oxfordshire, 1320–1340', *Agricultural History Review*, vol. 45 (1997), pp. 119–136; J. Pretty, 'Sustainable agriculture in the Middle Ages: the English manor', *Agricultural History Review*, vol. 38 (1990), pp. 1–19. 更多信息，可见 G. Clark, 'The economics of exhaustion, the Postan thesis, and the Agricultural Revolution', *Journal of Economic History*, vol. 52 (1992), pp. 61–84。
3. R. S. Shiel, 'Improving soil productivity in the pre-fertiliser era', in B. M. S. Campbell and M. Overton (eds), *Land, Labour and Livestock: Historical Studies in European Agricultural Productivity* (Manchester, 1991), p. 62.
4. Messrs Rennie, Brown and Shirreff, *General View of the Agriculture of the West Riding of Yorkshire* (London, 1794), p. 26; J. Shaw, 'Manuring and fertilising the Scottish lowlands', in Foster and Smout (eds), *Soils and Field Systems*, pp. 110–118 .
5. T. Kjaergaard, *The Danish Revolution*, 1500–1800; *An Ecohistorical Interpretation* (Cambridge, 1994), p. 49.
6. M. M. Postan, *Essays in Medieval Agriculture and General Problems of the Medieval Economy* (Cambridge, 1973), pp. 3–27, 150–185.
7. Kjaergaard, *Danish Revolution*, especially chapter 2.
8. A. Mitchell (ed.), *Geographical Collections Relating to Scotland made by Walter Macfarlane* (Scottish History Society, Edinburgh, 1906), vol. 2, p. 140.
9. R. E. Tyson, 'Contrasting regimes; population growth in Ireland and Scotland during the eighteenth century', in S.J. Connolly et al. (eds), *Conflict Identity and Economic Development, Ireland and Scotland 1600–1939* (Preston, 1995), p. 67; T. C. Smout, N. C. Landsman and T. M. Devine, 'Scottish emigration in the seventeenth and eighteenth centuries', in N. Canny (ed.), *Europeans on the Move* (Oxford, 1994), pp. 77–90; A. Gibson and T. C. Smout, 'Scottish food and Scottish history, 1500–1800', in R. A. Houston

and I. D. Whyte (eds), *Scottish Society 1500–1800* (Cambridge, 1989), pp. 59–84; A.J. S. Gibson and T. C. Smout, *Prices, Food and Wages in Scotland, 1550–1780* (Cambridge, 1995), especially chapters 7 and 9.

180 10. R. E. Prothero, *English Farming Past and Present* (London, 1917), pp. 146–147; J. Sheail, *Regional Distribution of Wealth in England as Indicated in the 1524–1525 Lay Subsidy Returns,* List and Index Society Special Series, vol. 28 (1998), p. xii.

11. 转引自 L. Colley, *Britons: Forging the Nation 1707–1837* (Yale, 1992), p. 16。

12. T. C. Smout, *Scottish Trade on the Eve of Union, 1660–1707* (Edinburgh, 1963), p. 207; D. Ure, *General View of the Agriculture of the County of Roxburgh* (London, 1794), p. 26.

13. T. M. Devine, *The Transformation of Rural Scotland: Social Change and the Agrarian Economy, 1660–1815* (Edinburgh, 1994), p. 56.

14. J. Robertson, *General View of the Agriculture in the Southern Districts of the County of Perth* (Edinburgh, 1794), p. 26.

15. J. Bailey and G. Culley, *General View of the Agriculture of the County of Northumberland* (London, 1794), p. 44; Mr Tuke, *General View of the Agriculture of the North Riding of Yorkshire* (London, 1794), p. 52.

16. National Library of Scotland MS 33.5.16, Sir Robert Sibbald, 'Discourse anant the Improvements may be made in Scotland for advancing the Wealth of the Kingdom, 1698'.

17. 转引自 R. J. Brien, *The Shaping of Scotland: Eighteenth Century Patterns of Land Use and Settlement* (Aberdeen, 1989), p. 43。

18. D. A. Davidson and I. A. Simpson, 'Soils and landscape history: case studies from the Northern Isles of Scotland', in Foster and Smout (eds), *Soils and Field Systems*, pp. 66–74.

19. J. Donaldson, *Husbandry Anatomised, or an Enquiry into the present Manner of Tilling and Manuring the Ground*, 转引自 D. Woodward, " 'Gooding the Earth': Manuring Practices in Britain, 1500–1800", in Foster and Smout (eds), *Soils and Field Systems*, p. 103。

20. Tuke, *North Riding*, p. 51; Bailey and Culley, *Northumberland*, p. 45; W. Fullarton, *General View of the Agriculture of the County of Ayr* (London, 1794), p. 52; J. Naismith, *General View of the Agriculture of the County of*

Clydesdale (London, 1794), p. 62.

21. D. M. Henderson and J. H. Dickson (eds), *A Naturalist in the Highlands: James Robertson, His Life and Travels in Scotland, 1767–1771* (Edinburgh, 1994), p. 29; G. S. Keith, *General View of the Agriculture of Aberdeenshire* (London, 1811), p. 432; A. Wight, *Present State of Husbandry in Scotland* (Edinburgh, 1778–1784), vol. 3, pp. 599–600.
22. Ibid.
23. A. Fenton, *The Shape of the Past, 2: Essays in Scottish Ethnology* (Edinburgh, 1986), p. 59 .
24. Tuke, *North Riding*, p. 51.
25. R. A. Dodgshon, 'Land improvement in Scottish farming: marl and lime in Roxburghshire and Berwickshire in the eighteenth century', *Agricultural History Review*, vol. 26 (1978), pp. 1–14.
26. I. Leatham, *General View of the Agriculture of the East Riding of Yorkshire* (London, 1794), p. 55.
27. Fenton, *Shape of the Past*, p. 66.
28. J. Sinclair (ed.), *The Statistical Account of Scotland*, vol. 2, *The Lothians* (D.Withrington and I. Grant edn, 1975), p. 225. 181
29. G. Robertson, *General View of the County of Midlothian* (Edinburgh, 1793), pp. 48–49.
30. Leatham, *East Riding*, pp. 53–54.
31. Sinclair, *Statistical Account*, vol. 10, Fife (edn. 1978), pp. 308–309.
32. Rennie, *Brown and Shireff,* West Riding, p. 30.
33. 转引自 Fenton, *Shape of the Past*, 2, p. 85。
34. R. A. Dodgshon and E. G. Olsson, 'Productivity and nutrient use in eighteenth-century Scottish Highland townships', *Geografiska Annaler,* vol. 70B (1988), pp. 39–51; R. A. Dodgshon, 'Strategies of farming in the western Highlands and Islands prior to crofting and the clearances', *Economic History Review*, vol. 46 (1993), pp. 679–701; R. A. Dodgshon, 'Budgeting for survival: nutrient flow and traditional Highland farming', in Foster and Smout (eds), *Soils and Field Systems*, pp. 83–93.
35. E. Boserup, *The Conditions of Agricultural Growth: The Economics of Agrarian Change under Population Pressure* (London, 1965); E. Boserup, *Population and Technology* (Oxford, 1981).

36. B. Falkner, *The Muck Manual: A Practical Treatise on the Nature and Value of Manure* (London, 1843).
37. Shiel, 'Soil productivity', p. 67.
38. H. Stephens, *Manual of Practical Draining* (Edinburgh, 1846), p. 11.
39. T. H. Nelson, *The Birds of Yorkshire: A Historical Account of the Avifauna of the County* (London, 1907), vol. 1, p. 216; E. V. Baxter and L.J. Rintoul, *The Birds of Scotland: Their History, Distribution and Migration* (Edinburgh, 1953), vol. l, p. 38.
40. J. Sheail, 'Elements of sustainable agriculture: the UK experience, 1840–1940', *Agricultural History Review*, vol. 43 (1995), pp. 178–192.
41. *The Country Gentleman's Catalogue* (London, 1894), pp. 190–192.
42. K. Blaxter and N. Robertson, *From Dearth to Plenty: The Modern Revolution in Food Production* (Cambridge, 1995), pp. 28–33.
43. H. Newby, *Green and Pleasant Land? Social Change in Rural England* (Harmondsworth, 1980), chapter 4.
44. Blaxter and Robertson, *Dearth to Plenty*, pp. 27, 56; R.J. O'Connor and M. Shrubb, *Farming and Birds* (Cambridge, 1986), pp. 82–83.
45. Blaxter and Robertson, *Dearth to Plenty*, p. 80.
46. O'Connor and Shrubb, *Farming and Birds*, p. 82.
47. Ibid., pp. 191, 196; K. Mellanby, *Farming and Wildlife* (London, 1981), p. 106.
48. D. A. Davidson and T. C. Smout, 'Soil change in Scotland', in A. G. Taylor, J. E. Gordon, and M. B. Usher (eds), *Soils, Sustainability and the Natural Heritage* (Edinburgh, 1996), pp. 44–54.
49. L. B. Powell, 'Deteriorating soil', in E. Goldsmith (ed.), *Can Britain Survive*? (London, 1971), p. 71.
50. Mellanby, *Farming and Wildlife*, pp. 57–63.
51. *The Natural Heritage of Scotland, an Overview* (Scottish Natural Heritage, Edinburgh, 1991), p. 84; E. C. Mackey, M. C. Shewry and G.J. Tudor, *Land Cover Change: Scotland from the 1940s to the 1980s* (Edinburgh, 1998).
52. J. Miles, 'The soil resource and problems today', in Foster and Smout (eds), *Soils and Field Systems*, pp. 146–147.

182 53. 参见 Taylor, Gordon and Usher (eds), *Soils, Sustainability*, p. xv。

54. Mellanby, *Farming and Wildlife*, pp. 64–55.

55. Davidson and Smout, 'Soil change in Scotland', pp. 45–74.

56. M. B. Usher, 'The soil ecosystem and sustainability', in Taylor, Gordon and Usher (eds), *Soils, Sustainability*, pp. 22–43.

57. N. W. Moore, *The Bird of Time: The Science and Politics of Nature Conservation* (Cambridge, 1987), pp. 142–158.

58. P. Bassett, *A List of the Historical Records of the Royal Society for the Protection of Birds* (Birmingham, 1980), p. v.

59. Moore, *Bird of Time*, pp. 149, 159–162.

60. J. Sheail, *Pesticides and Nature Conservation: The British Experience, 1950–1975* (Oxford, 1985).

61. O'Connor and Shrubb, *Farming and Birds*, pp. 201–5; Moore, *Bird of Time,* p. 174.

62. O'Connor and Shrubb, *Farming and Birds*, pp. 196–215. 另见 J. H. Marchant et al., *Population Trends in British Breeding Birds* (Thetford, 1990); *BTO News*, 207 (1966)。

63. 参见 *Fife Bird Report*, 1995–1998; A. M. Smout, *The Birds of Fife* (Edinburgh, 1986) 及个人观察报告。

64. M. Shrubb, letter in *British Birds*, vol. 91 (1998), p. 332; J. Ritchie, *The Influence of Man on Animal Life in Scotland* (Cambridge, 1920), p. 179; Isle of Wight archives, churchwarden's account of the Parish of Godshill, 1815–1820. 感谢档案管理员理查德·斯莫特（Richard Smout）帮助我查阅这份资料。

65. Marchant et al., *Population Trends*, pp. 217–218.

66. O. E. Prys-Jones and S. A. Corbet, *Bumblebees* (Slough edn, 1991), p. 89.

67. Mellanby, *Farming and Wildlife*, p. 41.

68. A. G. Bradley, *When Squires and Farmers Thrived* (London, 1927), p. 77.

第四章

1. J. M. Hunter, *Land into Landscape* (Harlow, 1986), p. 10.

2. D. Kinnersley, *Troubled Water: Rivers, Politics and Pollution* (London, 1988), p. 14; D.J. Gilvear and S.J. Winterbottom, 'Changes in channel morphology, floodplain land use and flood damage on the rivers Tay and Tummell over the last 250 years: implications for floodplain management',

in R. G. Bailey, P. V.José and B. R. Sherwood (eds), *United Kingdom Flood-plains* (London, 1998), pp. 92–115.

3. Gilvear and Winterbottom, 'Changes in channel morphology', p. 95.
4. P. H. Brown, *Early Travellers in Scotland* (Edinburgh, 1891), pp. 266–267.
5. W. Smith (ed.), *Old Yorkshire* (London, 1883), pp. 48, 60–71; T. H. Nelson, *The Birds of Yorkshire: A Historical Account of the Avifauna of the County* (London, 1907), vol. 2, p. 438.
6. J. A. Sheppard, *The Draining of the Hull Valley* (East Yorkshire Local History Society, 1958), p. 6.
7. J. A. Sheppard, *Draining of the Marshlands of South Holderness* (East Yorkshire Local History Society, 1966), pp. 19–20.
8. A. Coney, 'Fish, fowl and fen: landscape economy in seventeenth-century Martin Mere', *Landscape History*, vol. 14 (1992), pp. 51–64.

183 9. E.V.Baxter and L. J. Rintoul, *The Birds of Scotland; Their History, Distribution and Migration* (Edinburgh, 1953), vol. 1, pp. 350–351; C. Hough, 'The trumpeters of Bemersyde', *Scottish Placename News*, no. 5 (1998), p. 3.

10. Nelson, *Birds of Yorkshire,* vol. 2, p. 399.
11. Sheppard, *Draining of the Marshlands*, p. 11; Smith, *Old Yorkshire*, pp. 62–71.
12. Nelson, *Birds of Yorkshire*, vol. 2, pp. 774–775.
13. W. R. P. Bourne, 'The past status of the herons in Britain', *Bulletin of the British Ornithological Club*, vol. 119 (1999). 伯恩博士还令人注意到，16世纪早期伦敦已从临近大陆进口（包括苍鹭在内的）野生活禽了；但不太可能在更早的时候从远在北方的约克进口野生活禽。参见 W. R. P. Bourne, 'Information in the Lisle letters from Calais in the early sixteenth century relating to the development of the English bird trade', Archives of Natural History, vol. 26 (1999)。另见 B. Yapp, *Birds in Medieval Manuscripts* (London, 1981), pp. 108–109; A. H. Evans (ed.), *Turner on Birds* (Cambridge, 1903)。
14. Nelson, *Birds of Yorkshire*, vol. 2, p. 775.
15. Ibid., p. 622.
16. Coney, 'Martin Mere'; Sheppard, *Draining of the Marshlands*.
17. J. Mitchell, 'A Scottish bog-hay meadow', *Scottish Wildlife,* vol. 20 (1984), pp. 15–17.

18. H. Stephens, *A Manual of Practical Draining* (London, 1846), pp. 6–11.
19. J. A. Symon, *Scottish Farming, Past and Present* (Edinburgh, 1959), pp. 401–402.
20. 转引自 W. A. Porter, *Tarves Lang Syne: The Story of a Scottish Parish* (York, 1996), p. 36。
21. Stephens, *Practical Draining*, pp. 17–29.
22. J. Smith, *Remarks on Thorough Draining and Deep Ploughing* (Edinburgh, 1831).
23. Symon, *Scottish Farming*, pp. 402–405.
24. H. Stephens, *The Yester Deep Land-Culture* (Edinburgh, 1855), pp. 22, 102–122.
25. T. Allen, *A New and Complete History of the County of York* (London, 1828), vol. l, pp. 231, 236.
26. C. St John, *Short Sketches of the Wild Sports and Natural History of the Highlands* (London, 1847), p. 168.
27. D. Parker and E. B. Penning-Rowsell, *Water Planning in Britain* (London, 1980), p. 200.
28. *Country Gentlemen's Catalogue* (London, 1894), p. 18.
29. Royal Society for the Protection of Birds, *Wet Grasslands–What Future?* (Sandy, 1993), p. 11.
30. Symon, *Scottish Farming,* p. 409.
31. Scottish Peat and Land Development Association, *Reclamation!* (n.p., n.d.), p.6.
32. G. M. Binnie, *Early Victorian Water Engineers* (London, 1981), p. 198.
33. S. Patterson, 'The Control of Infectious Diseases in Fife, *c.* 1855–1950', 圣安德鲁斯大学未发表的一篇博士论文，pp. 79–90。
34. Scottish Development Department, *A Measure of Plenty: Water Resources in Scotland, a General Survey* (HMSO, Edinburgh, 1973), p. 47.
35. 转引自 Binnie, *Water Engineers*, pp. 34, 36。
36. Ibid., pp. 55, 180, 201, 266. 184
37. J. M. Gale, *The Glasgow Water Works, extracted from the Proceedings of the Institute of Engineers in Scotland* (Glasgow, 1864), pp. 10–25.
38. *Glasgow Corporation Water Works, Commemorative Volume* (Glasgow 1877), pp. 4–19.

39. Ibid., p. 20.
40. J. M. Gale, *Report on the Waste of Water* (Glasgow Corporation Water Works, 1860), p. 1; J. M. Gale, *Glasgow Water Works*, pp. 46–47.
41. 转引自 D. Kinnersley, *Troubled Water: Rivers, Politics and Pollution* (London, 1988), p. 45。
42. J. M. Gale, *On the Extension of the Loch Katrine Water Works, reprinted from Transactions of the Institute of Engineers and Shipbuilders of Scotland* (Glasgow, 1895), pp. 1–3.
43. Kinnersley, *Troubled Water*, p. 168.
44. P. L. Payne, *The Hydro: A Study of the Development of the Major Hydro-Electric Schemes Undertaken by the North of Scotland Hydro-Electric Board* (Aberdeen, 1988), p. 6.
45. Ibid., p. 185.
46. Payne, *Hydro*, pp. 214–247; Kinnersley, *Troubled Water*, pp. 89–91.
47. 转引自 E. Porter, *Water Management in England and Wales* (Cambridge, 1978), pp. 25–26。
48. B. W. Clapp, *An Environmental History of Britain since the Industrial Revolution* (London, 1994), p. 80.
49. Ibid., p. 88.
50. J. W. Kempster, *Our Rivers* (Oxford, 1948), pp. 43, 51.
51. J. Sheail, 'Sewering the English suburbs: an inter-war perspective', *Journal of Historical Geography*, vol. 19 (1993), p. 437.
52. Kempster, *Our Rivers*, pp. 54–55.
53. J. Gay et al., 'Environmental implications of the treatment of coastal sewage discharges', in J. C. Currie and A. T. Pepper (eds), *Water and the Environment* (London, 1993), p. 79.
54. J. Sheail, 'Government and the perception of reservoir development in Britain: an historical perspective', *Planning Perspectives*, vol. 1 (1986), p. 54.
55. Clapp, *Environmental History*, pp. 88–95.
56. P. Womack, *Improvement and Romance: Constructing the Myth of the Highlands* (London, 1985), p. 156.
57. N. Hoyle and K. Sankey, *Thirlmere Water: A Hundred Miles, a Hundred Years* (Bury, 1994), pp. 8–19.
58. Porter, Water Management, pp. 37–39; J. Sheail, *Nature in Trust: The His-*

tory of Nature Conservation in Britain (Glasgow, 1976), pp. 59–60, 83–85.

59. Porter, *Water Management*, pp. 39–42.

60. K.J.Lea, 'Hydro-electric power developments and the landscape in the Highlands of Scotland', *Scottish Geographical Magazine*, vol. 84 (1968), pp. 239–255.

61. *Hansard*, vol. 374 (1940–1941), p. 232.

62. *Report of the Committee on Hydro-electric Development in Scotland*, (Cmd. 6406, PP1942–1943, IV), p. 34.

63. National Trust for Scotland archives, Hydro Electric Board, Box 1, letter 185
from Stormonth Darling, 9 July 1958.

64. NTS archive, HEB, Box 1, Memorandum to the Mackenzie Committee, 1961.

65. J. Sheail, *Seventy-five Years in Ecology: The British Ecological Society* (Oxford, 1987), pp. 226–31. 另见 R. Gregory, 'The Cow Green Reservoir', in RJ. Smith (ed.), *The Politics of Physical Resources* (Harmondsworth, 1975)。

66. Sheail, 'Government and the perception of reservoir development', p. 57.

67. Porter, *Water Management*, pp. 45–46.

68. K. C. Edwards, H. H. Swinnerton and R. H. Hall, *The Peak District* (London, 1962), pp. 187–188.

69. North of Scotland Hydro-Electric Board, *Highland Water Power* (Edinburgh, n.d. but *c*. 1956), p. 45.

70. Parker and Penning-Rowsell, *Water Resources*, pp. 94–101.

第五章

1. W. Pennington, 'Vegetation history in the north-west of England: a regional synthesis', in D. Walker and R. G. West (eds), *Studies in the Vegetational History of the British Isles* (Cambridge, 1970), pp. 72–75.

2. 转引自 W. H. Pearsall, *Mountains and Moorlands* (London, 1950), p. 161。

3. F. Fraser Darling, *Pelican in the Wilderness* (London, 1956), p. 353. 据我所知，这是弗雷泽·达林第一次将高地称为“湿沙漠”；其他人则将该地区称为“半沙漠”：W. H. Pearsall, 'Problems of conservation in the Highlands', *Institute of Biology Journal*, vol. 7 (1960), p. 7; W. J. Eggeling

in *Natural Resources in Scotland: Symposium at the Royal Society of Edinburgh* (Scottish Council, Development and Industry, 1961), p. 353。然而，弗雷泽·达林关于高地退化的观点早在 1947 年就已形成，参见 *Natural History in the Highlands and Islands* (London, 1947)；他在 1955 年明确指出了土壤退化，参见 *West Highland Survey* (Oxford, 1955), pp. 167–176。

4. Pearsall, *Mountains and Moorland*, p. 188.
5. H.J. B. Birks, 'Long-term ecological change in the British uplands', in M. B. Usher and D. B. A. Thompson (eds), *Ecological Change in the Uplands* (Oxford, 1988), p. 47.
6. R. Tipping, 'The form and fate of Scotland's woodlands', *Proceedings of the Society of Antiquaries of Scotland*, vol. 124 (1994), pp. 26–29.
7. A. F. Brown and I. P. Bainbridge, 'Grouse moors and upland breeding birds', in D. B. A. Thompson, A.J.Hester and M. B. Usher (eds), *Heaths and Moorland: Cultural Landcapes* (Edinburgh, 1995), p. 53.
8. D. A. Ratcliffe and D. B. A. Thompson, 'The British uplands: their ecological character and international significance', in Usher and Thompson (eds), *Ecological Change in the Uplands*, p. 29.
9. G. White, *The Natural History of Selborne*, with introduction by J. E. Chatfield (Exeter, 1981), pp. 144–145.
10. S. Holloway, *The Historical Atlas of Breeding Birds in Britain and Ireland, 1875–1900* (London, 1996), p. 314.
11. White, *Natural History*, pp. 59, 67, 81; D. M. Henderson and J. H. Dickson
186 (eds), *A Naturalist in the Highlands: James Robertson, His Life and Travels in Scotland, 1767–1771* (Edinburgh, 1994), pp. 155–6; J. C. Atkinson, *Forty Years in a Moorland Parish* (London, 1907), p. 320; D. Raistrick (ed.), *North York Moors* (HMSO, 1969), p. 24.
12. Holloway, *Historical Atlas*, p. 314.
13. 转引自 H. C. Darby, 'Note on the birds of the undrained fen', in D. Lack, *The Birds of Cambridgeshire* (Cambridge, 1934), p. 21。
14. E.V.Baxter and L. J. Rintoul, *The Birds of Scotland: Their History, Distribution and Migration* (Edinburgh, 1953), vol. 2, p. 596.
15. T. H. Nelson, *The Birds of Yorkshire* (London, 1907), vol. 2, pp. 568–569.
16. Thomas Pennant, *A Tour in Scotland*, 1769 (Warrington edn, 1774), p. 115.
17. O. H. Mackenzie, *A Hundred Years in the Highlands* (Edinburgh edn, 1988),

p. 104.

18. P. Hudson, *Grouse in Space and Time: The Population Biology of a Managed Gamebird* (Fordingbridge, 1992).
19. D. N. McVean and J. D. Lockie, *Ecology and Land Use in Upland Scotland* (Edinburgh, 1969), p. 41; W.J. Eggeling, 'Nature conservation in Scotland', *Trans. Royal Highland and Agricultural Society,* vol. 8 (1964), pp. 1–27.
20. M. Shoard, 'The lure of the moors', in J. R. Gold and J. Burgess (eds), *Valued Environments* (London, 1982); E. C. Mackey, M. C. Shewry and G.J. Tudor, *Land Cover Change: Scotland from the 1940s to the 1980s* (Edinburgh, 1998), pp. 70–75.
21. 最好的阐述参见 E. Richards, *A History of the Highland Clearances*, 2 vols (London, 1982, 1985)。
22. F. Fraser Darling, 'Ecology of land use in the Highlands and Islands', in D. S. Thomson and I. Grimble (eds), *The Future of the Highlands* (London, 1968), p. 38.
23. C. Sydes and G. R. Miller, 'Range management and nature conservation in the British uplands', in Usher and Thompson (eds), Ecological Change in the Uplands, p. 332; A. Mather, 'The environmental impact of sheep farming in the Scottish Highlands', in T. C. Smout (ed.), *Scotland Since Prehistory; Natural Change and Human Impact* (Aberdeen, 1993), p. 83.
24. J. D. Milne et al., 'The impact of vertebrate herbivores on the natural heritage of the Scottish uplands–a review', *Scottish Natural Heritage Research Review*, no. 95 (1998).
25. R. H. Marrs, A. Rizand and A. F. Harrison, 'The effect of removing sheep grazing on soil chemistry, above-ground nutrient distribution, and selected aspects of soil fertility in long-term experiments at Moor House National Nature Reserve', *Journal of Applied Ecology*, vol. 26 (1989), pp. 647–661.
26. R. D. Bardgett et al. in *Agricultural Systems and Environment*, vol. 45 (1993), pp. 25–45, 转引自 Milne et al., 'Impact of vertebrate herbivores', p. 67。
27. 例如参见 J. Miles, 'Vegetation and soil change in the uplands', and M. B. Usher and S. M. Gardner, 'Animal communities in the uplands: how is naturalness influenced by management?', both in Usher and Thompson (eds), *Ecological Change in the Uplands*, pp. 57–92。

28. Milne et al., ‘Impact of vertebrate herbivores’, p. 69.

29. Henderson and Dickson (eds), *A Naturalist in the Highlands*, p. 161.

30. J. Macdonald, ‘On the agriculture of the counties of Ross and Cromarty’,
187 *Transactions of the Highland and Agricultural Society of Scotland*, 4th series, vol. 9 (1877), p. 205.

31. J. Hunter, ‘Sheep and deer: Highland sheep farming, 1850–1900’, *Northern Scotland*, vol. 1 (1973), pp. 203–205.

32. J. Macdonald, ‘On the agriculture of the county of Sutherland’, *Transactions of the Highland and Agricultural Society of Scotland*, 4th series, vol. 12 (1880), pp. 84–85. 另见 P. R. Latham, ‘The deterioration of mountain pastures and suggestions for the improvement’, *Transactions of the Highland and Agricultural Society of Scotland*, 4th series, vol. 15 (1883), p. 112.

33. Sydes and Miller, ‘Range management’, pp. 326–327。

34. Mather, ‘The environmental impact of sheep farming’, pp. 64–78.

35. R. Hewson, ‘The effect on heather Calluna vulgaris of excluding sheep from moorland in north-east England’, *The Naturalist*, vol. 102 (1977), pp. 133–136.

36. D. M. McFerran, W. I. Montgomery and J. H. McAdam, ‘Effects of grazing intensity on heathland vegetation and ground beetle assemblages of the uplands of Co. Antrim, north-east Ireland’, *Proceedings of the Royal Irish Academy*, vol. 94B (1994), pp. 41–52; A. W. Mackay and J. H. Tallis, ‘Summit-type blanket mire erosion in the Forest of Bowland, Lancashire, UK: predisposing factors and implications for conservation’, *Biological Conservation*, vol. 74 (1996), pp. 31–44; P. A. Tallantine, ‘Plant macrofossils from the historical period from Scroat Tarn (Wasdale), English Lake District, in relation to environmental and climatic changes’, *Botanical Journal of Scotland*, vol. 49 (1997), pp. 1–17.

37. A. C. Stevenson and D. B. A. Thompson, ‘Long-term changes in the extent of heather moorland’, *Holocene,* vol. 3 (1993), pp. 70–76.

38. Reay D. G. Clarke, personal communication.

39. Mackenzie, *Hundred Years in the Highlands*, p. 24.

40. A. Mitchell (ed.), *Geographical Collections relating to Scotland made by Walter Macfarlane* (Scottish History Society, Edinburgh, 1906), vol. 3, pp. 271, 276, 281, 300.

41. J. Keay and J. Keay, *Collins Encyclopedia of Scotland* (London, 1994), p. 374.
42. D. E. Allen, *The Naturalist in Britain: A Social History* (London, 1976), pp. 141–142.
43. T. M. Devine, *The Great Highland Famine* (Edinburgh, 1988); Hunter, 'Sheep and deer'.
44. W. Orr, *Deer Forests, Landlords and Crofters* (Edinburgh, 1982), pp. 47–48.
45. Nelson, *Birds of Yorkshire*, vol. 2, pp. 516–517.
46. J. Ruffer, 'Bags of time', *Country Life*, July 30 1987, p. 115.
47. Lord Walsingham and R. Payne-Gallway, *Shooting: Moor and Marsh* (Badminton Library of Sports and Past-times, London, 1889), pp. 36–38; F. Chapman, *Gun, Rod and Rifle* (Eastbourne, 1908), p. 14.
48. G. Scott, *Grouse Land and the Fringe of the Moor* (London, 1937), pp. 40, 72–73.
49. J. Ritchie, *The Influence of Man on Animal Life in Scotland* (Cambridge, 1920), pp. 128–136, 165–167; Pearsall, *Mountains and Moorlands*, pp. 234–236; Baxter and Rintoul, *Birds of Scotland*, vol. 1, p. 309.
50. Scottish Record Office, Breadalbane Muniments, GD 112/16/7/3/24.
51. Cromartie Muniments, GD 305.
52. Scott, *Grouse Land*, p. 56.
53. Walsingham and Payne-Gallway, *Shooting*, p. 101. 188
54. J. S. Smith, 'Changing deer numbers in the Scottish Highlands since 1780', in Smout (ed.), *Scotland since Prehistory*, pp. 79–88.
55. F. Fraser Darling, *West Highland Survey* (Oxford, 1955), p. 178.
56. 例如参见 J. A. Baddeley, D. B. A. Thompson and J. A. Lee, 'Regional and historical variation in the nitrogen content of Racomitrium lanuginosum in Britain in relation to atmospheric nitrogen deposition', *Environmental Pollution*, vol. 84 (1994), pp. 189–196; N.J. Loader and V. R. Switsur, 'Reconstructing past environmental change using stable isotopes in tree-rings', *Botanical Journal of Scotland*, vol. 48 (1996), pp. 65–78; S.J. Brooks, 'Three thousand years of environmental history in a Cairngorms lochan revealed by analysis of non-biting midges (*Insecta: Diptera: Chironomidae*)', *Botanical Journal of Scotland*, vol. 48 (1996), pp. 89–98; R. W. Battarbee, J.

Mason, I. Renberg and J. F. Tailing (eds), *Palaeolimnology and Lake Acidification* (Royal Society, London, 1990)。

57. R. W. Battarbee et al., 'Palaeolimnological evidence for the atmospheric contamination and acidification of high Cairngorm lochs, with special reference to Lochnagar', *Botanical Journal of Scotland*, vol. 48 (1996), pp. 79–87.
58. Baddeley et al., 'The nitrogen content of *Racomitruin*'.
59. J. A. Lee, J. H. Tallis and S.J. Woodin, 'Acidic deposition and British upland vegetation', in Usher and Thompson (eds), *Ecological Change in the Uplands*, pp. 151–162.
60. M. G. R. Cannell, D. Fowler and C. E. R. Pitcairn, 'Climate change and pollutant impacts on Scottish vegetation', *Botanical Journal of Scotland,* vol. 49 (1997), pp. 301–313.
61. J. T. de Smidt, 'The imminent destruction of northwest European heaths due to atmospheric nitrogen deposition', in Thompson, Hester and Usher (eds), *Heaths and Moorland*, pp. 206–217; S. E. Hartley, 'The effects of grazing and nutrient inputs on grass-heather competition', *Botanical Journal of Scotland*, vol. 49 (1997), pp. 315–324.
62. R. E. Green, 'Long-term declines in the thickness of eggshells of thrushes, Turdus spp., in Britain', *Proceedings of the Royal Society*, series B, vol. 265 (1998), pp. 679–684; S.J. Langan, A. Lilley and B. F. L. Smith, 'The distribution of heather moorland and the sensitivity of associated soils to acidification', in Thompson, Hester and Usher (eds), *Heaths and Moorland,* pp. 218–223.

第六章

1. 引自苏格兰旅游局在 1998 年 9 月阿伯丁苏格兰自然遗产（SNH）会议上的调查报告；Scottish Natural Heritage, *Access to the Countryside for Open-air Recreation* (Battleby, 1998), p. 21。
2. M. Nicholson, *The Environmental Revolution: A Guide for the New Masters of the World* (London, 1970), p. 44.
3. J. Gaze, *Figures in a Landscape: A History of the National Trust* (n.p., 1988), pp. 10–11.

4. R. Williams, *The Country and the City* (London, 1973).
5. P. Skipworth, *The Great Bird Illustrators and their Art, 1730–1930* (London, 1979), pp. 24–25.
6. *A Memoir of Thomas Bewick Written by Himself,* ed. I. Bain (Oxford, 1979), 189
pp. 8, 204–205.
7. Ibid., pp. 170, 172.
8. Ibid., pp. 52, 65.
9. H. Taylor, *A Claim on the Countryside: A History of the British Outdoor Movement* (Edinburgh, 1997); 另见 T. Stephenson, *Forbidden Land: The Struggle for Access to Mountain and Moorland* (Manchester, 1989)。
10. Taylor, *Claim*, pp. 58–59.
11. Ibid., pp. 20, 23, 30.
12. Ibid., p. 21.
13. Ibid., pp. 21–27.
14. Ibid., p. 30.
15. Scottish Record Office: GD 335, Records of the Scottish Rights of Way Society.
16. J. S. Mill, *Principles of Political Economy*, ed. W.J. Ashley (1909), p. 235.
17. *Scots Magazine*, vol. 6 (1890), no. 31, pp. 1–6; SRO: GD 335. 另见 T. C. Smout and R. A. Lambert (eds), *Rothiemurchus: Nature and People on a Highland Estate, 1500–2000* (Edinburgh, 1999)。
18. Taylor, *Claim*, pp. 129–130; Stephenson, *Forbidden Land*, pp. 123–126.
19. Taylor, *Claim*, p. 122; Stephenson, *Forbidden Land*, pp. 130–138.
20. Taylor, *Claim*, pp. 134–135; D. E. Allen, *The Naturalist in Britain: A Social History* (London, 1976), pp. 164, 170.
21. R. Aitken, 'Stravagers and marauders', *Scottish Mountaineering Club Journal*, vol. 30 (1975), pp. 351–358; Taylor, *Claim*, pp. 131–133.
22. P. Smith, 'Access to mountains', *Blackwoods Magazine*, vol. 150 (1891), p. 265.
23. *Scottish Ski Club Magazine*, vol. 1 (1909), p. 5.
24. 'Report of the committee on non-church going', *Reports on the Schemes of the Church of Scotland* (Edinburgh, 1890–1896).
25. D. Macleod, Dumbarton, *Vale of Leven and Loch Lomond: Historical, Legendary, Industrial and Descriptive* (Dunbarton, n.d.), pp. 184–185.

26. 转引自 T. Stephenson, *Forbidden Land*, p. 136。
27. Smith, 'Access to the mountains', pp. 259–272.
28. Stephenson, *Forbidden Land*, pp. 153–164.
29. Gaze, *Figures in a Landscape*, pp. 33–34.
30. H. D. Rawnsley, 'Footpath preservation, a national need', in *Contemporary Review* (September 1886), p. 385.
31. P. Gibb, 'The landowner's error', *Agenda*, no. 3 (autumn 1998), p. 15.
32. G. K. Chesterton, in *Architect's Journal*, 15 August 1928.
33. C. Williams-Ellis, *England and the Octopus* (Portmeirion edn, 1975), pp. 1, 16, 127, 143, 162.
34. C. Williams-Ellis (ed.), *Britain and the Beast* (London, 1937), p. 64.
35. York University: Borthwick Institute, Women's Institute Records, C.2.
36. B. L. Thompson, *The Lake District and the National Trust* (Kendal, 1946), p. 13.
37. W. Birtles and R. Stein, *Planning and Environmental Law* (London, 1994); G. E. Cherry, *Environmental Planning 1939–1969*, vol. 2, *National Parks and Recreation in the Countryside* (London, HMSO, 1975).
38. 转引自 Cherry, *Environmental Planning*, pp. 34–35, 63, 105。
39. 参见 W. M. Adams, *Nature's Place: Conservation Sites and Countryside*
190 *Change* (London, 1986), pp. 68–69。
40. Scottish Record Office: Forestry Commission (Scotland) records, FC 9/1–4.
41. *Newsletter of the National Trust for Scotland*, no. 2 (1949); no. 14 (1956); no. 18 (1958). 转引自最后一则材料 , p. 14。
42. *National Parks and the Conservation of Nature in Scotland*, Cmd. 7235 (HMSO, 1947), p. 5.
43. SRO: FC 9/2–'Report by Mr Robert Grieve on a visit to Switzerland'.
44. *National Parks and the Conservation of Nature*, pp. 41ff.
45. *Newsletter*, no. 2 (1949), p. 7.
46. *Scotland's Natural Heritage*, no. 14(1999), p. 5.
47. J. Sheail, 'John Dower, national parks, and town and country planning in Britain', *Planning Perspectives*, vol. 10 (1995), pp. 1–16; M. Shoard, 'The lure of the moors', in J. R. Gold and J. Burgess, *Valued Environments* (London, 1982), pp. 55–73.
48. Report on *National Parks in England and Wales*, Cmd. 6628 (HMSO, 1945), pp. 15, 21.

49. Cherry, *Environmental Planning*; A. and M. McEwen, *National Parks: Conservation or Cosmetics*? (London, 1982).
50. J. Sheail, 'From aspiration to implementation–the establishment of the first National Nature Reserves in Britain', *Landscape Research*, vol. 21 (1996), pp. 37–54. 另见 E. M. Nicolson, *Britain's Nature Reserves* (London, 1957); P. Marren, *England's National Nature Reserves* (London, 1994)。
51. Adams, *Nature's Place*, p. 83.
52. CLA and NFU, joint statement over Exmoor, 1967.
53. D. A. Bigham, *The Law and Administration Relating to Protection of the Environment* (London, 1994), pp. 57, 62.
54. A. Samstag, *For Love of Birds: The Story of the Royal Society for the Protection of Birds 1889–1988* (London, 1988); R Lowe and J. Goyder, *Environmental Groups in Politics* (London, 1983), pp. 37, 140, 157; Thompson, *The Lake District*, p. 65.
55. Lowe and Goyder, *Environmental Groups*, p. 28.
56. Ibid., p. 59.
57. 转引自 J. Sheail, 'Government and the perception of reservoir development in Britain: an historical perspective', *Planning Perspectives*, vol. 1 (1986), p. 45。
58. H. Newby, *Green and Pleasant Land? Social Change in Rural England* (Harmondsworth, 1980), pp. 255–256.
59. Lowe and Goyder, *Environmental Groups*, p. 10.
60. Adams, *Nature's Place*, p. 76.
61. Newby, *Green and Pleasant*, p. 218.
62. Adams, *Nature's Place*, p. 88.
63. Ibid., ch. 4.
64. Ibid., p. 188.
65. Newby, *Green and Pleasant*, pp. 218–219.
66. Scottish Office, *People and Nature: A New Approach to SSSI Designations in Scotland* (n.p., n.d.), p. 7.

主要参考文献

说明：于 1998—1999 年出版或发表的著作或文章极具价值，但在本书初编后才问世，故标有星号。

Adams, W. M. (1986) *Nature's Place: Conservation Sites and Countryside Change*, London.

Adams, W. M. (1997) 'Rationalization and conservation: ecology and the management of nature in the United Kingdom', *Transactions of the Institute of British Geographers*, vol. 22, pp. 277–291.

Aitken, R. (1975) 'Stravagers and marauders', *Scottish Mountaineering Club Journal*, vol. 30, pp. 351–358.

Allen, D. E. (1976) *The Naturalist in Britain: A Social History*, London.

Baddeley, J. A., Thompson, D. B. A. and Lee, J. A. (1994) 'Regional and historical variation in the nitrogen content of *Racomitrium languinosum* in Britain in relation to atmospheric nitrogen deposition', *Environmental Pollution*, vol. 84 (1994) pp. 65–78.

Bailey, R. G., José, P. V. and Sherwood, B. R. (eds) (1998) *United Kingdom Floodplains Management* (Westbury, 1998).

Barber, S. (1998) 'The history of the Coniston woodlands, Cumbria, UK', in K. J. Kirby and C. Watkins (eds), *The Ecological History of European Forests*, Wallingford, pp. 167–184.

Bate, J. (1991) *Romantic Ecology: Wordsworth and the Environmental Tradition*, London.

Battarbee, R. W. et al. (1996) 'Palaeolimnological evidence for the atmospheric contamination and acidification of high Cairngorm lochs, with special reference to Lochnagar', *Botanical Journal of Scotland*, vol. 48, pp. 79–87.

Baxter, E. V. and Rintoul, L. J. (1953) *The Birds of Scotland: Their History, Distribution and Migration*, 2 vols, Edinburgh.

Berry, R. J. and Johnston, J. L. (1980) *The Natural History of Shetland*, London.

Bewick, T. (1979) *A Memoir Written by Himself*, ed. I. Bain, Oxford.

Bigham, D. A. (1994) *The Law and Administration Relating to Protection of the Environment, London.*

Binnie, G. M. (1981) *Early Victorian Water Engineers*, London.

Birks, H. J. B. (1988) 'Long-term change in the British uplands', in M. B. Usher and D. B. A. Thompson, *Ecological Change in the Uplands*, Oxford, pp. 37–56.

Birtles, W. and Stein, R. (1994) *Planning and Environmental Law*, London.

Blaxter, K. and Robertson, N. (1995) *From Dearth to Plenty: the Modern Revolution in Food Production*, Cambridge.

Boserup, E. (1965) *The Conditions of Agricultural Growth: the Economics of Agrarian Change under Population Pressure*, London.

Bourne, W. R. P. B. (1999) 'The past status of herons in Britain', *Bulletin of the British Ornithological Club*, vol. 119.

Breeze, D. (1998) 'The Great Myth of Caledon', in T. C. Smout (ed.) *Scottish Woodland History*, Edinburgh, pp. 47-51.

Brooks, S. F. (1996) 'Three thousand years of environmental history in a Cairngorms lochan revealed by analysis of non-biting midges', *Botanical Journal of Scotland*, vol. 48, pp. 89-98.

Brown, A. F. and Bainbridge, I. P. (1995) 'Grouse moors and upland breeding birds', in D. B. A. Thompson, A. J. Hester and M. B. Usher (eds), *Heaths and Moorland: Cultural Landscapes*, Edinburgh, pp. 51-66.

Campbell, B. E. S. and Overton, M. (eds) (1991) *Land, Labour and Livestock: Historical Studies in European Agricultural Productivity*, Manchester.

Cannell, M. G. R., Fowler, D. and Pitcairn, C. E. R. (1997) 'Climate change and pollutant impacts on Scottish vegetation', *Botanical Journal of Scotland*, vol. 49, pp. 301-313.

Cheape, H. (1993) 'Woodlands on the Clanranald estates: a case study', *Scotland Since Prehistory: Natural Change and Human Impact*, Aberdeen.

Cherry, G. E. (1975) *Environmental Planning 1939-1969*, vol. 2, *National Parks and Recreation in the Countryside*, London.

Clapp, B. W. (1994) *An Environmental History of Britain since the Industrial Revolution*, London.

Clark, G. (1992) 'The economics of exhaustion, the Postan thesis and the Agricultural Revolution', *Journal of Economic History*, vol. 52 (1992) pp. 61-84.

Coney, A. (1992) 'Fish, fowl and fen: landscape economy in seventeenth-century Martin Mere', *Landscape History*, vol. 14, pp. 51-64.

Cook, H. J. (1996) 'Physicians and natural history', in Jardine, Secord and Spary (eds) *Cultures of Natural History*, Cambridge, pp. 91-105.

Currie, J. C. and Pepper, A. T. (eds, 1993) *Water and the Environment*, London.

Darling, F. F. (1947) *Natural History in the Highlands and Islands*, London; revised later as Darling, F. F. and Boyd, J. M. (1964) *The Highlands and Islands*, London.

Darling, F. F. (1955) *West Highland Survey*, Oxford.

Darling, F. F. (1956) *Pelican in the Wilderness*, London.

Darling, F. F. (1968) 'Ecology of land use in the Highlands and Islands', in D. S. Thomson and I. Grimble (eds) *The Future of the Highlands*, London, pp. 27-56.

Davidson, D. A. and Simpson, I. A. (1994) 'Soils and landscape history: case studies from the Northern Isles of Scotland', in S. Foster and T. C. Smout, *The History of Soils and Field Systems*, Aberdeen, pp. 66-74.

Davidson, D. A. and Smout, T. C. (1996) 'Soil change in Scotland', in A. G. Taylor, I. E. Gordon and M. B. Usher, *Soil, Sustainability and the Natural Heritage*, Edinburgh, pp. 44-54.

de Smidt, J. T. (1995) 'The imminent destruction of northwest European heaths due to atmospheric nitrogen deposition', in D. B. A. Thompson, A. J. Hester and M. B. Usher (eds) *Heaths and Moorland: Cultural Landscapes*, Edinburgh.

Devine, T. M. (1988) *The Great Highland Famine*, Edinburgh.

Devine, T. M. (1994) *The Transformation of Rural Scotland: Social Change and the Agrarian Economy, 1660-1815*, Edinburgh.

Dickson, J. H. (1993) 'Scottish woodlands: their ancient past and precarious future', *Scottish Forestry*, vol. 47, pp. 73–78.
Dingwall, C. (1997) 'Coppice management in Highland Perthshire', in T. C. Smout (ed.) *Scottish Woodland History*, Edinburgh, pp. 162–175.
Dodgshon, R. A. (1978) 'Land improvement in Scottish farming: marl and lime in Roxburghshire and Berwickshire in the eighteenth century', *Agricultural History Review*, vol. 26, pp. 11–14.
Dodgshon, R. A. (1981) *Land and Society in Early Scotland*, Oxford.
Dodgshon, R. A. (1993) 'Strategies of farming in the western Highlands and Islands prior to crofting and the clearances', *Economic History Review*, vol. 46, pp. 679–701.
Dodgshon, R. A. (1994) 'Budgeting for survival: nutrient flow and traditional Highland farming', in S. Foster and T. C. Smout (eds), *History of Soils and Field Systems*, pp. 83–93.
Dodgshon, R. A. and Olsson, E. G. (1988) 'Productivity and nutrient use in eighteenth-century Scottish Highland townships', *Geografiska Annaler*, vol. 70B, pp. 39–51.
Dunlop, B. M. S. (1997) 'The woods of Strathspey in the nineteenth and twentieth centuries', in T. C. Smout (ed.) *Scottish Woodland History*, Edinburgh, pp. 176–189.
Edwards, K. C., Swinnerton, H. H. and Hall, R. H. (1962) *The Peak District*, London.
Eggeling, W. J. (1964) 'Nature conservation in Scotland', *Transactions of the Royal Highland and Agricultural Society*, vol. 8, pp. 1–27.
Fleming, A. (1997) 'Towards a history of wood pasture in Swaledale (North Yorkshire)', *Landscape History*, vol. 19, pp. 57–74.
Foster, S. and Smout, T. C. (eds) (1994) *The History of Soils and Field Systems*, Aberdeen.
Garritt, J. (1998) 'Politics, knowledge, action: the local implementation of the Convention on Biological Diversity', unpublished conference paper, University of Lancaster.
Gaze, J. (1988) *Figures in a Landscape: A History of the National Trust*, n.p.
Gilvear, D. J. and Winterbottom, S. J. (1998) 'Changes in channel morphology, floodplain land use and flood damage on the rivers Tay and Tummell over the last 250 years: implications for floodplain management', in R. G. Bailey, P. V. José and B. R. Sherwood (eds) *United Kingdom Floodplains*, London, pp. 93–116.
Gold, J. R. and Burgess, J. (eds) (1982) *Valued Environments*, London.
Green, R. E. (1998) 'Long-term declines in the thickness of eggshells of thrushes', *Proceedings of the Royal Society*, series B, vol. 265, pp. 679–684.
Grove, J. (1988) *The Little Ice Age*, London.
Gulliver, R. (1998) 'What were woods like in the seventeenth century? Examples from the Helmsley Estate, North-east Yorkshire', in K. J. Kirby and C. Watkins (eds), *The Ecological History of European Forests*, Wallingford, pp. 135–154.
Harrison, B. (1973) 'Animals and the state in nineteenth-century England', *English Historical Review*, vol. 349, pp. 786–820.
Hartley, S. E. (1997) 'The effects of grazing and nutrient inputs on grass-heather competiton', *Botanical Journal of Scotland*, vol. 49, pp. 315–324.
*Hassan, J. (1998) *A History of Water in Modern England and Wales*, Manchester.
Henderson, D. M. and Dickson, J. H. (eds) (1994) *A Naturalist in the Highlands:*

James Robertson, His Life and Travels in Scotland, 1767–1771, Edinburgh.
Hewson, R. (1977) 'The effect on heather *Calluna vulgais* of excluding sheep from moorland in north-east England', *The Naturalist*, vol. 102, pp. 133–136.
Holdgate, M. W. (1997) 'Standards, sustainability and integrated land use', *Macaulay Land Use Research Institute 10th Anniversary Lectures, Aberdeen.*
Holloway, S. (1996) *The Historical Atlas of Breeding Birds in Britain and Ireland, 1875–1900*, London.
Hoyle, N. and Sankey, K. (1994) *Thirlmere Water: A Hundred Miles, a Hundred Years*, Bury.
Hudson, P. (1992) *Grouse in Space and Time: The Population Biology of a Managed Gamebird*, Fordingbridge.
Hunter, J. (1973) 'Sheep and deer: Highland sheep farming, 1850–1900', *Northern Scotland*, vol. 1 (1973) pp. 199–222.
Hunter, J. (1995) *On the Other Side of Sorrow: Nature and People in the Scottish Highlands*, Edinburgh.
Hunter, J. M. (1986) *Land into Landscape*, Harlow.
Jardine, N., Secord, J. A. and Spary, E. C. (eds) (1996) *Cultures of Natural History*, Cambridge.
Jenkins, D. (ed.) (1985) *Biology and Management of the River Dee*, Institute of Terrestrial Ecology, Abbots Ripton.
Jenkins, D. (ed.) (1988) *Land Use in the River Spey Catchment*, Aberdeen Centre for Land Use, Aberdeen.
Jones, M. (1998) 'The rise, decline and extinction of spring wood management in south-west Yorkshire', in C. Watkins (ed.), *European Woods and Forests: Studies in Cultural History*, Wallingford, pp. 55–72.
Kempster, J. W. (1948) *Our Rivers*, Oxford.
Kinnersley, D. (1988) *Troubled Water: Rivers, Politics and Pollution*, London.
Kirby, K. J. and Watkins, C. (eds) (1998) *The Ecological History of European Forests*, Wallingford.
Kitchener, A. C. (1998) 'Extinctions, introductions and colonisations of Scottish mammals and birds since the last Ice Age', in R. Lambert (ed.), *Species History in Scotland: Introductions and Extinctions since the Ice Age*, Edinburgh, pp. 63–92.
Kjærgaard, T. (1994) *The Danish Revolution, 1500–1800: An Ecohistorical Interpretation*, Cambridge.
Koerner, L. (1996) 'Carl Linnaeus in his time and place', in N. Jardine, J. A. Secord and E. C. Spary (eds), *Cultures of Natural History*, Cambridge, pp. 145–162.
Lambert, R. (1998) 'From exploitation to extinction, to environmental icon: our images of the great auk', in R. Lambert (ed.), *Species History in Scotland: Introductions and Extinctions since the Ice Age*, Edinburgh, pp. 20–37.
Lambert, R. (ed.) (1998) *Species History in Scotland: Introductions and Extinctions since the Ice Age*, Edinburgh.
Langan, S. J., Lilley, A. and Smith, B. F. L. (1995) 'The distribution of heather moorland and the sensitivity of associated soils to acidification', in D. B. A. Thompson, A. J. Hester and M. B. Usher (eds), *Heaths and Moorland: Cultural Landscapes*, Edinburgh.
Lasdun, S. (1991) *The English Park: Royal, Private and Public*, London.
Lea, K. J. (1941) 'Hydro-electric power developments and the landscape in the

Highlands of Scotland', *Scottish Geographical Magazine*, vol. 84, pp. 239–255.
Lee, J. A., Tallis, J. H. and Woodin, S. J. (1988) 'Acidic deposition and British upland vegetation', in M. B. Usher and D. B. A. Thompson (eds), *Ecological Change in the Uplands*, Oxford, pp. 151–162.
Lindsay, J. M. (1974) 'The use of Woodland in Argyllshire and Perthshire between 1650 and 1850', unpublished University of Edinburgh thesis.
Lindsay, J. M. (1975) 'Charcoal iron smelting and its fuel supply: the example of Lorn Furnace, Argyllshire, 1753–1876', *Journal of Historical Geography*, vol. 1, pp. 283–298.
Loader, N. J. and Switsur, V. R. (1996) 'Reconstructing past environmental change using stable isotopes in tree-rings', *Botanical Journal of Scotland*, vol. 48, pp. 65–78.
Lowe, P. and Goyder, J. (1983) *Environmental Groups in Politics*, London.
Mabey, R. (1980) *The Common Ground*, London.
McFerran, D. M., Montgomery, W. I. and McAdam, J. H. (1994) 'Effects of grazing intensity on heathland vegetation and ground beetle assemblages of the uplands of Co. Antrim, north-east Ireland', *Proceedings of the Royal Irish Academy*, vol. 94B, pp. 41–52.
Mackay, A. W. and Tallis, J. H. (1996) 'Summit-type blanket mire erosion in the Forest of Bowland, Lancashire, UK: predisposing factors and implications for conservation', *Biological Conservation*, vol. 74, pp. 31–44.
Mackenzie, O. H. (1988) *A Hundred Years in the Highlands*, Edinburgh.
Mackey, E. C., Shewry, M. C. and Tudor, G. J. (1998) *Land Cover Change: Scotland from the 1940s to the 1980s*, Edinburgh.
Macleod, A. (ed. and trans.) (1952) *The Songs of Duncan Ban Macintyre*, Scottish Gaelic Text Society, Edinburgh.
McVean, D. N. and Lockie, J. D. (1969) *Ecology and Land Use in Upland Scotland*, Edinburgh.
Marchant, J. H. et al. (1990) *Population Trends in British Breeding Birds*, Thetford.
Marren, P. (1994) *England's National Nature Reserves*, London.
Marrs, R. H., Rizand, A. and Harrison, A. F. (1989) 'The effect of removing sheep grazing on soil chemistry, above-ground nutrient distribution, and selected aspects of soil fertility in long-term experiments at Moor House National Nature Reserve', *Journal of Applied Ecology*, vol. 26, pp. 647–661.
Mather, A. (1993) 'The environmental impact of sheep farming in the Scottish Highlands, in T. C. Smout (ed.) *Scotland Since Prehistory*, Aberdeen, pp. 79–88.
Mellanby, K. (1981) *Farming and Wildlife*, London.
Mercer, R. and Tipping, R. (1994) 'The prehistory of soil erosion in the northern and eastern Cheviot hills, Anglo-Scottish Borders', in S. Foster and T. C. Smout (eds) *The History of Soil and Field Systems*, Aberdeen, pp. 1–25.
Miles, J. (1988) 'Vegetation and soil change in the uplands', in M. B. Usher and D. B. A. Thompson (eds) *Ecological Change in the Uplands*, Oxford, pp. 57–70.
Miles, J. (1994) 'The soil resource and problems today', in S. Foster and T. C. Smout (eds) *Soils and Field Systems*, Aberdeen, pp. 145–158.
Milne, J. D. et al. (1998) 'The impact of vertebrate herbivores on the natural heritage of the Scottish uplands', *Scottish Natural Heritage Research Review*, no. 95.
Mitchell, A. (ed.) (1906) *Geographical Collections Relating to Scotland, Made by*

Walter Macfarlane, 3 vols, Scottish History Society, Edinburgh.
Mitchell, I. (1998) *Scotland's Mountains before the Mountaineers*, Edinburgh.
Mitchell, J. (1984) 'A Scottish bog-hay meadow', *Scottish Wildlife*, vol. 20, pp. 15–17.
Monk, S. (1935) *The Sublime: A Study of Critical Theories in Eighteenth Century England*, New York.
Moore, N. W. (1987) *The Bird of Time: The Science and Politics of Nature Conservation*, Cambridge.
Murray, W. H. (1962) *Highland Landscape, a Survey*, Edinburgh.
Nairne, D. (1892) 'Notes on Highland woods, ancient and modern', *Transactions of the Gaelic Society of Inverness*, vol. 17, pp. 170–221.
Nelson, T. H. (1907) *The Birds of Yorkshire: A Historical Account of the Avifauna of the County*, 2 vols, London.
Nethersole-Thompson, D. and Watson, A. (1981) *The Cairngorms: Their Natural History and Scenery*, Perth.
Newby, H. (1980) *Green and Pleasant Land? Social Change in Rural England*, Harmondsworth.
Newman, E. I. and Harvey, P. D. A. (1997) 'Did soil fertility decline in medieval English farms? Evidence from Cuxham, Oxfordshire, 1320–1340', *Agricultural History Review*, vol. 45, pp. 119–136.
Nicholson, E. M. (1957) *Britain's Nature Reserves*, London.
Nicholson, M. (1970) *The Environmental and Revolution: A Guide for the New Masters of the World*, London.
Nicholson, M. H. (1959) *Mountain Gloom and Mountain Glory: the Development of the Aesthetics of the Infinite*, New York.
Noyes, R. (1973) *Wordsworth and the Art of Landscape*, New York.
O'Connor, R. J. and Shrubb, M. (1986) *Farming and Birds*, Cambridge.
Olwig, K. (1984) *Nature's Ideological Landscape*, London.
Orr, W. (1982) *Deer Forests, Landlords and Crofters*, Edinburgh.
Parker, D. and Penning-Rowsell, E. G. (1980) *Water Planning in Britain*, London.
Payne, P. J. (1988) *The Hydro: A Study of the Development of the Major Hydro-Electric Schemes Undertaken by the North of Scotland Hydro-Electric Board*, Aberdeen.
Pearsall, W. H. (1950) *Mountains and Moorlands*, London.
Pennington, W. (1970) 'Vegetation history in the north-west of England: a regional synthesis', in D. Walker and R. G. West (eds), *Studies in the Vegetational History of the British Isles*, Cambridge, pp. 41–80.
Porter, E. (1978) *Water Management in England and Wales*, Cambridge.
Pretty, J. (1990) 'Sustainable agriculture in the Middle Ages: the English manor', *Agricultural History Review*, vol. 38, pp. 1–19.
Postan, M. M. (1973) *Essays in Medieval Agriculture and General Problems of the Medieval Economy*, Cambridge.
Radkau, (1997) 'The wordy worship of nature and the tacit feeling for nature in the history of German forestry', in M. Teich, R. Porter and B. Gustafsson (eds), *Nature and Society in Historical Context*, Cambridge, pp. 228–239.
Ratcliffe, D. A. and Thompson, D. B. A. (1988) 'The British uplands: their ecological character and international significance', in M. B. Usher and D. B. A. Thompson (eds), *Ecological Change in the Uplands*, Oxford, pp. 9–36.

Richards, E. (1982–1985) *A History of the Highland Clearances*, 2 vols, London.
Ritchie, J. (1920) *The Influence of Man on Animal Life in Scotland*, Cambridge.
Ryle, G. (1969) *Forest Service: The First Forty-five Years of the Forestry Commission of Great Britain*, Newton Abbot.
Samstag, A. (1988) *For Love of Birds: The Story of the Royal Society for the Protection of Birds*, London.
Schama, S. (1995) *Landscape and Memory*, London.
Scott, G. (1937) *Grouse Land and the Fringe of the Moor*, London.
Scottish Council (Development and Industry) (1961) *Natural Resources in Scotland: Symposium at the Royal Society of Edinburgh*, Edinburgh.
Scottish Natural Heritage (1995) *The Natural Heritage of Scotland: An Overview*, Perth.
Shaw, J. (1994) 'Manuring and fertilising the Scottish Lowlands', in Foster and T. C. Smout (eds), *The History of Soils and Field Systems*, Aberdeen, pp. 111–118.
Sheail, J. (1976) *Nature in Trust: The History of Nature Conservation in Britain*, Glasgow.
Sheail, J. (1981) *Rural Conservation in Interwar Britain*, Oxford.
Sheail, J. (1985) *Pesticides and Nature Conservation: The British Experience, 1950–1975*, Oxford.
Sheail, J. (1986) 'Government and the perception of reservoir development in Britain: an historical perspective', *Planning Perspectives*, vol. 1, pp. 45–60.
Sheail, J. (1987) *Seventy-five Years in Ecology: The British Ecological Society*, Oxford.
Sheail, J. (1993) 'Sewering the English suburbs: an inter-war perspective', *Journal of Historical Geography*, vol. 19, pp. 433–447.
Sheail, J. (1995) 'Elements of sustainable agriculture: the UK experience, 1840–1940', *Agricultural History Review*, vol. 43, pp. 178–192.
Sheail, J. (1995) 'John Dower, national parks, and town and country planning in Britain', *Planning Perspectives*, vol. 10, pp. 55–73.
Sheail, J. (1996) 'From aspiration to implementation – the establishment of the first National Nature Reserves in Britain', *Landscape Research*, vol. 21, pp. 37–54.
*Sheail, J. (1998) *Nature Conservation in Britain – The Formative Years*, London.
Sheail, J. (1998) *Regional Distribution of Wealth in England as Indicated in the 1524–1525 Lay Subsidy Returns*, List and Index Society Special Series, vol. 28.
Sheppard, J. A. (1958) *The Draining of the Hull Valley*, East Yorkshire Local History Society.
Sheppard, J. A. (1966) *The Draining of the Marshlands of South Holderness*, East Yorkshire Local History Society.
Shiel, R. S. (1991) 'Improving soil productivity in the pre-fertiliser era', in B. E. S. Campbell and M. Overton (eds), *Land, Labour and Livestock: Historical Studies in European Agricultural Productivity*, Manchester, pp. 51–77.
Shoard, M. (1980) *Theft of the Countryside*, London.
Shoard, M. (1982) 'The lure of the moors', in J. R. Gold and J. Burgess (eds), *Valued Environments*, London, pp. 55–74.
Shoard, M. (1987) *This Land is Our Land: Struggle for Britain's Countryside*, London.
Sinclair, J. (ed.) (1972–1983) *Statistical Accounts of Scotland, 1791–1799*, new edition by I. R. Grant and D. J. Withrington, Wakefield.

Smith, P. J. (1975) *The Politics of Physical Resources*, Harmondsworth.
Smith, W. (ed.) (1883) *Old Yorkshire*.
Smout, T. C. (ed.) (1993) *Scotland since Prehistory: Natural Change and Human Impact*, Aberdeen.
Smout, T. C. (1994) 'Trees as historic landscapes: Wallace's oak to Reforesting Scotland', *Scottish Forestry*, vol. 48, pp. 244–252.
Smout, T.C. (1997) 'Cutting into the pine: Loch Arkaig and Rothiemurchus in the eighteenth century', in T. C. Smout (ed.), *Scottish Woodland History*, Edinburgh, pp. 115–125.
Smout, T. C. (ed.) (1997) *Scottish Woodland History*, Edinburgh.
Smout, T.C. (1999) 'The history of the Rothiemurchus woodlands', in T. C. Smout and R. Lambert (eds), *Rothiemurchus: Nature and People on a Highland Estate, 1500–2000*, Edinburgh, pp. 60–78.
Smout, T. C. and Foster, S. (eds) (1994) *The History of Soil and Field Systems*, Aberdeen.
Smout, T.C. and Watson, F. (1997) 'Exploiting semi-natural woods, 1600–1800', in T. C. Smout (ed.), *Scottish Woodland History*, Edinburgh, pp. 86–100.
Smout, T.C. and Lambert, R. (eds) (1999) *Rothiemurchus: Nature and People on a Highland Estate, 1500–2000*, Edinburgh.
Stamp, L. D. (1964) *Man and the Land*, London.
Stephenson, T. (1989) *Forbidden Land: The Struggle for Access to Mountain and Moorland*, Manchester.
Stevens, A. C. and Thompson, D. B. A. (1993) 'Long-term changes in the extent of heather moorland', *Holocene*, vol. 3, pp. 70–76.
Stone, J. C. (1989) *The Pont Manuscript Maps of Scotland: Sixteenth-century Origins of a Blaeu Atlas*, Tring.
Sydes, C. and Miller, G. R. (1988) 'Range management and nature conservation in the British uplands', in M. B. Usher and D. B. A. Thompson (eds), *Ecological Change in the Uplands*, Oxford, pp. 323–338.
Symon, J. A. (1959) *Scottish Farming Past and Present*, Edinburgh.
Tallantine, P. A. (1997) 'Plant macrofossils from the historical period from Scroat Tarn (Wasdale) English Lake District, in relation to environmental and climatic changes', *Botanical Journal of Scotland*, vol. 49, pp. 1–17.
Taylor, A. G., Gordon, J. E. and Usher, M. B. (eds) (1996) *Soil, Sustainability and the Natural Heritage*, Edinburgh.
Taylor, H. (1997) *A Claim on the Countryside: A History of the British Outdoor Movement*, Edinburgh.
Teich, M., Porter, R. and Gustafsson, B. (eds, 1997) *Nature and Society in Historical Context*, Cambridge.
Thomas, K. (1983) *Man and the Natural World: Changing Attitudes in England, 1500–1800*, London.
Thompson, B. L. (1946) *The Lake District and the National Trust*, Kendal.
Thompson, D. B. A., Hester, A. J. and Usher, M. B. (eds) (1995) *Heaths and Moorland: Cultural Landscapes*, Edinburgh.
Thomson, D. (1995) *An Introduction to Gaelic Poetry*, London.
Thomson, D. S. (ed.) (1994) *The Companion to Gaelic Scotland*, Oxford.
Thomson, D. S. and Grimble, I. (eds) (1968) *The Future of the Highlands*, London.

Tipping, R. (1994) 'The form and fate of Scotland's woodlands', *Proceedings of the Society of Antiquaries of Scotland*, vol. 124, pp. 1–54.
Tivy, J. (ed.) (1973) *The Organic Resources of Scotland: Their Nature and Evaluation*, Edinburgh.
Tsouvalis-Gerber, J. (1998) 'Making the invisible visible: ancient woodlands, British forest policy and the social construction of reality', in C. Watkins (ed.), *European Woods and Forests: Studies in Cultural History*, Wallingford, pp. 215–230.
Usher, M. B. (1996) 'The soil ecosystem and sustainability', in A. G. Taylor, J. E. Gordon and M. B. Usher (eds), *Soil Sustainability and the Natural Heritage*, Edinburgh, pp. 22–41.
Usher, M. B. and Gardner, S. M. (1988) 'Animal communities in the uplands: how is naturalness influenced by management?', in M. B. Usher and D. B. A. Thompson (eds), *Ecological Change in the Uplands*, Oxford, pp. 75–92.
Usher, M. B. and Thompson, D. B. A. (eds) (1988) *Ecological Change in the Uplands*, Oxford.
Veitch, J. (1887) *Feeling for Nature in Scottish Poetry*, 2 vols, Edinburgh.
Walker, D. and West, R. G. (eds) (1970) *Studies in the Vegetational History of the British Isles*, Cambridge.
Walker, G. J. and Kirby, K. J. (1989) *Inventories of Ancient, Long-established and Semi-natural Woodland for Scotland*, Nature Conservancy Council Research and Survey in Nature Conservation, no. 22.
Walsingham, Lord and Payne-Galloway, R. (1889) *Shooting: Moor and Marsh*, Badminton Library of Sports and Past-times, London.
Watkins, C. (ed.) (1998) *European Woods and Forests: Studies in Cultural History*, Wallingford.
Watson, A. (1983) 'Eighteenth-century deer numbers and pine regeneration near Braemar, Scotland', *Biological Conservation*, vol. 25, pp. 289–305.
Watson, F. (1997) 'Sustaining a myth: the Irish in the West Highlands', *Scottish Woodland History Discussion Group Notes*, 2, Institute for Environmental History, University of St Andrews.
Watson, F. (1997) 'Rights and responsibilities: wood management as seen through baron court records', in T. C. Smout (ed.), *Scottish Woodland History*, Edinburgh, pp. 101–114.
Watson, F. (1998) 'Need versus greed? Attitudes to woodland management on a central Scottish highland estate, 1630–1740', in C. Watkins (ed.), *European Woods and Forests: Studies in Cultural History*, Wallingford, pp. 135–156.
Williams, R. (1973) *The Country and the City*, London.
Williams-Ellis, C. (ed.) (1937) *Britain and the Beast*, London.
Williams-Ellis, C. (1975) *England and the Octopus*, Portmeirion.
Winchester, A. J. L. (1987) *Landscape and Society in Medieval Cumbria*, Edinburgh.
Woodell, S. R. J. (ed.) (1985) *The English Landscape, Past, Present and Future*, Oxford.
Woodward, D. (1994) '"Gooding the earth": manuring practices in Britain, 1500–1800', in S. Foster and T. C. Smout (eds), *The History of Soils and Field Systems*, Aberdeen, pp. 101–110.
Womack, P. (1985) *Improvement and Romance: Constructing the Myth of the Highlands*, London.

Wyatt, J. (1995) *Wordsworth and the Geologists*, Cambridge.
*Yalden, D. (1999) *The History of British Mammals*, London.
Yapp, B. (1981) *Birds in Medieval Manuscripts*, London.

索 引

（索引页码为原书页码，即本书边码）

B

J

K

L

M

O

P

Q

R

S

Y

译后记

18年前也即2006年，我第一次有了翻译《自然之争》的念头，这缘于该书作者访京之旅。其时，我本人涉猎环境史已有七八年的光景。经过最初几年对“什么是环境史”的研习之后，我开始思考如何在英国史学习和研究之中融入环境史的问题，其中一个途径即是想与英国方面的学者建立起直接联系。在搜索有关学者的过程中，我了解到斯莫特先生是英国环境史研究的先行者和关键人物。于是，在2006年2月下旬的一天，我贸然给斯莫特先生发了封邮件，提出了邀请他访京的打算。不久后的2月25日，我便收到了他的回复。他说道，我给他发的邮件让他感到既惊喜又愉快，而他接到我那封邮件时正在澳大利亚讲学并准备回国。他在回复中明确答应了我的邀请，并说来访北京的最佳时间是2006年最后三个月的某个时候。于是，我们很快商定了他来访的时间和行程安排。

2006年金秋时节，斯莫特先生携夫人安妮-玛丽如约访京，开始了为期一周的北京师范大学讲学之旅。他讲了四个专题，分别是“中世纪以来英国的自然观”（Attitudes to Nature in Britain since Medieval Times）、“现代化对生物多样性的影响”（The Impact of Modernization on Biodiversity）、“可持续性和英国的森林史”（Sustainability and UK Forest History）、“环境史的方法论和跨学科研究”（Methodology and Interdisciplinary Work in Environmental History）。对于其讲学的具体情况，包括讲学的内容和特点等，我们及时做了比较全面的总结，翌年还正式发表。[①]这期间，当我了解到斯莫特先生及其夫人的业余爱好是观鸟之后，我特别联系了时任北师大教务处副主任、动物学家及指导观鸟活动的专业学者赵欣如，在北师大第三教学楼的一间大教室，为安妮-玛丽安排了一场面向非史学专业学生和公众的讲座，与他们分享英国皇家鸟类保护协会（Royal Society for the Protection of Birds）的历史以及他们夫妇俩参与的观鸟、护鸟经历。该讲座同样引起了热烈的反响。

为了让斯莫特夫妇更好地了解北京城的相关情况，在赵老师的提议下，我安排并陪同他们参观了被誉为观鸟圣地的圆明园观鸟场址及爱鸟者的观鸟活动。说实话，尽管我从小听着麻雀的叽叽喳喳声长大，尔后在日常生活中随时会与各种鸟儿不期而遇，尤其在北师大求学与工作期间也曾走过“天使路”并多次被鸟屎临幸，因此对某些鸟有着不浅的印象，但若论起带点专业性质的与鸟接触的经历，这还是头一次。因而那次从圆明园南门进门之后一路经过多处观鸟站的所见所闻历历在目，从中学到的知识和获得的乐趣至今记忆犹新。

继圆明园观鸟游之后，我又陪他们夫妇俩游览了颐和园。特别记得在颐和园看到野鸽（Dove）时，斯莫特先生从该鸟的性情联想到中国人，并表达了他的赞赏之意。他说，他喜欢中国朋友，因为他们性情温和，不那么具有攻击性，这一点颇像

---

① 梅雪芹、刘向阳、毛达：《关于苏格兰环境史家斯马特教授讲学的认识和体会》，《世界历史》2007 年第 3 期。

野鸽。他的这种独特的夸赞让我觉得很有意思，进而联想到他在讲座中涉及的对动物与文化意象关联的剖析。

那次讲学期间，我还在斯莫特夫妇下榻的北师大兰蕙公寓里对斯莫特先生做了一次简短的访谈，主要询问了他的学术经历，尤其想了解他是如何从经济史和社会史走上环境史研究之路的。其中，他谈到童年期间为躲避“二战”战火到伯明翰一处农场小住的经历的影响，令我有些惊讶。访谈时我正式提出，想引进他的《自然之争》一书予以翻译并联系出版，他表示非常高兴。2006 年末，我便安排 2005 级的一个研究生着手翻译这部著作，他很快译出了第一章的一部分。后来这位研究生放弃了考博计划，该书翻译工作暂时也就搁下了。

这之后，我与斯莫特先生又见过三次。一次是 2007 年 9 月在日本神户环境史会议期间；一次是 2009 年 8 月在哥本哈根世界环境史大会期间；再一次是 2011 年 1 月初，也即我在剑桥大学做高访期间，我专程去苏格兰看望了他，还在他家住了两天。那时，他已退休多年，住在离福斯湾（Firth of Forth）30 码远的安斯特拉瑟（Anstruther）的一栋老宅子里。犹记得，我们围着冬日的炉火听他谈论福斯湾环境史构思和写作的情景。而在他家客厅用早餐的时候，他侃侃而谈如何面对窗外海湾的景色，欣赏每天每时的天气，还有海湾、海面和海岛上各种生物的消长起落，进而以一个史学家的职业敏感思考连续性和变化的问题。所以，我们看到，他在 2012 年出版的《福斯湾环境史》的“前言和致谢”中，第一句话即是“这是一本通过眺望窗外而诞生的书”。[①]

---

① T. C. Smout and Mairi Stewart, *The Firth of Forth: An Environmental History*, Edinburgh: Birlinn Limited, 2012, “Preface and Acknowledgement,” ix.

那时候，斯莫特和安妮-玛丽还开车带我外出游玩，欣赏苏格兰冰天雪地的风光。我们去了几个地方，记得有美国钢铁大王安德鲁·卡耐基（Andrew Carnegie, 1835—1919）的老家丹弗姆林小镇（Dunfermline）、英国历史上有名的麻城邓迪（Dundee）、圣安德鲁斯大学校园等。在那些地方，我们一起穿林地，数树木，观鸟儿。而从斯莫特口中，我第一次了解到卡耐基的许多慈善公益之举，尤其是他购买公园向公众开放的事迹；还多少知道了一些斯莫特在其著述中反复论及的苏格兰本地树种，以及来自美洲和欧陆的树种。

跟他们告别之后，我自己还去到苏格兰高地旅行，游览了尼斯湖和其他一些景点，并接触了许多的趣闻，由此更真切地体会到斯莫特先生阐释自然之争也即利用与怡情的复杂历史纠葛的良苦用心，也让我更觉得有责任要将一位史学家的这份用心推介给国人。于是，在 2011 年 1 月下旬从剑桥返京之后，我一直惦记着翻译《自然之争》，并等待合适的时机予以落实和推进。但不久后所发生的一件十分糟糕的事情，至今回忆起来依然令我痛心疾首。是年 5 月底 6 月初，在北方某所大学讲学结束之后，校方派车送我去参观赵州桥。参观完毕返回酒店后，停在酒店停车场的家用轿车的后备箱竟然被撬开，里面的行李箱被盗。而行李箱里的物品除了我的衣服鞋袜等个人用品外，至关重要的，有我在英国高访时所用的手提电脑。由于这部手提电脑被盗，因此我在英国几个月的工作心血，包括在苏格兰与斯莫特夫妇一起游览的许多照片以及为翻译《自然之争》而多方搜集、准备的不少书籍资料，就那么荡然无存了。

岁月匆匆。如果说时间是一剂良药，因为它可以冲淡一切，从而疗愈无可奈何的伤痛，那么对我来说，漫漫长日中真正具有疗愈力的则是我心目中的学术工作，其中就包括我一直心心念念的《自然之争》的翻译。因此，10年后的2021年9月，当考舸同学从北京师范大学历史学院来清华大学历史系读博士生之后不久，我便安排了她负责翻译《自然之争》。考舸同学果然没有辜负我的期待。她十分努力，经过两年多的准备，交出了一份不错的译稿。在主要翻译工作完成后，我进行了较为细致的校对，并按照学术惯例修正了部分专有名词的译名，以确保译稿文字的准确性和流畅性。在此基础上，我们进一步商讨了有关的一些问题，从而得以共同完成这项翻译工作。

就所讨论的问题而言，我们不仅广泛探讨了《自然之争》翻译过程中所涉及的语言问题，还进一步探索了其背后的深层含义。这部作品是环境史学的重要文献，也是对人类与自然关系演变进行深刻反思的科普读物。在翻译过程中，我们通过对原文的深入理解，意识到环境与经济、社会、技术、文化之间错综复杂的相互作用。这种理解超越了学术研究的范畴，深刻影响了我们对当代环境问题的看法，激发了我们更深入地探索环境保护和可持续发展的动力。

同时，我们在翻译过程中也遇到了一些困难。其中最常见的是，由于一些历史术语在中英文之间没有直接的对应译法，因此需要查阅大量的资料，并反复讨论，才能找到最合适的表达方式。例如，我们最终将专有名词“Trust”翻译为“信托组织”。虽然目前这一词汇的译名有“信托基金”和“信托组织”两种通行版本，但经过斟酌并咨询英国布里斯托大学环境史研究中心的学术同行，我们认为“信托组织”一词不仅能够表达该机构的资金管理功能，还能描述其对遗产、公共资源或特定使命的管理和保护等多种职能。另外，在翻译“northern Britain”时，我们决定根据上下文语境，将初译稿中的“不列颠岛北部地区”简化为“不列颠北部地区”。这是因为，斯莫特所涉及的苏格兰北部地区超出了大不列颠岛（Great Britain）范畴，其研究范围同时涉及不列颠群岛（British Isles）地理范畴，即包括大不列颠岛、爱尔兰岛、马恩岛、设得兰群岛、奥克尼群岛、赫布里底群岛等岛屿在内的不列颠群岛。因此，尽管“不列颠岛北部地区”和“不列颠北部地区”仅一字（岛）之差，但这一微小的修正，却有助于我们更准确地反映文本中的地理和政治概念。

坦白地说，我之所以在此拉拉杂杂，述及有关《自然之争》的翻译缘起，乃至其推进过程中的琐事，不仅仅是为了记录我个人学习和研究环境史的一些经历，更重要的是，试图让我们的学生从中体会学术人生的快意，并借此鼓励他们，在学术道路上无论遇到什么挫折，但当我们认准一件事情的时候，就应坚持不懈，不轻言放弃。这样，才会有所成就。

梅雪芹

2024 年 6 月 23 日

图书在版编目（CIP）数据

自然之争：1600年以来苏格兰和英格兰北部地区的环境史 /（英）T. C. 斯莫特著；考舸，梅雪芹译. 北京：商务印书馆，2024. --（新史学译丛）.

ISBN 978-7-100-24254-7

Ⅰ. X-095.61

中国国家版本馆CIP数据核字第20246VE196号

新史学译丛

自然之争

1600年以来苏格兰和英格兰北部地区的环境史

〔英〕T. C. 斯莫特　著

考舸　梅雪芹　译

商　务　印　书　馆　出　版

（北京王府井大街36号　邮政编码100710）

商　务　印　书　馆　发　行

北京市白帆印务有限公司印刷

ISBN 978－7－100－24254－7

2024年10月第1版　　开本 710×1000　1/16

2024年10月北京第1次印刷　　印张 20

定价：95.00元